国家重点研发计划成果
山区和边远灾区应急供水与净水一体化关键技术与装备丛书
江苏省"十四五"时期重点出版物规划项目

丛书主编　袁寿其

# 应急智慧供水系统及提水装备设计理论与技术

YINGJI ZHIHUI GONGSHUI XITONG
JI TISHUI ZHUANGBEI SHEJI LILUN YU JISHU

司乔瑞　袁寿其　李方忠　王　鹏　马文生　著

江苏大学出版社
JIANGSU UNIVERSITY PRESS

镇　江

**图书在版编目（CIP）数据**

应急智慧供水系统及提水装备设计理论与技术 / 司乔瑞等著. -- 镇江 ：江苏大学出版社，2024. 12.
(山区和边远灾区应急供水与净水一体化关键技术与装备). -- ISBN 978-7-5684-2382-3

Ⅰ. TU991.41-39

中国国家版本馆CIP数据核字第202424EG74号

**应急智慧供水系统及提水装备设计理论与技术**

著　　者/司乔瑞　袁寿其　李方忠　王　鹏　马文生
责任编辑/张小琴
出版发行/江苏大学出版社
地　　址/江苏省镇江市京口区学府路 301 号(邮编：212013)
电　　话/0511-84446464(传真)
网　　址/http：//press. ujs. edu. cn
排　　版/镇江文苑制版印刷有限责任公司
印　　刷/南京艺中印务有限公司
开　　本/710 mm×1 000 mm　1/16
印　　张/18. 5
字　　数/326 千字
版　　次/2024 年 12 月第 1 版
印　　次/2024 年 12 月第 1 次印刷
书　　号/ISBN 978-7-5684-2382-3
定　　价/94. 00 元

如有印装质量问题请与本社营销部联系(电话:0511-84440882)

# 丛 书 序

中国幅员辽阔，山区面积约占国土面积的三分之二，地理地质和气候条件复杂，加之各种突发因素的影响，不同类型的自然灾害事件频发。尤其是山区和边远地区，既是地震、滑坡等地质灾害的频发区，又是干旱等气候灾害的频发区，应急供水保障异常困难。作为生存保障的重要生命线工程，应急供水既是应急管理领域的重大民生问题，也是服务乡村振兴、创新和完善应急保障技术能力的国家重大需求，更是国家综合实力和科技综合能力的重要体现。因此，开展山区及边远灾区应急供水关键技术研究，研制适应多种应用场景的机动可靠、快捷智能的成套装备，提升山区及灾害现场的应急供水保障能力，不仅具有重要的科学与工程应用价值，还体现了科技工作者科研工作"四个面向"的责任和担当。

目前，我国应急供水保障技术及装备能力比较薄弱，许多研究尚处于初步发展阶段，并且缺少系统化和智能化的技术融合，这严重制约了我国应急管理领域综合保障水平的提升，成为亟待解决的重大民生问题。为此，国家科技部在"十三五"期间设立了"重大自然灾害监测预警与防范""公共安全风险防控与应急技术装备"等重点专项，并于2020年10月批准了由江苏大学牵头，联合武汉大学、中国地质调查局武汉地质调查中心、国家救灾应急装备工程技术研究中心、中国地质环境监测院、中国环境科学研究院、江苏盖亚环境科技股份有限公司、重庆水泵厂有限责任公司、湖北三六一一应急装备有限公司、绵阳市水务（集团）有限公司9家相关领域的优势科研单位和生产企业，组成科研团队，共同承担国家重点研发计划项目"山区和边远灾区应急供水与净水一体化装备"（2020YFC1512400）。

历经3年的自主研发与联合攻关，科研团队聚焦山区和边远灾区应急供水保障需求，以攻克共性科学问题、突破关键技术、研制核心装备、开展集成示范为主线，综合利用理论分析、仿真模拟、实验研究、试验检测、工程示范等研究方法，进行了"找水—成井—提水—输水—净水"全链条设计和成体系研究。科研团队揭示了复杂地质环境地下水源汇流机理、地下水源多元异质信息快速感知机理和应急供水复杂适应系统理论与水质水量安全调控机制，突破了应急水源智能勘测、水质快速检测、滤管/套管随钻快速成井固井、找水—定井—提水多环节智能决策与协同、多级泵非线性匹配、机载空投及高效净水、管网快速布设及控制、装备集装集成等一批共性关键技术，研制了一系列核心装备及系统，构建了山区及边远灾区应急供水保障装备体系，提出了从应急智能勘测找水到智慧供水、净水的一体化技术方案，并成功在汶川地震的重灾区——四川省北川羌族自治县曲山镇黄家坝村开展了工程应用示范。科研团队形成的体系化创新成果"面向国家重大需求、面向人民生命健康"，服务乡村振兴战略，成功解决了山区和边远灾区应急供水的保障难题，提升了我国应急救援保障能力，是这一领域的重要引领性成果，具有重要的工程应用价值和社会经济效益。

作为高校出版机构，江苏大学出版社专注学术出版服务，与本项目牵头单位江苏大学国家水泵及系统工程技术研究中心有着长期的出版选题合作，其中，所完成的2020年度国家出版基金项目"泵及系统理论与关键技术丛书"曾获得第三届江苏省新闻出版政府奖提名奖，在该领域产生了较大的学术影响。此次江苏大学出版社瞄准科研工作"四个面向"的发展要求，在选题组织上对接体现国家意志和科技能力、突出创新创造、服务现实需求的国家重点科研项目成果，与项目科研团队密切合作，打造"山区和边远灾区应急供水与净水一体化装备"学术出版精品，并获批为江苏省"十四五"重点出版物规划项目。这一原创学术精品归纳和总结了山区和边远灾区应急供水与净水领域最新、最具代表性的研究进展，反映了跨学科专业领域自主创新的重要成果，填补了国内科研和出版空白。丛书的出版必将助推优秀科研成果的传播，服务经济社会发展和乡村振兴事业，服务国家重大需求，为科技成果的工程实践提供示范和指导，为繁荣学术事业发挥积极作用。是为序。

2024 年 10 月

# 前　言

应急供水是灾后生存保障的重要生命线工程。山区和边远灾区地形复杂、地质条件恶劣，灾害现场的应急供水保障面临巨大挑战。长期以来，我国山区移动式应急供水系统设计理论与技术研究不足，严重制约了相关产品的性能提升和产业发展。随着《"十四五"国家应急体系规划》的出台，亟须研发机动可靠的应急供水系统与提水装备来满足山区和边远灾区应急救援的需求。

本书的出版得到了国家重点研发计划课题"应急智慧供水系统关键技术与提水装备研发"（2020YFC1512403）的资助。课题主要从远距离输水系统水力瞬变流规律研究、多级泵高效水力模型开发和可靠性设计、车载平台可靠性设计与运行稳定性分析、柴油机机电耦合系统自适应智能控制、移动式智能提水装置制造试验和应用示范等五个方面展开关键技术研究与攻关，最终研制出低功耗多工况高扬程多级泵和移动式智能高压泵送系统并取得一系列创新性、实用性技术成果。经过中国机械工业联合会组织专家鉴定，装备部分指标处于国际领先水平。本书是课题研究成果的系统总结和提炼，重点阐述山区移动式应急智慧供水系统的组成、关键部件选型、高压提水泵设计理论和优化技术、车载泵送系统多体动力学分析、应急智慧供水系统控制技术等方面的内容，可为复杂应急救援装备优化设计提供理论依据和科学指导。

本书可作为应急救援装备设计人员的入门教材，也可以作为供水系统研究、设计、试验及使用等人员的参考资料。在撰写书稿的过程中，司乔瑞、袁寿其、李方忠、王鹏、马文生承担了大部分工作，曾发林、孙宏祥、杨宁、杨周星、郭勇胜、武凯鹏等参与了部分章节的撰写。此外，本书在出版过程中得到了杨海龙、金献国等工程师和夏欣、张钊源、邓凡杰、管义钧等研究生的配合和帮助，以及江苏大学袁建平、裴吉、汪少华、王文杰和重庆水泵厂有限责任公司白小榜、陈红军等专家的支持与关心，在此一并致谢。

由于作者水平有限，书中难免存在不足之处，恳请广大读者批评指正。

著　者

2023 年 9 月

# 目　　录

# 主要符号表

| 符号 | 物理意义 | 单位 | 符号 | 物理意义 | 单位 |
|---|---|---|---|---|---|
| $Q$ | 流量 | $m^3/h$ | $b_5$ | 反导叶进口宽度 | mm |
| $Q_d$ | 设计流量 | $m^3/h$ | $D_s$ | 泵进口直径 | mm |
| $H_t$ | 理论扬程 | m | $D_d$ | 泵出口直径 | mm |
| $H$ | 扬程 | m | $v_{u1}$ | 叶轮进口绝对速度圆周分量 | m/s |
| $H_d$ | 设计扬程 | m | $v_{u2}$ | 叶轮出口绝对速度圆周分量 | m/s |
| $P$ | 轴功率 | kW | $v_{m1}$ | 叶轮进口轴面速度 | m/s |
| $\eta$ | 总效率 | % | $v_{m2}$ | 叶轮出口轴面速度 | m/s |
| $\eta_h$ | 水力效率 | % | $\beta_1$ | 叶片进口安放角 | (°) |
| $\eta_v$ | 容积效率 | % | $\beta_2$ | 叶片出口安放角 | (°) |
| $\eta_m$ | 机械效率 | % | $\beta_1'$ | 进口液流角 | (°) |
| $\eta_n$ | 设计流量下效率 | % | $\beta_2'$ | 出口液流角 | (°) |
| $Re$ | 雷诺数 | | $\Delta\beta_1$ | 叶片进口冲角 | (°) |
| $n$ | 转速 | r/min | $\Delta\beta_2$ | 叶片出口冲角 | (°) |
| $n_s$ | 比转速 | | $v_1$ | 叶片进口绝对速度 | m/s |
| $M$ | 扭矩 | N·m | $v_2$ | 叶片出口绝对速度 | m/s |
| $p$ | 压力 | Pa | $u_1$ | 进口圆周速度 | m/s |
| $F_r$ | 径向力 | N | $u_2$ | 叶轮出口圆周速度 | m/s |
| $f$ | 频率 | Hz | $R_2$ | 叶轮出口半径 | mm |
| $g$ | 重力加速度 | $m/s^2$ | $\Psi_1$ | 叶片进口排挤系数 | |
| $\omega$ | 角速度 | rad/s | $\Psi_2$ | 叶片出口排挤系数 | |
| $\nu$ | 运动黏性系数 | $m^2/s$ | $\alpha_0$ | 蜗壳隔舌螺旋角 | (°) |
| $\rho$ | 密度 | $kg/m^3$ | $\delta_1$ | 叶轮表面粗糙度 | μm |
| $w_1$ | 叶片进口相对速度 | m/s | $Z$ | 叶片数 | |
| $w_2$ | 叶片出口相对速度 | m/s | $D_j$ | 叶轮进口当量直径 | mm |
| $b_1$ | 叶片进口宽度 | mm | $d_h$ | 叶轮轮毂直径 | mm |
| $b_2$ | 叶片出口宽度 | mm | $D_1$ | 叶轮进口直径 | mm |
| $b_3$ | 正导叶进口宽度 | mm | $D_2$ | 叶轮出口直径 | mm |
| $b_4$ | 正导叶出口宽度 | mm | $D_3$ | 导叶基圆直径 | mm |

续表

| 符号 | 物理意义 | 单位 | 符号 | 物理意义 | 单位 |
|---|---|---|---|---|---|
| $D_4$ | 正导叶出口直径 | mm | $V_{ims}$ | 振动烈度 | m/s |
| $D_5$ | 反导叶进口直径 | mm | $S$ | 流道面积 | m$^2$ |
| $D_6$ | 反导叶出口直径 | mm | $\varphi$ | 叶片包角 | (°) |
| $B$ | 磁感应强度 | T | $R_H$ | 霍耳系数 | |
| $I$ | 电流 | A | $S_t$ | 实测转差率 | |
| $P_{ref}$ | 参考声压 | Pa | $e$ | 电动势 | V |
| $d$ | 最小轴径 | mm | $\varepsilon$ | 介电常数 | |
| $\sigma$ | 滑移系数 | | $H_0$ | 空化前扬程 | m |
| $k_1$ | 速度系数 | | NPSH$_r$ | 必需汽蚀余量 | m |
| $s$ | 叶片流面厚度 | mm | NPSH$_a$ | 装置汽蚀余量 | m |
| $s_u$ | 叶片圆周厚度 | mm | NPSH$_b$ | 临界汽蚀余量 | m |
| $s_m$ | 叶片轴面厚度 | mm | $C$ | 汽蚀比转速 | |

注：书中对符号有注释的优先；多于一个含义的符号在书中另作说明。

# 第1章 绪 论

本章主要介绍应急智慧供水系统的组成、现实需求、国内外相关产业发展现状，提出山区应急供水系统与提水装备整体设计方案，并对核心部件研究情况进行概述。

## 1.1 应急智慧供水系统的组成

我国幅员辽阔，山区面积约占国土面积的 2/3，地理地质和气候条件复杂，自然灾害类型多且是世界上自然灾害最严重的国家之一。我国西部山区是地震、滑坡、泥石流等地质灾害的频发地区，也是旱灾重灾区。山区和边远灾区地形复杂、地质条件恶劣，给灾害现场的应急救援带来巨大挑战。在各种灾害事故发生后，应急供水是灾后生存保障的重要生命线工程。目前，我国应急供水技术装备尚处于初步发展阶段，因此需要突破应急水源智能勘测、快速成井、智慧供水与高效净水等关键技术，研制出适合山区和边远灾区的应急供水与净水一体化技术与装备。

为解决山区和边远灾区应急供水和用水安全问题，需要一套机动性强、运行效率高且稳定可靠的应急供水装备体系[1]，涵盖智能勘测找水装备、地下水源快速成井装备、应急提水与智慧供水装备、机动式应急管网系统、高效水净化装备和水质监测装备等，如图 1-1 所示。

针对山区和边远灾区的应急智慧供水流程按照图 1-2 展开。首先通过卫星遥感寻找地表水源或使用无人机测绘分析地形，结合地下水源数据库寻找地下水源；然后对水源水质进行快速判别，根据地下水源需要使用液压快速随钻成井钻机快速打井固井；而后使用喂水泵进行首次提水，通过高压泵送系统进行远距离输水蓄水；最后借助低压首泵站、加压站进行大面积覆盖供水，使用便携式水质快速监测仪等仪器快速判别水源水质是否达到饮用水标准，并可使用空投便携式净水器实现高效低耗轻型化净水，待水质达到饮用水标准后，将水输送到用户或集中供水站使用。

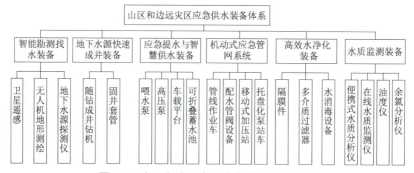

图 1-1　山区和边远灾区应急供水装备体系

图 1-2　山区和边远灾区应急智慧供水流程

快速找水和打井固井属于"寻水"环节,当前国内外技术相对成熟。应急供水系统方面,国外学者多专注于研究净水、储水、运水等技术,美国的 Aqua-Chem Inc.、德国的 Alfred Kärcher GmbH & Co. KG、英国的 Stella-Meta Fiters 和挪威的 Scandinavia Water Technology AS 等研发的净水装备比较先进,在运水方面也已形成给水挂车、大型水罐车和空投水罐等装备。国内应急供水系统与装备的研究主要集中在自然灾害及突发事件的安全供水应急处理设备方面[2]。北京天地人环保科技有限公司研制的碟管式反渗透移动应急供水设备为汶川地震、舟曲泥石流等灾区提供了安全用水应急保障;苏州顺风港净水科技有限公司研制的小型应急净水机能将海水和井水作为原水,为芦山地震灾区提供饮用水保障;学者宛西原等研制出适用于野外湖水净化的净水运水车为野外工作用水提供了保障;兰州威立雅水务(集团)有限责任公司研制的高浊度水预处理设备在甘肃省舟曲县特大泥石流灾后抢险过程中起到重大作用,在应急供水工程中得到重点推广。

在山区和边远灾区,"提水"环节是整个供水系统的核心,提水装备的使用贯穿水源地到居民用水整个流程,对全面提升我国山区和边远灾区应急供水保障能力至关重要。但我国现有提水设备质量大、能耗高、扬程低、可靠性差,效率与国际水平有差距;柴油机驱动式多级泵产品存在研发空白,现有产品不能满足山区和边远灾区灾后复杂工况提水的需要。成套装备方面,应急供水系统主要涉及喂水泵、高压泵送系统、车载平台、智慧控制系统和二次供水泵站等。国外较早针对城市重大火灾扑救、森林灭火、化工园区火灾等开展了机动式大流量应急输水管线系统研究,将移动式应急给排水系统应用于多种复杂工况,且车身紧凑、布局合理、智能化程度高、环境友好。荷兰海创系统公司、德国施密茨消防与救援科技国际有限公司开发了系列远程输水系统,较好地解决了装备快速投运、管线自动展收及组配使用等问题。国内对城市排涝等大流量、低扬程车载排水系统研究较多,但大多只能实现简单的电气化控制,尚缺乏适用于山区和边远灾区的多通信接口应急智慧供水系统。

因此,针对山区和边远灾区灾后抢险作业环境复杂、危险和不确定等特点,以及现有装备技术水平落后的现状,开展相关基础理论和关键技术研究,突破多级泵非线性匹配、机动式高可靠车载平台设计、低功耗高扬程泵开发、基于山区复杂提水管路地理特征的水力安全与协同控制、高压泵管网智能化监测运行等技术瓶颈,研制应急智慧供水系统和提水装备,为全面提升我国公共安全保障能力提供有力的科技支撑。

## 1.2 山区和边远灾区应急智慧供水现实需求

实地调研显示，山区和边远灾区复杂环境工程抢险时对应急供水装备的现实需求如下：① 应急救援要求装备具备高机动性，一般通过将成套装备集成在车载平台上的方式来实现。山区和边远灾区道路崎岖，对整体移动式装备的轻量化和通过性要求较高，车辆须具备一定的越野性，转弯半径越小越好，车载平台上装方案需要紧凑地科学布局。② 山区和边远灾区灾后地理和自然条件复杂，要求提水系统具备较高的扬程，并且在恶劣作业环境下仍具有较高的运行可靠性。③ 要求提水装备能适应复杂水质，且具备低功耗和轻量化特性。④ 恶劣、复杂的环境对操作人员的体能、反应速度等都是一种考验，要求装备环境友好、振动噪声小，且智能化程度越高越好，最好能实现无人值守。

据统计，按照是否定点作业，移动泵车大致可分为表1-1中的几类。

表1-1 移动泵车分类

```
                    ┌─ 定点作业式 ─┬─ 浮船式（含浮箱式）
                    │              ├─ 缆车式
                    │              └─ 潜水吊装式（包括泵闸结合）
移动泵车 ───────────┤
                    │              ┌─ 按动力机及 ─┬─ 常规电动机机组式
                    │              │   传动方式     ├─ 柴油机+减速机式
                    │              │               ├─ 汽车发动机+取力器式
                    └─ 流动作业式 ─┤               └─ 液压传动（液压马达）式
                      （泵车、泵船等）
                                   │              ┌─ 自航式（含能行走的喷灌机组）
                                   └─ 按移动方式 ─┤
                                                  └─ 非自航式 ─┬─ 车斗式
                                                   （需运输工具） └─ 挂车、拖船式
```

国内市场上的移动泵车按车辆类型主要分为拖车式和自行走式；按驱动泵的方式主要分为电机驱动式、柴油机直驱式和液压驱动式。随着我国商用车辆的发展，拖车式的承载车辆多为半挂车或推车，自行走式的承载车通常指商用驾驶卡车。拖车式移动泵车的主要优点在于结构简单、体积小、重量轻、机动性好；缺点是无法远距离支援抢险，单车输水流量有限，操作复杂且负载能力受限。目前国内市场上的拖车式移动泵车搭载的水泵类型主要有真空辅助自吸泵、潜水泵和凸轮泵。图1-3所示为汉能（天津）

工业泵有限公司生产的拖车式移动泵车产品，可应对城市防汛抗洪、市政排水和农业灌溉等。

(a) 真空辅助自吸泵   (b) 潜水泵   (c) 凸轮泵

图 1-3 拖车式移动泵车

自行走式移动泵车主要分为陆地驾驶自行走式、水面自航式和水陆两栖式泵车。其中，陆地驾驶自行走式泵车是目前国内市场的主流产品，主要由牵引车辆、水泵和其他辅助设备构成。根据水泵类型和驱动方式，自行走式移动泵车主要有以下几种：

（1）潜水型移动泵车

潜水型移动泵车主要由吊车、潜水电泵机组和管道系统（与汽车共用一台动力源）组成。其优点为利用现成技术，无须二次研发，设备集成度高；缺点为结构复杂，可靠性低，无法调速，现场安装不方便，对水源深度有要求。例如，亚太泵阀有限公司生产的 YQDQ（T）系列潜水泵移动泵车在自带起吊装置的卡车上集成柴油发电机组，为潜水泵供电，配以完善的泵保护措施，确保潜水电泵安全高效运行，特别适用于城市道路窨井临时排水，如图 1-4 所示。

（2）车载箱体式移动泵车

车载箱体式移动泵车主要由牵引车、车载箱体（柴油发电机组、水泵、抽真空设备）和管道组成。水泵一般为离心泵或自吸泵，由柴油发电机组供电，固定在箱体内，通过连接管道进行排水。这种泵车的优点是可利用现成技术，成本低廉，转速可调；缺点是需要额外的抽真空设备，操作复杂，现场安装不方便，刚性进出水管路支撑问题突出。此类泵车在市场上最为常见，例如亚太泵阀有限公司和汉能（天津）工业泵有限公司的移动泵车，具有流量大（1000~3000 m³/h）、吸程高（7~8 m）、上水时间快、可靠性强、机动性强等特点，可搭载多种形式的水泵以适应不同介质的需求，特别适用于市政排水、防汛抗旱抢险，其结构如图 1-5 所示。

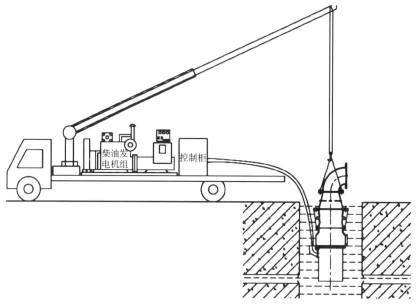

图 1-4  潜水型移动泵车

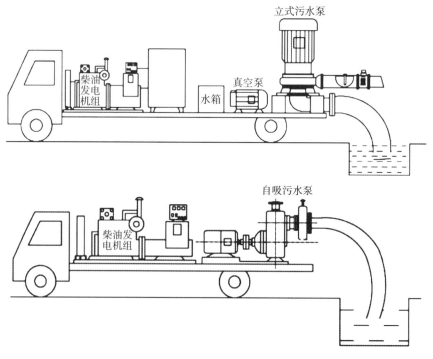

图 1-5  车载箱体式移动泵车

（3）车载柴油机直连式移动泵车

车载柴油机直连式移动泵车主要由牵引车、柴油机和水泵组成，柴油机和水泵直连（图1-6）。这种形式的泵车可采用汽车底盘与水泵机组分离式设计，因而不需要专门配备汽车底盘。整个泵送系统可以做成副车架连接在车体上或做成撬装集装箱式，能量转化效率高。但是柴油机比较笨重，体积庞大，导致泵车体积也大，同时直连结构容易使水泵机组重心偏高，进而影响水泵吸程。

图1-6 车载柴油机直连式移动泵车

（4）液压传动式移动泵车

近几年，随着国内对液压驱动泵技术堡垒的逐渐攻破，液压传动式移动泵车开始在市场上出现（图1-7）。该类泵车有诸多优点：液压传动便于调速，可适应多种排水需求；采用柔性连接，使水泵机组可升降以适应大变幅水位；采用软管出水，管道支撑简单，水泵安放方便，无须抽真空[3]。但液压驱动成本高，维护工作量大，因此目前市场上主要使用混流泵和轴流泵机组。例如，亚太泵阀有限公司生产的YDYQ系列导叶式液压移动泵车结合了液压系统的可靠性、导叶式混流泵的高效性和机动车的方便特性，是一种可通过发动机的转速自动调节泵流量的移动泵车。其主要特点如下：

① 每台泵车是一个独立的移动泵站，无需其他泵站工程；

② 机动性作业，随时到达；

③ 大排水量和远距离输送；

④ 短时间内可安装操作；

⑤ 无需当地电源和起吊设备；

⑥ 无需复杂维护保养。

图 1-7　液压传动式移动泵车

（5）特种车辆移动泵车

在特大洪水受灾地区和地形复杂的区域，车辆通常无法正常进入，这时特种车辆移动泵车成为抢险救灾的利器。目前市场上已有履带式移动泵车和水陆两栖式移动泵车（图 1-8）。长沙迪沃机械科技有限公司开发的水陆两栖智能排水泵车可应对特大洪水灾害和地形复杂条件下车辆无法通行的难题。

图 1-8　水陆两栖式移动泵车

山区和边远灾区应急提水系统采用柴油机直驱高压多级泵式较为适宜，因此驱动系统与泵的连接、转子系统的可靠性和"机-电-液耦合"是装备研发需关注的问题。

## 1.3　山区应急智慧供水系统与提水装备整体设计

根据山区应急救援特点，移动式智能高压泵送系统工作流程如图 1-9 所示。在水源确定并成井固井后，移动式高压泵送系统开始进场，进行车架对地支架的布置，迅速开展目标地区的高压软管的布设与固定，布置必要的补气阀，在高压泵的出口安装截止阀、压力传感器、逆止阀、高压软管等。基于安全需要，布置停机回水管路，必要时可将高压管内的余水放回到井内。然后在井口布置机械化起吊装置，将喂水泵置入井内，启动智能控制箱，喂水泵开始往前置水箱供水，若有地面水源，则同时往水箱供水。以恒流自动运行为例，启动系统后，喂水泵率先启动，延时后柴油机启动，同时出口阀门渐开，柴油机将自动调整转速至额定流量。停机时，逐步关闭泵出口阀门，同时高压泵降速、喂水泵停机。若系统无须再次启动，可开启回水管路阀门，将管内余水放回到井内。此环节的工作流程在应急场合较为高效，并且安全可靠，但对各部件的协同程度要求较高，需要对各部件的可靠性及智能控制方面多加研究。

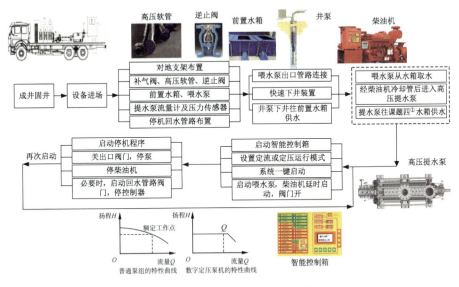

图 1-9　移动式智能高压泵送系统工作流程

① 本书中的课题四指"高效净水与水质快速检测"，参见刘杰等著的《野外微污染应急水源快速检测与净化》一书。

　　根据作业流程，应急智慧供水系统主要由喂水泵、前置水箱、过滤器、柴油机、离合变速箱、提水泵、泵出口水击泄压阀、快接头和出口管路、控制系统和在线监测系统等组成，总体布置如图 1-10 所示。应急救援时还需根据提水高度和现场道路情况来确定管路长度和布置位置，随行运输车运输高压柔性管道和发电机。

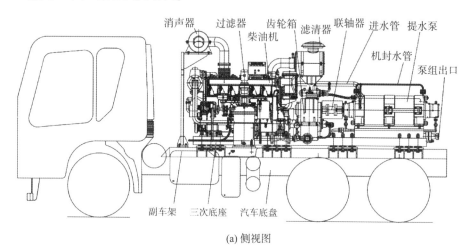

(a) 侧视图

(b) 俯视图

图 1-10　应急智慧供水系统布置图

## 1.4 山区应急智慧供水系统关键部件研究现状

### 1.4.1 喂水泵国内外研究现状

应急情况下，水源多呈分布式，出水量小，需要使用喂水泵将水先从水源取至高扬程提水泵进口。喂水泵的作用还包括克服进口过滤器的阻力，以及使高压提水泵入口带压并增大入口管流速，以保证高压注水泵有充足的供应量。应急水源的类型有井水、湖泊或河流，因此应急提水用

**图 1-11　潜水泵样机**

喂水泵主要是潜水泵，如图 1-11 所示。国外井用潜水泵的发展起步较早，且已形成相对完善的体系[4]。20 世纪 20 年代末，美国布隆·杰克逊（Byron Jakson）公司研制并成功生产世界上首台井用潜水泵。至 60 年代后期，大批量的作业面潜水泵陆续在德国、芬兰、瑞典、丹麦、日本等国问世，并逐渐实现了标准化和系列化。国外的潜水泵生产厂家主要有美国的赛莱默（ITT）公司、丹麦的格兰富（Grundfos）公司、德国的凯士比（KSB）公司和日本的日立（Hitachi）公司等，它们拥有丰富的设计经验、优秀的水力模型和高精度的加工设备，因此其产品的水力性能、运行稳定性及工艺材料等都是全球领先的。

我国在潜水泵方面的研究可以追溯到 70 多年前。自 1946 年开始，国内出现了生产潜水泵的厂家。20 世纪 60 年代，随着我国自主研制的第一台 7 kW 作业面潜水电泵正式投产，以上海人民电机厂为首的一批厂家揭开了国内潜水泵迅速发展的序幕[5]。中国农业机械化科学研究院在 20 世纪 80 年代致力于潜水泵的水力设计、理论研究，形成对现在仍深有影响的 QJ 系列潜水泵，当时全国的潜水泵生产达到一个高峰[6-9]。之后国内的潜水泵研究进入平台期，生产厂家的重心从如何提高性能转移到如何节约成本。国内潜水泵多采用传统的结构形式和水力设计，轴向尺寸大、叶片的制造难度大、生产成本高、综合经济效益低。为实现更高的性价比，对于新型潜水泵尤其是级数超过 3 级的高扬程井泵，发展趋势是大幅提高单级扬程，以降低泵体的轴向高度。

几十年来，在国内外学者的不懈努力下，潜水泵方面的研究成果显著，泵的性能得到了较大的提升，并形成了一定的设计理论。我国潜水泵产品的国内市场广阔、需求量大、性价比高，因此市场占有率较高。但是放眼全球，这些产品因存在性能不稳定、效率低、寿命短等技术缺陷而在全球市场竞争中处于劣势。如何提高潜水泵性能且保持较高稳定性仍是当前一段时间我国潜水泵行业发展的重点。

### 1.4.2　移动泵车国内外研究现状

在应急抢险救灾的情形下，相比于泵站，移动泵车机组灵活，设备操作简便，可快速安装作业，能为抗洪排涝工作提供保障，可补足固定泵站短板。移动泵车主要有以下特点：① 投资小，无须投资修建复杂的水工建筑物和泵房，可节省大笔基础建设费用；② 适用范围广，无需电源，只须靠自身携带动力源驱动水泵工作，流动性好，可用于多种应急场景；③ 机动性强，依靠车载工具或自行走，可快速部署就位，设备操作简便，可快速安装并展开作业；④ 设备利用率高，便于开展专业化的作业和服务，将其与固定式泵站统筹协调运用，可有效扩大灌排区域的受益范围。

#### 1.4.2.1　高压泵

大流量、高扬程、软质机动输水管线系统，是森林灭火、石油及化工火灾扑救、城市应急排水及建筑群火灾扑救的重要力量，在世界各国广泛配备使用，并在重大灾害救援行动中发挥了重要作用[10]。用于长距离供水的泵大多为高速泵和低比转速多级离心泵，如图 1-12 所示。

图 1-12　多级离心泵剖面图

高速泵为 20 世纪 60 年代美国圣达因公司所研发，装配在火箭燃料供给系统中；随后由日本日立公司引入其国内，于 70 年代初期开始用于民用领域[11,12]。Jafarzadeh 等通过计算流体力学对高速泵的叶轮叶片数进行了最优数量的研究，发现 7 叶片数在特定条件下能达到更优秀的水力性能[13]；孔繁余等为 7600 r/min 的高速磁力泵增加了导流栅，在数值模拟中发现此举可提高泵的汽蚀性能[14]；熊坚通过数值模拟发现，高速泵流量的下降会增加内流场涡流数，此现象在叶轮与蜗壳动静交界面处表现突出[15]；李强等对微型高速离心泵进行研究发现，不同的进口边形状会影响内部流场活动，从而影响泵的水力性能[16]；史海勇等通过计算流体力学软件对直驱高速泵进行了模态分析，对振动、噪声问题进行了优化[17]。高速泵高扬程、无须多级化的特点符合山区和边远灾区供水需求，但其对运转环境要求较高，高速运行中不可避免地存在振动和噪声，且电机温升和轴承磨损问题凸显，在山区和边远灾区后勤保障中成为难题。

对于低比转速多级离心泵，我国的生产历史可以追溯到 20 世纪 40 年代，60 年代真正开始研究其机理，数十年的研究探索积累了许多有价值的设计经验和设计方法。国外多级泵的生产厂家主要有美国赛莱默（ITT）、丹麦格兰富（Grundfos）、德国里茨（Ritz）和凯士比（KSB）等（例如凯士比某型号卧式多级离心泵流量 35 m³/h，扬程 1500 m，效率 46%）。这些企业借助工业化时期积累起来的技术优势，以其在水力性能、材料加工工艺、使用寿命等方面优良的参数，进入市场后给各国泵生产企业带来了巨大的竞争压力和生存挑战。

针对低比转速离心泵效率较低的问题，我国众多专家学者和技术人员开展了大量卓有成效的工作，并研制出一批优秀的低比转速泵，泵效率已达到或接近国外同类产品水平，也使低比转速离心泵的理论、设计和制造提高到一个新的水平[18-22]。迄今为止，在提高低比转速离心泵效率方面所采用的方法主要是加大流量设计，它的实质是对给定的流量进行放大，根据放大的流量来设计一台较大的泵，让它在小流量下工作，这样泵的效率就得到了提高。但它是以增大轴功率和降低工作稳定性为代价的，同时也增加了制造和使用成本。加大流量设计方法中主要几何参数的选择原则是尽量减少各种损失，以提高泵的效率，对低比转速离心泵来说主要是减少叶轮圆盘摩擦损失和泵体内的水力损失。目前，主要通过正交试验和多约束优化设计方法来确定各参数影响效率的主次顺序及相应的选择原则。

针对可靠性的问题，泵内回流会导致泵的运行稳定性降低。Stepanoff[23]作为最早开始研究泵内回流现象的学者，认为由于液体具有黏性力，叶轮在增大其进口周围液体圆周速度的同时增大了近壁面的能量，导致维持流体流动的能量坡度较小，从而出现了回流。李意民[24]认为叶轮进口回流的主要原因是存在旋转速度分量，小流量工况的不稳定现象大多源于回流现象。李世煌等[25]利用高速摄影对离心泵蜗壳隔舌附近的流场进行观察,发现隔舌附近存在的回流区使得低比转速离心泵外特性曲线出现驼峰现象。Chu 等[26]通过 PDV 测试发现叶轮与隔舌间的动静干涉是局部压力脉动和流动诱导噪声产生的原因,其影响在叶轮和蜗舌之间 20%叶轮半径内尤为显著。

#### 1.4.2.2 车载系统

车辆搭载水泵进行作业最初是出于消防需求。我国从 20 世纪 70 年代开始研发和生产小型柴油机驱动自吸离心泵组,90 年代开始多种不同形式的大流量可移动泵技术及产品应运而生。例如,湖北省电力排灌公司、辽宁水利水电科学研究院等都开发了移动泵车产品,单台流量大于 1000 m³/h,在防灾、减灾、应急抢险中发挥了积极作用[27]。自此,水泵车载平台(图 1-13)在我国的研发工作正式展开。随着作业车用途、功能的不断细分,水泵车载平台开始分为以大流量、低扬程为主的排涝应急泵车和以高扬程、小流量为主的消防泵车两个类型,但水泵如何在车载平台上稳定运行成为需要共同解决的问题[28]。

图 1-13　水泵车载平台示意图

(1) 车架结构的优化

汽车车架固定支撑着车辆上绝大多数总成(包括零部件),承受来自道路和装载的各种复杂载荷,是车辆总成中最重要的部分之一[29]。对车架疲劳可靠性进行分析及对振动诱导噪声进行研究能更好地优化车架本身与所携带设备、自身零部件的共振、干涉现象。在汽车车架结构有限元研究方面,国外起步比较早,应用也较为广泛[30-33]。1970 年,美国宇航局首次使用有限元结构分析程序。21 世纪初期,Filho 等[34]利用有限元法结合模态试验优化车架中的一阶扭转和一阶弯曲频率,并测试了扭转刚度。2018 年,Manujlo 等[35]将一种光纤布拉格光栅传感系统应用于车架应力测试,通过布拉格波长变化计算其疲劳强度。

国内的有限元应用起步虽晚,但是发展很快,20 世纪 70 年代,谷安涛和常国振[36]首次在国内汽车计算机辅助设计中使用有限元技术;90 年代,唐述斌和谷莉[37]将有限元分析与经验操作相对比,并通过试验对某汽车后桥桥壳厚度成功地进行了结构优化；21 世纪初，王皎等[38]通过对重型挂车车架的静态有限元分析，简化了发动机和悬架倒置后维持平衡的方法；2008 年，蒋玮[39]在车架疲劳性问题上以伊斯坦纳车架为基础进行了局部的结构优化；2010—2012 年，谢先富等[40,41]采用 I-DEAS 软件进行三维建模，再通过 Hyperworks 建立可供有限元分析的模型，分析了车架的静强度和疲劳强度；2012 年，Fan 等[42]以梁厚为目标对缺陷处进行优化，利用 Radioss 算法计算车架低阶模式和固有频率，使得车架的固有频率有所提升。2016 年，尹辉俊等[43]通过 MSC. Adams 对副车架安装点输入载荷进行了提取，建立刚柔耦合模型，一定程度上提升了有限元计算精度；2019 年，吴凯佳等[44]对车架的动载系数进行了推导，并以此对某工程车辆车架进行尺寸优化，提高了车架的轻量化程度。

总体来说，国内外学者运用有限元与试验相结合的方法不断优化车架结构尺寸参数，以实现结构的轻量化，同时对车架进行静态和动态分析，评估车架的疲劳强度和可靠性。为了更加准确地模拟车架真实的受力情况，还需要考虑车架之间的连接问题，以准确反映模型连接处应力的变化。在车架的研究方面，还应考虑噪声、振动、外流及碰撞带来的溃缩等。

（2）动力总成悬置减振系统

除了优化车架的刚性和疲劳值、控制发动机及底盘的振动噪声，动力总成悬置系统的减振也是车载高压泵送系统稳定运行的重要保障[45]。因此最大限度地减少发动机动力总成所产生的振动和噪声向车身传递，是汽车减振和降噪的主要研究内容之一。

20 世纪 30 年代末，Illife 就悬置系统设计的基本原则提出了一些假设；1979 年，来自通用汽车公司的 Johnson 等[46]首次对悬置系统解耦展开优化，大大减少了系统各平动自由度之间的振动耦合；20 世纪 90 年代，Bretl[47]以使车厢的振动响应最小为设计目标，提出最小响应设计方法，这个设计目标区别于传统的动力总成刚体模态；2014 年，Liette 等[48]运用偏扭矩轴法解决了汽车行驶时动力总成在整车坐标系和动力总成坐标系存在偏差的问题，实现了主要振动方向上的解耦；2018 年，Ghosh 等[49]通过对频响函数仿真说明液压悬置具有优秀的隔振性能，并以此建立了动力学模型，推动了液压悬置系统设计的发展。

同时期，我国也很重视动力总成悬置系统的设计，各个企业、研究单位从不同角度提出了不同的设计理论和方法。20 世纪 80 年代，徐石安等[50]以支架安装位置为变量对柴油机悬置支架进行优化，是我国当时在系统层面对悬置进行研究分析和优化的尝试；20 世纪 90 年代到 21 世纪初，上官文斌等[51,52]引入扭矩轴的概念，在扭矩轴坐标系中建立悬置系统的振动方程，以悬置系统的固有频率为目标函数进行优化；2005 年，范让林等[53]以 V 形悬置组为出发点，从动力学方程的质量矩阵与刚度矩阵的角度论述三点式动力总成悬置系统各参数的设计方法；2013 年，Chen 等[54]在ADAMS 中进行拟合，用 spline 线条代表悬置元件刚度对悬置系统非线性刚度进行设计，提高了其隔振性能；2016 年，宋康等[55]运用解耦率的"区间可靠度"概念，提出动力总成悬置系统的区间优化方法。

由此看来，国内外许多学者都采用解耦的方法来提高悬置系统的减振性能，从最初以某单一目标优化过渡到依靠计算机计算实现多目标优化，在乘坐体验、车厢的振动等方面有不小的改善。目前，半主动悬置、主动悬置的开发成为新的热点。

（3）智能控制与运行监测系统

由于山区地形起伏较大，水力过渡过程特征复杂，多点供水会对高压输水安全性构成威胁[56]，因此需要提出不同管路的布置方案，建立与用水需求匹配的理论模型，构建一个智能决策系统，实现管网调度、管理周期、过程的数字化复现和智能化模拟，降低水力过渡管道泄漏等风险发生的概率[57]。

对于高能量的扬程，高压泵送系统只要有一处破裂便很容易造成人员伤亡。而管道泄漏检测技术较早研究的是输油管道[58,59]。自 20 世纪 70 年代以来，美国、英国、法国等输油管道管理先进的国家就在许多油气管道中安装了泄漏检测系统，效果显著[60-63]。20 世纪 90 年代，我国数家单位陆续开始对流体管道泄漏检测进行研究，流体的性质、流体的流动、传热及过程控制系统都是研究的重点内容。目前，瞬变检测法是较为主流的泄漏检测方法，在确定泄漏位置和泄漏量的同时，需要对检测点水压或流量傅氏频域函数进行逆变换。这就意味着现有频域法不是纯粹在频域范畴内分析求解，而是需要部分时域信息。针对此问题，杨开林和郭新蕾[64]在2008 年提出了管道泄漏检测的全频域法，解决了原有频域法需要时域信息的难题。需要指出的是，对长距离输水工程中的泄漏检测研究仍处于初期阶段，尚无实施的先例。

在信息时代，需要充分利用新一代的信息技术来推动应急管网的管理工作。数字孪生技术为应急提水供水管网管理提供了新的思路和方法，如图 1-14 所示[65,66]。2019 年丹麦水利研究所（DHI）提出，数字孪生流域是一个多模型耦合的数据信息平台，拥有水流物理状态模拟、涉水地物信息综合管理和管理决策业务的指标评估与决策生成等功能。2022 年 2 月，中华人民共和国水利部印发《数字孪生流域建设技术大纲（试行）》，明确数字孪生流域是以物理流域为单元、时空数据为底座、数学模型为核心、水利知识为驱动，对物理流域全要素和水利治理管理活动全过程的数字映射、智能模拟、前瞻预演，与物理流域同步仿真运行、虚实交互、迭代优化，实现对物理流域的实时监控、发现问题、优化调度的新型基础设施[67]；6 月，边晓南等[68]发现数字孪生体的构建需要形成物理实体（PE）和虚拟实体（VE）的实时镜像和同步运行，在数字孪生体中，物理实体的深层物理特征需要进行分析，并在虚拟实体内进行多维度的描述和刻画，最终形成完整的数字孪生体，并以德州市水资源应用为例，成功构建了数字孪生模型，为水资源管理提供了新思路和方法；7 月，叶陈雷等[69]以应对城市洪涝为切入点，认为整个数字孪生体主要由监测感知模块、核心计算模块、决策支持模块以及协同调配模块组成；8 月，孙光宝等[70]总结了在水资源调度过程中数字孪生具备的四个特点：实时感知、高速传输、数字映射、智慧模拟和智慧应用。

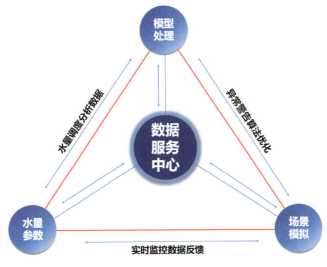

图 1-14 供水系统数字孪生交互流程

### 1.4.3　二次供水泵站国内外研究现状

山区和边远灾区供水情况复杂，用水点的远近、海拔和用水量具有多样性，单台高压泵无法满足如此复杂的需求，这就需要根据具体情形进行二次供水。城市供水二次加压方式很多，原理不同，能耗也有不小的差异。其中，水泵全速节流供水方式水力功率损失大，运行效率低，在远离水泵的运行高效区的工况下问题更为突出[71]；水泵变频调速恒压变流供水是目前应用最广泛的一种高效调速供水方式，节能效果明显，但仍有节能空间；水泵变频调速变压变流供水无额外的水力功率损失，运行效率更高，节能更明显，应用前景广阔；水泵直连变频调速变压变流供水无额外的水力功率损失，并充分利用上级管网的残余压力，运行效率最高，节能效果最明显，且改间接供水为直接供水减少了自来水的二次污染，具有最为广阔的应用前景[72]。山区和边远灾区的二次供水模式可以参考以上利弊选择符合当地情况的供水方式。合理的供水方式还需要恰当的供水调度模型，应用现代控制理论及相关数学方法，针对用水点的水量、水压等信息及整个管网的配置建立数学模型，通过计算进行优化，使给水系统在最佳的状态下工作。

供水系统的优化调度在刚起步时应用于城市供水[73]。20世纪六七十年代，国外学者开始进行供水系统的优化研究，主要集中于简化系统和求解方法上，如Rahal等[74,75]简化了某些状态方程，利用动态规划法对一个非线性动态供水试验台进行优化；Kotowski等[76]针对一个复杂供水系统，运用集结法和分解法求最优值。20世纪80年代，在线优化控制成为主流，美国、瑞士、英国等国家大城市的管路全线运转情况都由中心调度室的计算机控制完成，调度方案由计算机优化计算后给出，其中考虑了当天的电价变化规律。因各地泵房设备新旧程度不同，且计量设备不完善、可靠性不高，故城市供水管网的用水量、泄漏量、水压等数据统计较为模糊，统一管网运行难度较大。此外，城市用户类别复杂，包含工业用水、居民用水、商业用水，因此建立用水模型及优化供水管网面临较大挑战[77-80]。

山区和边远灾区二次供水系统起步较晚，在设备上可以做到相对统一，数据接口易于采集归类，同时山区用水虽然分散，但用水量远低于城市，且用水类型简单，因此借助"三遥"（遥测、遥信及遥控）技术，建立针对山区的供水模型更有优势。

## 1.5　本书主要内容

　　针对山区和边远灾区取水高度、供水需求的多样性，研究多工况高效叶轮-导叶几何参数与能量转换特性的映射关系、泵及柔性高压输水管内大尺度涡旋流动结构的动力学与力学稳定性耦合特性，突破关键水力部件加工与装配工艺关键技术，研制适用于复杂工况的轻量化高可靠、低功耗、高扬程提水装备系统。进而，基于汇水模式、水井钻孔结构研究多级泵高效流体几何特征非线性匹配关系，建立应急水源流量平衡与供水量预测模型，揭示输水系统水力瞬变流规律，掌握高扬程、大起伏地形、长距离输水系统水力控制方法，进行车载平台主副车架的刚性与车载机组运行稳定性研究，实现柴油机驱动车载系统的刚性匹配，开发满足不同系统参数需求的恒压/恒流，启动、停机、调速等稳定性运行的全自动智能控制器，建立基于柴油机驱动的机电系统自适应控制策略。最终成功研制高效可靠的移动式智能高压泵送系统，为构建基于多种物理网络及通信协议的应急智慧供水技术体系提供支撑。

# 第 2 章  应急智慧供水系统基础理论

本章对应急供水系统涉及的水力学相关理论如水泵调控原理、泄压阀调控原理等进行概述，探讨如何优化管网压力、降低水锤发生概率，确保供水管网在各种瞬态工况下稳定运行。通过系统的仿真计算方法，掌握应急供水管网设计与计算的相关理论与技术，进而应对各种应急工况下供水系统的稳定运行，为后续研究开展奠定基础。

## 2.1  应急供水管网运行调控方法

应急供水管网的优化运行旨在满足应急安置点用户需水量的前提下，最小化供水管网的漏损和能耗。其中，管网压力的控制至关重要，因为它直接影响水泵的功率和供水量。在管网运行优化中，主要利用水泵和泄压阀等设备对压力进行调控。水泵的调控直接影响整个应急供水管网的压力，当不同区域的需水压力不同时，泄压阀发挥精细调控的作用，有效减少管网压力过大的情况，从而降低漏损和能耗。

### 2.1.1  水泵调控原理

水泵调控原理涉及控制水泵的运行方式，以适应不同的供水需求和管网压力的变化。水泵调控原理主要包括：① 变转速控制，即通过调节水泵的转速，使用变频器等设备改变电动机的频率，以调节水泵的输出流量和压力。这种方式可以根据实际需求实现精确的流量控制，同时节约能源。② 多泵并联或串联控制，即将多台水泵组合，并联或串联运行，根据需要逐个启停或调整水泵的运行状态，以满足不同流量和压力的需求。这种方式在需求量变化较大或有备用泵的情况下非常有效。③ 定转速控制，即水泵以恒定的频率和转速运行，通过启停或调节阀门来控制流量和压力。这种方式简单易行，但效率相对较低，不适用于有大范围的流量变化的应急供水管网。④ 压力反馈控制，即通过安装压力传感器在管网中实时监测管道压力，根据反馈信号控制水泵的启停或转速，以维持设定的压力水平。这种方式能够实现动态调节，适应管网压力的变化，保持稳定的供水压力。

动力源控制转速和泵转速的关系为

$$n = n'(1-s) \tag{2-1}$$

式中：$n$ 为泵转速，r/min；$n'$ 为动力源控制转速，r/min；$s$ 为转速差，%。

由相似定律可知，

$$\begin{cases} \dfrac{Q_1}{Q_2} = \dfrac{n_1}{n_2} \\[2mm] \dfrac{H_1}{H_2} = \left(\dfrac{n_1}{n_2}\right)^2 \\[2mm] \dfrac{N_1}{N_2} = \left(\dfrac{n_1}{n_2}\right)^3 \end{cases} \tag{2-2}$$

式中：$Q_1$，$Q_2$ 为转速对应的流量，$\mathrm{m^3/s}$；$n_1$，$n_2$ 为转速，r/min；$H_1$，$H_2$ 为转速对应的扬程，m；$N_1$，$N_2$ 为转速对应的轴功率，kW。

由式（2-2）可知，流量和扬程可以通过调节转速来实现。如果采用定转速水泵供水，随着转速的增加，流量和扬程也会增加。在应急供水场景下，水量需求常常变化，因此水量的调控不仅能确保用水安全，还能有效节约宝贵的净化水资源。在低峰期，水流量减小，扬程相应增加，导致管网富余压力增加。如果采用变转速水泵供水，随着转速的增加，流量和扬程会减小。这种方式在满足用户用水需求的同时，还能够降低管网富余压力，减少能源消耗。两种不同运行方式下的特性曲线如图 2-1 所示。当流量从 $Q_1$ 减小到 $Q_2$ 时，采用定转速控制方式供水，扬程为 $H_2$，大于 $H_1$，管网压力增加；而采用变转速控制方式供水，扬程为 $H_3$，小于 $H_1$，表明变转速供水能够减小管网富余压力。

调整水泵的转速可以有效控制供水系统的压力。作为供水系统中主要的能耗设备，优化后的水泵可以显著降低能源消耗，但必须确保水泵运行的安全性。为了实现节能减耗的目标，水泵应在适当的转速范围内运行。因此，调节水泵时需注意避免转速过高或过低，最好保持在高效运行的区间内。在多水泵并联运行时，需注意各水泵的负荷分配，以确保负荷尽可能均匀分布，以免影响水泵的运行效率。

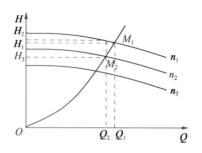

图 2-1 两种不同运行方式下的特性曲线

### 2.1.2 泄压阀调控原理

泄压阀是一种能够通过调节阀门压力，将进口压力调节至所需的出口压力，并且依靠介质本身的能量，使得出口压力能够自动保持稳定的阀门。根据流体力学的原理，泄压阀通过改变过流断面的面积来实现这一功能。在假设调节的瞬间流量不变的情况下，根据连续性原理，过流断面面积变化，流速也会发生变化，导致局部阻力变化，从而产生不同的压力损失，达到降压的效果。随后，通过控制和调节系统，使得阀后压力的波动与弹簧力相平衡，从而实现阀后压力在一定范围内保持恒定。泄压阀的阻力系数与开度之间的数学关系为

$$\xi = ab^{1/k}k^c \tag{2-3}$$

式中：$\xi$ 为泄压阀阻力系数；$k$ 为泄压阀开度；$a$，$b$，$c$ 为与管径几何参数有关的常数。

根据局部阻力计算公式，得到泄压阀阻力系数

$$\xi = \frac{2g\Delta h}{v^2} \tag{2-4}$$

式中：$g$ 为重力加速度，$m/s^2$；$\Delta h$ 为泄压阀前后压力差，$m$；$v$ 为平均流速，$m/s$。

由式（2-3）和式（2-4）可知，泄压阀开度与其前后压力差成反比，即压力差越小，开度越大，反之亦然。因此，可通过调整泄压阀的开度对阀后压力值进行控制和减压。泄压阀阀前压力根据具体工况来决定，阀后压力则根据最小应急供水需求水头进行设置。

由于全天不同时段有不同的压力需求，因此采用设置阀后压力值的方案进行调控。当分区范围内的最不利点压力值与要求的最小供水服务压力

相差很小时，将阀后压力值设置为阀前压力值；当分区范围内最不利点压力值与要求的最小供水服务压力相差很大时，控制阀后压力设置值，使最不利点压力调整至要求的最小供水服务压力附近，从而实现压力最大限度地下降；当分区范围内最不利点的压力不满足要求的最小供水服务压力时，需要调控应急供水泵的压力来保证分区范围内的最不利点以满足供水需求。

## 2.2　应急供水管网设计及仿真计算方法

应急供水场景地形复杂，供水点相对较远且往往存在较大高差，管网系统内部各种水力损失无法忽略，因此泵出口压力与供水点出口压力存在较大差距，需要结合泵与供水管路进行系统分析。耦合应急供水管网 1D 模型与多级离心泵 3D 模型，为应急供水系统数字孪生提供了全要素实时仿真计算平台。本节依托国家重点研发计划项目"山区和边远灾区应急供水与净水一体化装备"开展相关研究。根据项目要求，选定四川省绵阳市北川羌族自治县地震遗址周边的黄家坝村为项目应用示范场地。基于此，本节为多级离心泵应急供水系统应用场景进行管网设计。

### 2.2.1　应急供水管网设计

#### 2.2.1.1　供水管网 1D-3D 耦合策略

1D-3D 联合仿真是一种将一维（1D）和三维（3D）数值模拟方法相结合的仿真技术，通过将 1D 和 3D 模型耦合，以工程实际需要为导向，平衡计算效率与计算精度之间的矛盾，实现对复杂工程系统的流动现象的全面分析。为提高计算效率同时降低计算成本，联合仿真过程并采用分区建模的策略，对系统中长管道等的一维部分采用 1D 模型，对阀门、泵等复杂的三维部分则采用 3D 模型。1D 和 3D 模型通过保证系统质量守恒的流量参数和保证系统动量守恒的压力参数进行耦合。

1D 模型和 3D 模型进行参数耦合时，需要在时间步长和迭代方法上加以协调，确保 1D 和 3D 模型之间的信息传递和更新。不同应用场景下的耦合策略存在很大的不同，常见的耦合策略如下：

① 子循环迭代法：在每个时间步长内，首先使用较大的时间步长进行 1D 模型的计算，将流量、压力等计算结果传递给 3D 模型。其次，在 3D 模

型中使用较小的时间步长进行计算，直至 3D 模型在当前时间步长内收敛。最后，将 3D 模型计算出的压力信息传回 1D 模型，更新 1D 模型的参数。

② 松弛迭代法：在每个时间步长内，首先根据 1D 模型的流量信息预测 3D 模型的压力信息。其次，在 3D 模型中进行计算，并根据计算结果修正预测的压力信息。最后，将修正后的压力信息传回 1D 模型，并更新 1D 模型的参数。通过多次迭代，逐渐减小 1D 和 3D 模型之间的信息差异，直至满足收敛条件。

③ 同步迭代法：在同步迭代法中，1D 和 3D 模型在同一时间步长内进行计算。首先，使用 1D 模型计算流量信息，将流量信息传递给 3D 模型。其次，使用 3D 模型计算压力信息，并将压力信息传回 1D 模型。这种方法需要 1D 和 3D 模型使用相同的时间步长，可能导致计算效率较低，但能保证较高的准确性。

④ 多尺度耦合法：鉴于 1D 和 3D 模型之间存在尺度差异，多尺度耦合法在时间和空间尺度上进行自适应调整。在时间尺度上，采用动态时间步长，山区和边远灾区应急供水系统仿真优化研究可使 1D 和 3D 模型在不同阶段使用不同的时间步长。在空间尺度上，可以根据流场特性动态调整 1D 和 3D 模型的耦合边界，以优化计算效率和准确性。

⑤ 基于预测–校正的耦合法：首先，根据 1D 模型的初始条件预测 3D 模型的流场参数，进行 3D 模型的计算。其次，根据 3D 模型计算结果对 1D 模型的初始条件进行校正，并再次进行 1D 模型的计算。通过多次迭代，逐步减小 1D 和 3D 模型之间的信息差异，直至满足收敛条件。这种方法在一定程度上提高了计算效率，但可能降低准确性。

⑥ 基于代理模型的耦合法：代理模型是一种简化的模型，用于近似描述 3D 模型的复杂行为。在基于代理模型的耦合方法中，首先通过有限次数的 3D 模型计算得到一组训练数据，基于这些数据构建代理模型。其次，在 1D-3D 联合仿真过程中，使用代理模型替代 3D 模型进行计算，可以提高计算效率。这种方法在保证一定准确性的同时，显著降低了计算成本。

对于计算资源有限或者对计算效率要求较高的场景，可以考虑采用基于代理模型的耦合法或多尺度耦合法，在提高计算效率的同时，仍可保证一定程度的准确性；对于准确性要求较高的场景，可以考虑采用同步迭代法或基于预测–校正的耦合法，但在保证较高准确性的同时，需要较多的计算资源和时间。

#### 2.2.1.2 模式选取

山区地形复杂，地势高低不平，直接影响水流的流动和输送。通过划分不同供水区域，分别选取适合的管道，可克服地形对供水的影响。由于现场空地狭小，不具备设置水塔或水箱等大型储水设备的条件，只能将生活用水处理后直接输送到用户端，避免二次污染的风险。因此，可采用压力式分区直接供水的模式。考虑到灾后存在较大的不确定性，设计时应尽量简化管网系统结构，提高应急响应速度及可靠性。应急供水管网总体结构呈枝状，同时，局部重点线路可改为环状以提高供水时的安全稳定性。枝状管网结构相对简单，易于设计和施工，且水流的流向清晰，可根据用水需求和水源条件，直观地规划布局并进行管网的监测和管理。枝状管网总长较短、接头较少，能大大缩短敷设时间，可在最短时间内恢复灾区生产生活用水供应，也便于故障发生后的维护。

#### 2.2.1.3 管网定线

根据管网设计普遍原则及灾区特殊需要，设计应急供水管网定线时，应遵循以下原则：首先，管网应在用水区域内合理分布，线路应简短且与村镇建设规划相符。其次，管线应沿现有或拟定道路规划布置，尽量避免穿越被污染或具有腐蚀性的地段。最后，管网设计应追求线路简短、地势起伏小、造价低廉，并尽可能减少对农田的占用。综合考虑具体地形、地质和水源条件，灵活调整和优化管网定线方案有助于实现应急供水系统高效、经济和环保运行，满足山区和边远灾区居民的用水需求，同时减轻对土地资源的影响。黄家坝村供水密度低、地势高差大，若统一为一个主干系统，则不利于整体安全。因此，根据供水点分布及道路地形特点，将图 2-2 中的供水点大致分成两条支线。

图 2-2 黄家坝村应急供水管线分布

## 2.2.2 应急供水管网管路计算

### 2.2.2.1 集中供水点流量

输水管道的设计流量与调节构筑物设置有关。根据《村镇供水工程技术规范》（SL 310—2019），管网系统无水塔或水箱等调节构筑物时，输水管道设计流量应按最高日最高时用水量 $Q_h$ 计算。最高日最高时用水量为最高日平均时用水量与时变化系数 $K_h$ 的乘积，24 小时连续供水时 $K_h$ 的取值范围为 1.6~3.0，定时供水工程中 $K_h$ 的取值范围在 3.0~4.0 之间，且用水人口越多、用水条件越好、用水时间越长，$K_h$ 的取值越小。最高日平均时用水量 $Q_p$ 为最高日用水量与用水时间的比值。

最高日最高时用水量 $Q_h$：

$$Q_h = Q_p K_h \tag{2-5}$$

式中：$Q_p$ 为最高日平均时用水量，L/h；$K_h$ 为时变化系数，本书选取 $K_h = 2.5$。

最高日平均时用水量 $Q_p$：

$$Q_p = \frac{Q_d}{T} \tag{2-6}$$

式中：$Q_d$ 为最高日用水量，L/d；$T$ 为用水时间，h，本书选取 $T = 15$ h。

最高日用水量 $Q_d$：

$$Q_d = m_r q \tag{2-7}$$

式中：$m_r$ 为用水单位数；$q$ 为生活用水定额，L/d，本书参考《2021 年四川省水资源公报》选取 $q = 120$ L/d。

将各供水区域户数及人口分别代入式（2-5），得到各集中供水点最高时用水量，即为管道设计流量，详见表 2-1 所示。

表 2-1　集中供水点设计流量

| 集中供水点 | 供水点 1 | 供水点 2 | 供水点 3 | 供水点 4 | 供水点 5 | 供水点 6 | 供水点 7 |
|---|---|---|---|---|---|---|---|
| 设计流量 $Q_h$/（m³·h⁻¹） | 3.6 | 2.25 | 3 | 5.25 | 5.25 | 3 | 3 |

### 2.2.2.2 单独供水点流量

加油站、村委会、公共厕所、果园等单独供水点的最高时用水量可参照《建筑给水排水设计标准》（GB 50015—2019）确定。果园用水计算受气候、土壤、树龄、栽培技术等多种因素影响，因此难以给出准确数值，只能根据一些统计数据和经验值来估算。实际耗水量可能因当地气候土壤条件、果树生长需求、灌溉方式技术等变化而有所不同，需要根据具体条件进行调整。经计算整理，得到各单独供水点最高时设计流量，见表 2-2 所示。

表 2-2　单独供水点设计流量

| 单独供水点 | 加油站 | 村委会 | 公共厕所 | 果园 |
|---|---|---|---|---|
| 设计流量 $Q_h$/（$m^3 \cdot h^{-1}$） | 0.01 | 0.04 | 2 | 12 |

### 2.2.2.3　管道直径与阻力系数

管网设计应根据用水区域的实际需求和地形地貌进行合理布局，尽量降低材料成本，减少水流中的压力损失。然而，管路的材料成本和压力损失本身就存在着明显矛盾。大管径有助于减少沿程阻力损失，但可导致建设材料成本增加；而小管径则会明显增大摩擦阻力，并且可能因管内流速过高而伴随产生明显的流动噪声，甚至因过流截面过小而存在堵塞的风险。由此可见，设计管路水力计算时应根据流量需求、压力损失和经济性综合确定各过流段对应管径。

区段管路初算直径可由式（2-8）确定：

$$D_i = 0.0188 \ (Q_0/v_0)^{0.5} \tag{2-8}$$

式中：$D_i$ 为区段管路初算直径，m；$Q_0$ 为设计流量，$m^3/s$；$v_0$ 为设计流速，m/s，给水管道出口设计流速不宜大于 1.8 m/s。

冷水塑料管道单位长度沿程阻力损失可由式（2-9）确定：

$$h_f = \frac{10.67 \ Q_0^{1.852} L}{C_h^{1.852} D_i^{4.87}} \tag{2-9}$$

式中：$h_f$ 为单位长度的沿程阻力损失，kPa/m；$L$ 为管长；$C_h$ 为海澄-威廉系数，塑料管材 $C_h = 150$。

经计算并圆整为标准管径序列，各区段供水管网管道直径分布如图 2-3 所示。

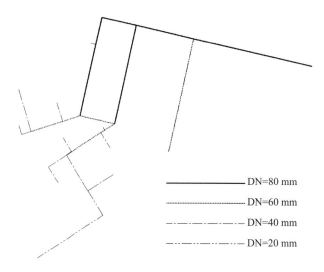

图 2-3　供水管网管道直径分布

## 2.3　常见管网附件及水锤的防治

### 2.3.1　常见管网附件

给水管网除动力泵和水管以外还设置了各种附件，如调节流量的阀门、流量计、压力表、控制水流方向的单向阀、安装管线高处的排气阀和安全阀等，以保证管网正常工作。

① 调节阀门是流体管路的控制装置，其基本功能是接通或切断管路介质的流通，改变介质的流动方向，调节介质的压力和流量，保护管路和设备的正常运行。按照结构特征划分，阀门主要有闸阀、蝶阀和球阀。

② 流量计是用于测量管道或明渠中流体流量的一种仪表，可分为差压式流量计、转子流量计、节流式流量计、细缝流量计、容积流量计、电磁流量计、超声波流量计等。流量计可以将瞬时和累积供水量反馈给控制系统。

③ 压力表一般安装在动力泵出口或管道高点，能及时反映水管中的压力大小，更好地监测管道运行情况，并与限定值比较，从而判断隐藏的管道是否出现问题。

④ 单向阀又称止回阀或逆止阀，其作用是控制管道中的水流朝一个方

向流动。阀门的闸板可绕轴旋转。水流方向相反时，闸板因自重和水压作用而自动关闭。止回阀一般安装在水压大于 196 kPa 的泵站出水管上，防止因突发断电或其他事故时水流倒流而损坏水泵设备。

⑤ 排气阀是管道系统中必不可少的辅助元件，往往安装在制高点或弯头等处，在管道投产或检修后通水时，可使管道内空气经此排出。平时用以排出水中释放的气体，以免空气积聚在管道内而减小过水断面面积和增大管道的水头损失。长距离输水管道一般随地形起伏敷设，在高处设排气阀。给水管道一般采用单口排气阀，垂直安装在管道上。排气阀口径与管道直径之比一般为 1∶8~1∶12。

## 2.3.2　水锤现象及防护措施

输水管道中的水流速度由于种种原因（停泵、阀门启闭等）突然改变，水流将产生相应的冲量，这一冲量所产生的冲击力作用在管道和水泵部件上犹如锤击，从而形成水锤现象。

### 2.3.2.1　水锤的计算方法

在现实的供水系统运行中因水锤而引起的压力管道爆管或水泵出口止回阀被冲击破坏等事故时有发生，因此应对高压供水系统进行水锤的分析计算。算法主要有解析法、图解法、电算法（特征线法）和简易计算法等。解析法的基本原理是利用阿列维（Allievi）联馈方程式进行逐段计算。图解法将不考虑管道损失情况下的水锤基本方程式变换为对管道内两点的两个代数方程（即共轭方程），按照作图法进行计算。电算法（特征线法）考虑管路损失的水锤偏微分方程，沿其特征线变换成常微分方程，然后近似地变换成差分方程，再进行数值计算。简易计算法是学者和工程技术人员对大量的图解计算和电算的结果进行统计，并绘制成各种图表，供工程项目相关人员参考的方法。利用简易计算法可以快速得出水锤参数，因此在小型工程上得到广泛应用。目前，比较通用的水锤的计算方法有魁克（Quick）法、阿列维法、帕马金（Parmakian）法、刘竹溪法、福泽清治法等五种。

### 2.3.2.2　水锤的分类

按水锤成因的外部条件，供水管路系统水锤可分为启动水锤、关阀水锤和停泵水锤。水锤产生的条件有：阀门突然开启或关闭；水泵机组突然停车或开启；单管向高处输水；水泵总扬程（或工作压力）大；输水管道中水流速度过大；输水管道过长，且地形变化大；等等。

水锤还可按关阀历时与水锤相长的关系分为直接水锤和间接水锤。当

$$T（阀门关闭/开启时间）<\mu\left(水锤相长\ \mu=\frac{2L}{a}，L\ 为管长，a\ 为水锤波速\right)$$

时，在阀门关闭过程中反射回来的负水锤波尚未到达阀门时，阀门已关死，关阀水锤所产生的总压强增高值无负水锤波的干扰作用，这种水锤称为直接水锤。当 $T>\mu$ 时，在阀门关闭过程中反射回来的负水锤波到达阀门，阀门尚未完全关闭，负水锤波导致压强增值受到干扰（即降低），水锤峰值被削减，这种水锤称为间接水锤。

按水锤波动现象，水锤又可分为水柱分离和水柱连续。水柱分离即在水力过渡过程中，当管路中某处的压强降到当时水温的汽化压以下时，液态水将发生汽化，管流中水流的连续性遭到破坏，造成水柱分离，并在该处形成水蒸气空腔，它将连续的水柱截成两段。伴有水柱分离的水锤又称断流弥合水锤，当分离开的两股水柱重新弥合即空腔溃灭时，由于两股水柱间的剧烈碰撞会产生具有直接水锤特征的压力很高的断流弥合水锤。

在同一条件下，停泵水锤的危害性大于关阀水锤和启动水锤，直接水锤的危害大于间接水锤，但危害性最大的是管路中出现水柱分离的断流弥合水锤。

### 2.3.2.3 水锤的防护

应急供水时，在时间和场地允许的情况下可参考《城镇供水长距离输水管（渠）道工程技术规程》（CECS 193—2005）、《室外给水设计标准》（GB 50013—2018）进行管路铺设，环境复杂和恶劣时，需采取专门措施进行水锤防护。

目前常用的防护措施主要可以归纳为以下几类：① 补水（补气）稳压，防止水柱分离及再弥合现象的发生。这种类型的防护措施主要有设置简单调压塔、单向调压塔、空气阀、空气罐。② 阀门防护。泵站中常用的阀门有缓闭式止回阀、两阶段关闭液控蝶阀等。③ 泄水降压。这种类型的防护措施主要有设置旁通管、取消止回阀、停泵水锤消除器、防爆膜等。④ 增大机组惯性，防止停泵时压力急剧下降。

具体防护措施如下：① 防止断流水锤方面，管道高程布置时，尽可能不布置成高"膝部"形态，布置成图 2-4a 中 $AB'C$ 形态，或设置调压塔（水塔）、设补气阀，负压时向管内补气。② 防止升压过高的措施方面，设置水锤消除器或空气罐（图 2-4b，c）。其防护原理为：停泵—压力下降—重

锤压开阀板—管道与排水口连通—管道水倒流且止回阀关闭—管内水压上升——部分水由排出口排出—压力上升不太大。③ 采用缓闭止回阀，当水泵启动时，阀门进口端压力促使阀瓣克服弹簧力迅速开启，调节主阀进口端针形阀的开度，控制阀门的开启速度，保证主阀的开启时间大于水泵电机的启动时间，实现轻载启泵。当水泵关闭时，通过调节球阀的开度也可以有效控制阀瓣的关闭速度（即阀门的关闭时间）。④ 通过控制程序，延长泵启动和停机时间。

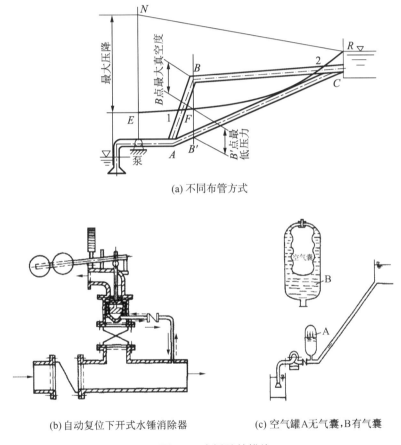

(a) 不同布管方式

(b) 自动复位下开式水锤消除器　　(c) 空气罐A无气囊，B有气囊

图 2-4　水锤防护措施

随着科技的进步，现在常将多功能水泵控制阀、安全泄压阀、复合式排气阀等阀组用于高压供水管路，从而进行水锤防护（图 2-5）。多功能水泵控制阀是一种可同时替代现行水泵压水管上的电动蝶（闸）阀、单向阀和水锤消除器的新型水力控制阀门，并能自动实现开泵时的缓开（准软启

动）和停泵时的速闭/缓闭，可有效防止水锤事故的发生。安全泄压阀（持压/泄压阀）主要安装在高压区，用于对压力波快速反应和快速释放，防止压力急剧增高而损坏管线及设备，并可保障主阀上游供水压力。复合式排气阀安装在管线中急变流管线附近以及容易聚气的位置，可迅速排出管道中的空气，当管道内产生负压时迅速导入外界空气，保护管线免受负压破坏。

(a) 多功能水泵控制阀

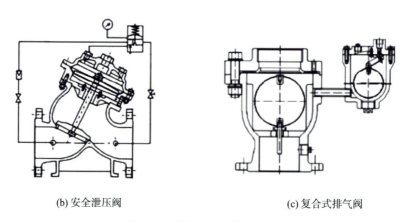

(b) 安全泄压阀 　　　　　　　　　　(c) 复合式排气阀

图 2-5　常用水锤防护阀组件

## 2.4　长距离输水系统水力瞬变流规律研究

针对应急供水系统中水质水量的复杂性、非线性性、不确定性和动态性等问题，研究柔性高压管线布置特征并建立过渡过程瞬变流数学模型，提出高压瞬变曲率输水管网系统的水锤防护策略。设计输水管路系统时首先需要构建管道充水系统数值模型，然后研究摩擦系数对管道充水瞬变流的影响，研究阀门、分支管道、大气、管道长度等对管道瞬变流的影响，研究高压瞬变曲率输水管网系统特征，最终提出多终端耦合水锤防护策略和高压管路设计准则，为水源分布—供水—提水流量平衡策略提供理论基础。

## 2.4.1　构建长距离输水模型

示范场地黄家坝村位于四川盆地西北部，距绵阳市区 42 km，距省会成都 160 km，是 2008 年"5·12"特大地震极重灾区之一。采用 Flowmaster 软件构建长距离输水模型，如图 2-6 所示。

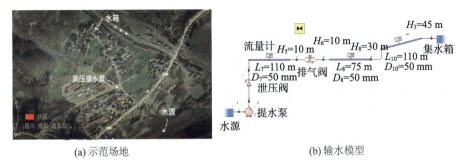

(a) 示范场地　　　　　　　　　　　　　(b) 输水模型

**图 2-6　示范场地及长距离输水模型构建**

根据构建的模型，首先对管道沿程损失进行计算。为了确保计算的准确性，采用数值预测和理论计算相结合的方式。根据示范场地实际需求，本数值计算采用单级泵进行稳态计算，模型泵相关参数见表 2-3。

**表 2-3　模型泵相关参数**

| 参数 | 数值 | 参数 | 数值 |
|---|---|---|---|
| 设计流量 $Q_d/(\mathrm{m}^3 \cdot \mathrm{h}^{-1})$ | 36 | 泵进口直径 $D_s/\mathrm{mm}$ | 80 |
| 设计扬程 $H_d/\mathrm{m}$ | 107.1 | 叶轮进口直径 $D_1/\mathrm{mm}$ | 108 |
| 额定转速 $n/(\mathrm{r} \cdot \mathrm{min}^{-1})$ | 3800 | 叶轮出口直径 $D_2/\mathrm{mm}$ | 233 |
| 叶片数 | 5 | 叶片出口宽度 $b_2/\mathrm{mm}$ | 6.4 |
| 比转速 $n_s$ | 41.65 | 泵出口直径 $D_d/\mathrm{mm}$ | 65 |

任务采用海澄-威廉公式对所建模型进行沿程损失计算，其计算公式为

$$h_f = \frac{10.67 \, Q^{1.852} L}{C_h^{1.852} D^{4.87}} \tag{2-10}$$

式中，$C_h = 150$。通过计算得到模型中每 100 m 管道沿程损失为 42. 33 m。为了进一步验证数值计算的准确性，研究采用达西公式对上述沿程损失进行验证，其计算公式为

$$h_f = \lambda \frac{L}{D} \frac{v^2}{2g} \tag{2-11}$$

式中：$\lambda$ 为沿程阻力系数；$v$ 为平均流速；$L$ 为管道长度；$D$ 为管道直径。

根据尼古拉斯实验曲线求得

$$\lambda = 0. 0032 + \frac{0. 221}{Re^{0. 237}} = 0. 0148 \tag{2-12}$$

其中莫迪图通过绝对粗糙度估算得到 $\lambda = 0. 017$。由以上计算可以看出，通过达西理论计算方法得到的每 100 m 管道沿程损失为 39. 07 m。两种模型计算中的沿程损失误差在 10% 以内。

## 2.4.2　瞬变流对管路系统水锤的影响机制

根据供水管网中压力波的传播机制，管网中的瞬变流事件过程可以简化表述如下：瞬变流触发源所产生的压力波沿管线传播，在系统的边界处发生透射和反射，同时在边界处产生新的压力波在系统中继续传播。在传播的同时，压力波的幅度不断地被系统中的边界条件和能量耗散因素改变。正是这些压力波的变化导致系统瞬时压力和流量发生变化。为了研究在供水系统中瞬变流的变化对管路的影响机制，在所搭建的模型中布置阀门节点，以观测阀门节点前后水锤产生的原因、压力和空腔的变化规律。相关研究结果如图 2-7 所示。

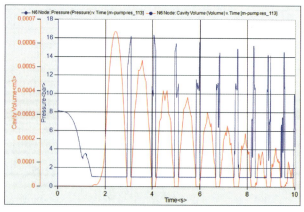

(a) 添加排气阀前节点压力与空腔波动

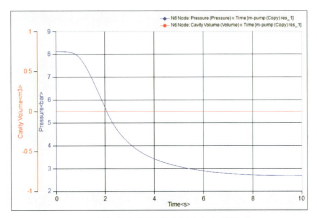

(b) 添加排气阀后节点压力与空腔波动

图 2-7　研究结果图示

由以上结果可知，阀后节点在阀门关闭后产生水锤现象，压力和空腔呈现相似的周期性变化，空腔体积峰值随时间逐渐减小。为了消除水锤周期压力波，在泄压阀后添加排气阀，阀后节点没有空腔的产生，压力不再随着时间发生周期性变化，而是随着时间不断减小，到达一定值后不再减小，说明安装排气阀可以抑制水锤的产生，保护管道安全。

## 2.5　应急供水管网瞬态计算方法

应急供水过程中流量应根据实际用水需求进行动态调整。然而，若泵始终保持匀速运行，那么当流量降低时，管道内压力将会急剧升高，严重威胁应急供水系统安全。解决这一威胁的传统方法是利用水池或水罐消减过高的压力水头，但灾后现场情况复杂，不便于设置大型调节构筑物，因此只能依靠供水设备自身调节保障供水点出口压力稳定。本节基于压力式直接供水模式动态调节应急供水压力稳定，为优化应急供水运行策略提供目标工况预测与反馈。

### 2.5.1　应急供水管网瞬态计算理论

#### 2.5.1.1　供水管网监测点优化布置已有方法介绍

（1）模糊聚类分析法

在实际分类问题中，往往存在着一定的模糊性。模糊聚类分析法将模糊数学中的概念与方法引入聚类分析，通过建立模糊相似关系对客观事物进行分类。在供水管网水压监测点优化布置问题上，丛海兵、黄廷林[81]提出了影响系数的概念，即管网爆点发生爆管后节点流量和单位水压的变化引起的监测点节点水压变化值。他们建立了影响系数矩阵，并利用模糊聚类分析法对节点进行分组，然后在每组节点中选择一个最具代表性的点作为测压点。该方法尤其适用于以重力供水为主的管网，但是对于监控或诊断爆管等异常事故未必是最优的。

（2）敏感性分析法

敏感性分析法是一种不确定性分析方法，通过分析某个对指标有重要影响的不确定因素的影响程度和敏感性程度来判断项目的承受风险能力。肖笛、赵新华、梁建文[82]以敏感性分析为基础，进行了给水管网流量监测点优化布置的研究，并通过一个小型给水管网验证了此方法的可行性。此方法通过寻找供水管网中流量的最敏感点，并根据敏感性排序进行管网节点分区，同时结合摄动分析法对管网流量进行监测。

（3）图论法

图论中的"图"不是几何图形，而是一种抽象的数学系统，用来表达确定事物之间的联系。王俊岭、孙怀军[83]提出了一种新的给水管网中测压点的优化布置方法，将给水管网视为一个图，其中环表示圈，管段表示边，节点表示点。他们定义节点的水压差为权，并在此基础上定义了代表点的区域权，将最优布置方案的问题转化为寻找代表点区域权之和最小的过程。该方法为管网测压点优化布置提出了新的理念，并在算例中取得了一定的效果。其不足之处在于，若初始测压点选择不当，可能会影响解的收敛速度。

### 2.5.1.2　供水管网监测点优化布置的分类

（1）流量监测点优化布置

在供水管网中布置流量监测点的主要目的是通过这些监测点反馈的流量数据准确地掌握管网的运行情况，以实现管网的优化调度和爆管事故的监控。相较于水压监测点，国内外对于供水管网流量监测点的优化布置研究较少。大多数流量监测点根据经验直接安装在水厂出水点附近或者集中安置在管径较大的管段上。

（2）基于水质的监测点优化布置

随着社会的发展和人类生活水平的提高，人们对供水水质的要求越来越高。《生活饮用水水质卫生规范》对水质提出了更高的要求，例如增加采样频次和采样点以加强对供水管网的监管。因此，从经济和技术角度出发，寻找具有代表性、监测范围广、快速响应水质突发事件的监测点布置方案成为研究重点。

（3）基于水压的监测点优化布置

水压是供水管网系统中全面掌握运行状态和正确调度的重要参数之一。监测点的水压变化可反映整个管网的运行状态，对于保证供水服务质量、校核水力分析结果、管网改造扩建以及实时爆管检测至关重要。为了达到预期目标，在有限的投资下，需要对压力监测节点进行科学合理的布置。

### 2.5.1.3　供水管网监测点优化布置的原则

无论是基于流量、水质还是水压的监测点优化布置，都需要遵循以下原则：

① 监测范围广。在有限投资的前提下，以尽可能少的监测点布置来获取整个管网尽可能多的、准确的信息。

② 监测点代表性。在给定监测点数量的前提下，将监测点布置在具有代表性的区域。

③ 监测点响应迅速。监测点应在有效时间内监测管网突发事故，并快速启动预警系统，以最小化危害。

它们也是供水管网监测点优化布置的目标。

### 2.5.1.4　目标函数的建立

为了模拟管网的爆管或漏水情况，在管网的拓扑模型中插入虚拟节点 $j$，并设定在正常工况下该虚拟节点处的节点出水流量为 0。当管网发生爆管事故时，通过在虚拟节点处添加节点出水流量 $Q_j$ 来模拟。当虚拟节点 $j$ 处发生出水流量 $Q_j$ 时，整个管网中的管段流量都会受到不同程度的影响。假设被考察管段 $i$ 的流量变化值为 $\Delta Q_i$，则用 $\Delta Q_i/Q_j$ 来表示虚拟节点 $j$ 所在管段的漏水量对管段 $i$ 处流量变化的影响率，即敏感性。这可以通过差分形式表示为

$$\frac{\Delta Q_i}{Q_j} = \frac{Q_i - Q_i'}{Q_j} \tag{2-13}$$

式中：$Q_i$ 为正常工况下监测管段 $i$ 处的流量；$Q_i'$ 为微故障状况下监测管段 $i$ 处的流量；$Q_j$ 为微故障状况下虚拟节点 $j$ 处的出流量。

为了保证监测效果，流量监测点应布置在敏感性较高的管段，并且各

监测量应尽可能相互独立。基于这一原理，建立优化布置的目标函数：

$$f = \frac{1}{N} \sum_{j=1}^{M} w_j \max\left\{\frac{\Delta Q_1}{Q_j}, \ \frac{\Delta Q_2}{Q_j}, \ \cdots, \ \frac{\Delta Q_N}{Q_j}\right\} \tag{2-14}$$

式中：$N$ 为流量监测点数量；$M$ 为可能的故障管段数（即需要添加虚拟节点的数量）；$\Delta Q/Q_j$ 为监测点敏感性；$w_j$ 为权重，代表该管段的重要程度，可以体现为发生故障的可能性大小。

## 2.5.2　应急供水管网瞬态计算结果

在长距离压力直接供水模式下，多级泵扬程对流量和转速变化非常敏感。根据计算结果，当转速保持不变时，如果各供水点总流量增加 1%，泵出口压力水头将降低 16.2%；当各供水点总流量保持不变时，如果转速增大 1%，泵出口压力水头将增大 20.7%。由于管道摩擦造成的阻力损失仅与管径和管道壁面特性有关，而与进口压力无关，因此，偏离设计流量产生的进口压力水头差值几乎可以无损失地作用在供水点出口压力水头上，造成出口压力过低或过高，甚至引发断流和爆管。为此，提出基于多级泵特性函数关系的直接供水闭环控制策略，有针对性地调节流量变化导致的压力波动，实现供水点出口压力安全稳定。

### 2.5.2.1　流量突降对管网系统内压力的影响

保障供水稳定的核心是降低环境对压力造成的干扰。多级泵扬程可以近似看作一个与流量和转速相关的二元函数。根据函数性质，如果扬程保持稳定不变，那么在给定流量的情况下，转速仅有一个实数根，即转速是唯一确定的。管道流量由用户根据实际用水需求通过终端阀门直接控制，可作为运行控制的自变量。由连续性方程可知，泵进出口流量应与管网总流量同步并保持一致，避免急启或急停引发水锤效应，具体可通过控制电动阀门实现。流量信号通过计算单元求解得到目标转速，转速结果信号输入 ECU 后对调速器及变速器下达指令，调整多级泵运行转速，最终实现扬程持续稳定。图 2-8 所示为供水点 1 处流量突降对管道内压力的影响。当 $T = 0$ 时，各供水点离心泵和供水点流量按照水力计算获得的最高时用水量对应参数启动。受惯性影响，启动过程中管道内压力存在较大波动，约 45 s 后，流动趋于稳定，各供水点出口压力水头均处于目标区间。当 $T = 60$ s 时，关闭供水点 1 处阀门，流量瞬间降为 0，此时管道内的水因惯性仍保持流动状态，直至冲击阀门闸板及管壁。同时，当转速不变、流量降低时，泵出口压力增大，供水点 1 处水的压力将进一步增大。水在管道内不断发生高频的冲击回流，管道内压力持续振荡，并传导至整个管网系统。管道内冲击回流的瞬间真空度相当于 −776 m 压力水头，因此水锤严重影响管网安全稳定运行，对管道安全造成巨大挑战。

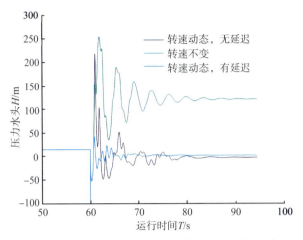

**图 2-8　供水点 1 处流量突降对管道内压力的影响**

　　基于扬程稳定的泵转速动态调节策略能有效降低水锤造成的不利影响。当 $T=60$ s 时，关闭供水点 1 处阀门，泵转速降低，泵出口水头保持 100 m 不变。管道内的水虽然仍将因惯性造成冲击，但由于泵扬程始终不变，及时地控制了来自上游的持续性高压推动，因此冲击回流形成的真空水平明显低于转速不变时的情况。反复回流振荡形成的压力波最大振幅也将保持在安全区间，并能以更快的频率衰减，避免对其他供水点出口压力产生干扰。转速动态调节控制策略需要调速器与变速器协同配合实现。柴油机喷油间隔时间小于 1 ms，可忽略调速器响应变化所需的时间；变速器响应时间与变速器类型有关，无级变速器（continuously variable transmission，CVT）响应时间约为 0.4 s，因此，当采用 CVT 实现转速调节时，多级泵仿真计算过程应存在 0.4 s 信号延迟时间，此时系统响应延时虽降低了转速动态调节对水锤冲击的抑制效果并延缓了压力振荡衰减过程，但振动频率有所降低，振动幅度明显减小，仍能有效地缓解高频压力波动对管道造成的单一冲击。更复杂的波形有利于能量的快速释放，管道内压力恢复稳定时间提前。转速动态调节控制使得其他供水点受到的压力冲击也更小，并且能在短时间内将出口压力水头稳定在目标区间内。图 2-9 所示即为距离较远的供水点 7

处流量突降对其他供水点压力的影响。

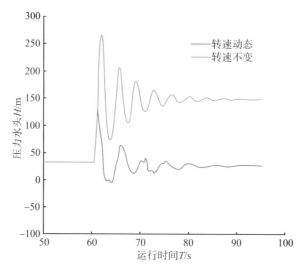

图 2-9 供水点 7 处流量突降对其他供水点压力的影响

由此可见，基于扬程稳定的泵转速动态调节策略虽然无法降低水锤发生时的瞬间真空程度，但是能有效控制后续压力振荡对管道的不利影响，降低振荡过程的最大振幅和振动频率，降低频繁启闭阀门对管网部件造成疲劳破坏的概率。在山区及边远灾区，可以通过选取适宜的阀门与泵相配合，从而进一步保持灾后供水安全稳定。

### 2.5.2.2 流量波动对管网系统内压力的影响

地震灾后常伴有余震等次生灾害，应急供水场景存在较大的不确定性，可能会使管道内流量出现小范围波动，不利于供水压力保持稳定。因此，需要分析流量随机波动对压力式直接供水的不利影响，并优化泵转速控制模式策略，降低对各供水点和管网系统的不利影响。

图 2-10 所示为流量随机波动时管道内压力的变化曲线。当 $T=0$ 时，各供水点离心泵和供水点流量按照水力计算获得的最高时用水量对应参数启动。受惯性影响，启动过程中管内压力存在较大波动，约 45 s 后，流动趋于稳定，各供水点出口压力水头均处于目标区间。当 $T=50$ s 时，供水点 1 处环境突然发生异常变化，出口流量开始发生随机波动，模拟随机波动标准差 $s=0.1$。如图 2-10 所示，当波动发生后，供水点 1 处压力水头随流量变化在 $-100$ m$<H<150$ m 的区域波动。相较于恒定转速运行模式的压力波动过程，供水系统处于泵转速动态调节模式运行时压力波动峰值更小，对管

壁造成的冲击更小。

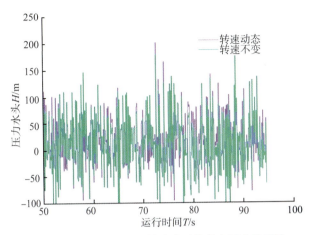

图 2-10　供水点 1 处流量波动对管道内压力的影响

泵转速动态调节模式对发生流量波动的供水点处压力波动的调节作用相对有限，但能有效抑制其他供水点和管路受到的波动影响。供水点 7 处管道压力变化情况如图 2-11 所示，可以看出，当应急供水系统处于恒定转速运行时，供水点 7 处的流量随机波动同样对供水管网的其他供水点位造成较大幅度的压力波动，甚至出现瞬时负压的现象，严重影响其他供水点压力的稳定性。若设备采用基于扬程稳定的泵转速动态调节策略，供水点 7 处压力虽仍有小幅波动，但能够稳定在设计规范要求的出口压力水头目标区间内，且波动过程更加平滑，有效地保障了应急供水安全稳定。

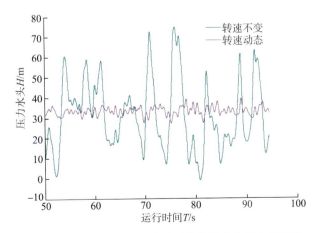

图 2-11　供水点 7 处流量波动对其他供水点压力的影响

# 第3章　输水管路系统设计及部件选型

本章阐述智能高压泵送系统的技术方案以及移动式智能高压泵送系统中各结构部件的工作原理及相关特征，为后续深入研究智能高压泵送系统提供理论支撑。

## 3.1　智能高压泵送系统的技术方案

针对山区和边远灾区提水工况复杂、单一水源出水量小、水质不明、提水高度多变等特点，设计智能高压泵送系统的技术方案如下：将整个提水过程分为取水、喂水、扬水和用水等环节，采用井泵、漂浮泵等将水源的水输送至蓄水池，然后通过喂水泵供给高压泵送系统扬水，最终将水输送至目标区域供水。整个系统由车台柴油机、离合齿轮箱、传动联轴器、高压提水泵、润滑系统、进出水系统、控制系统、仪表系统、高压快速接头、过滤器、泄压阀等组成。

车台柴油机的额定功率为 457 kW，为提水泵提供动力。离合齿轮箱的功能是为提水泵提供较高的运行转速，并集成离合装置，便于柴油轻松启动，在其低速轴上集成液压油泵，为离合器提供液压力，并为齿轮箱和提水泵提供润滑油。传动联轴器用于传递动力，连接柴油机、齿轮箱和提水泵。

车台上提水泵组的进水管口、排污管口、出水管口和出口旁通管口均采用快速连接接头形式，方便泵组与软管连接和应急使用。出水管口采用 20 MPa 高压设计，其余管口均为低压设计。提水泵组的进水管汇上集成有自清洗过滤器，通过在线的压差监控，智能自动完成过滤器的清洗，清洗后含固体颗粒的污水通过排污管口排出。进水管汇上设置有给柴油机冷却的旁通管路，旁路上设置有控制阀调节通过旁路的水量。

此外，车台上还集成有泵组使用所必需的水带箱、线盘架、吊臂和随车工具等辅助设备。

　　移动式智能高压泵送系统的控制系统采用网络控制方式，通过车台上网络控制箱进行集中或远程控制。网络控制箱通过设置在移动式智能高压泵送系统上的各路传感器采集显示和控制信号，经过数字化处理后可以在远控触摸盘上进行远程显示和控制，通过随机配置的采集软件采集和分析作业状态，实现整套机组的自动流量控制和自动扬程控制。

## 3.2　移动式智能高压泵送系统的结构与组成

### 3.2.1　汽车底盘

　　ZDS36-150 移动式智能高压泵送系统配置上汽红岩具有一定越野能力的载重汽车底盘，驱动形式为 6×4。其外形与结构如图 3-1 所示，底盘参数见表 3-1。

(a) 外形

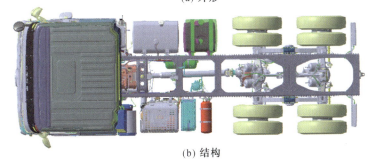

(b) 结构

图 3-1　汽车底盘

表 3-1　上汽红岩汽车底盘参数

| 类型 | 参数 |
| --- | --- |
| 车体尺寸/（mm×mm×mm） | 7690×2550×3091（长×宽×高） |
| 允许总车质量/kg | 25000 |
| 车辆底盘质量/kg | 10400 |
| 前桥及悬挂 | 7.5 t 鼓式前桥、带 ABS、自调臂、带磨损报警，前钢板弹簧 8 片 |
| 后桥及悬挂 | HY300（M）双级减速桥速比 4.769、鼓式、带 ABS、自调臂、带磨损报警，后钢板弹簧 12 片 |
| 轴距/mm | 3800+1400 |
| 柴油机 | SC10E400Q6 国Ⅵ |
| 变速箱 | 12JSD200TA-B |
| 油箱 | 400 L 铝合金油箱 |
| 轮胎 | 11.00R20 18PR 钢丝胎 |
| 电气系统 | 180 A 蓄电池，无远程油门，带打印机行驶记录仪 |
| 驾驶室 | 杰虎平顶长驾驶室，带后窗、不带天窗，豪华手动后视镜不带电加热，电动门窗，带卧铺，电动举升，主空气座椅，副驾驶机械座椅，金属保险杠，带前下防护，安全带未系报警，防飞溅装置，驾驶室带外遮阳罩 |
| 性能 | 最大功率 294 kW，最大转速 1900 r/min，最大扭矩 1900 N·m |
| 接近角/（°） | 16 |
| 最大速度/（km·h$^{-1}$） | 80 |
| 取力器 | QH70 内花键 |
| 特殊改装要求 | 无 |

## 3.2.2　液压调平系统

液压调平系统是具有支腿一键调平功能的电液控制系统。该系统包含四支垂直支腿油缸、液压阀件和管路以及电气控制部分，既能保证主机的可靠支撑，也能保证主机在规定时间内完成整机调平。开式液压系统、电气系统和安全装置体现了设计的先进性、可靠性和经济性。

基于可编程逻辑控制器的控制方式，控制器接收从安装在支腿油缸上的压力传感器和安装在车身上的角度传感器发出的信号，经 FSLC（网络空间激光通信，free-space laser communication）同步控制系统处理这些信号并发送控制信号到各支腿油缸比例换向阀，比例换向阀工作驱动支腿油缸活塞杆伸出或缩回，使车辆状态调平到要求的调平精度范围内。

液压调平系统由液压泵、液压油缸、电比例阀、同步控制系统及相应液压管路等组成。配合精密流量调节阀及角度/压力传感器检测，通过特有的调平控制系统处理，实现高精度闭环调平。其技术参数如表 3-2 所示。

表 3-2　液压调平系统技术参数

| 类型 | 参数 | 数值 |
|---|---|---|
| 发动机 | 怠速/$(r \cdot min^{-1})$ | $600 \sim 800$ |
| 取力器 | 速比 | 0.8 |
| 轴塞泵 | 额定排量/$(mL \cdot r^{-1})$ | 28 |
| 油缸 | 缸径/mm | 100 |
| | 杆径/mm | 70 |
| | 行程/mm | 600 |
| | 安装距/mm | 594 |
| | 额定工作压力/MPa | 20 |
| 调平控制系统 | 调平精度/(°) | $\pm 0.5$ |
| | 调平时间加垂直展开时间/min | $\leqslant 3$ |
| 油箱 | 容积/L | 70 |

## 3.2.3　车台柴油机系统

ZDS36-150 移动式智能高压泵送系统选用的车台柴油机为中国石油集团济柴动力有限公司的 JC15G1 型。车台柴油机系统主要由台上柴油机、消声器及安装支架、柴油机附件和安装支架等组成。整套系统通过柴油机前支座、后支座与底盘副车架连接。额定功率：457 kW；输出转速：1500 r/min；最低转速：650 r/min；最高转速：1500 r/min；柴油机类型：6 缸 V 型。车台柴油机系统及功率特性曲线如图 3-2 所示。

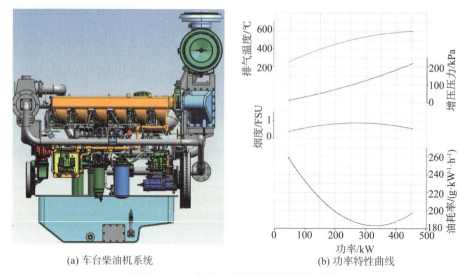

(a) 车台柴油机系统      (b) 功率特性曲线

图 3-2    车台柴油机系统及功率特性曲线

### 3.2.4   离合齿轮箱

针对移动式智能高压泵送系统运行的特点，必须配置离合齿轮箱来提高提水泵的转速。车载离心式提水泵选用纯机械式齿轮变速箱传动。离心泵可将泵出口压力与柴油机转速连锁，小流量超压或大流量超负荷时柴油机降速运行。受限于车载安装空间尺寸，并使车载提水泵组的重心处于车架的几何中心，选用二轴垂直布置的齿轮箱，使整个车载提水泵组动设备处于同一几何中心轴线上。

ZDS36–150 移动式智能高压泵送系统齿轮箱采用 HBZ240 型离合齿轮箱（图 3-3）。齿轮箱最大输入功率：640 kW；最大净输入扭矩：4075 N·m；最高转速：4500 r/min；控制方式：手动、电控。

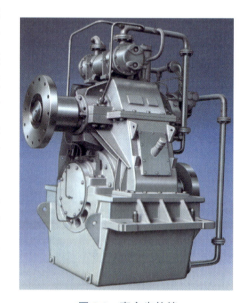

图 3-3   离合齿轮箱

### 3.2.5　传动联轴器

柴油机、齿轮箱与提水泵之间采用联轴器（图 3-4）连接，以保证操作者的安全。联轴器周围安装有可拆卸的护罩。联轴器参数见表 3-3。

(a) 低速联轴器　　　　　　　　　　　(b) 高速联轴器

图 3-4　联轴器

表 3-3　联轴器参数

| 联轴器 | 形式 | 连续运转扭矩/N | 最大使用转速/(r·min⁻¹) | 安装长度/mm |
|---|---|---|---|---|
| 低速联轴器 | 高弹联轴器 | 4075 | 1800 | 213 |
| 高速联轴器 | 万向联轴器 | 1400 | 4500 | 550 |

### 3.2.6　高压提水泵

高压提水泵（ZDS36-150）是移动式智能高压泵送系统的工作主机，其采用重泵公司专利技术的自平衡 BB4 型卧式泵结构，近中心支撑，具有运行稳定、结构紧凑、重量轻等特点。从驱动端看，泵为逆时针方向旋转，泵进、出口管水平布置，均位于泵的左侧。其结构如图 3-5 所示。

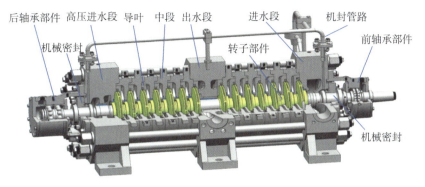

后轴承部件　高压进水段　导叶　中段　出水段　　　进水段　　机封管路

机械密封　　　　　　　　　　　　　　　　转子部件　　　　　前轴承部件

机械密封

图 3-5　高压提水泵结构

### 3.2.7 车载提水泵送系统的润滑系统

车载提水泵送系统的润滑系统包括柴油机润滑系统和泵组润滑系统。柴油机自身集成润滑系统，采用水冷却形式，具体见柴油机相关资料。泵组润滑系统包括泵润滑系统和齿轮箱润滑系统，是保证泵组具有最佳工作性能和最长使用寿命的重要因素之一。润滑系统采用齿轮箱集成同轴油泵提供压力润滑油。

离合齿轮箱低速轴端集成同轴油泵。该油泵为齿轮箱离合器提供液压油，并为齿轮箱和提水泵轴承提供润滑油，其中对提水泵提供额定流量为 10 L/min、额定压力为 0.1 MPa、温度为 40~75 ℃的润滑油。润滑油牌号为 CH-4/20W-50。

润滑系统设置有油温、油箱液位、轴承温度等监测设备，可实时监测及连锁，实现无人看守下的可靠运行。润滑系统仪表清单见表 3-4。

**表 3-4　润滑系统仪表清单**

| 序号 | 监控对象 | 监控仪表 | 数量 | 备注 |
|---|---|---|---|---|
| 1 | 润滑油压力 | 压力变送器 | 1 | 远传，接到接线箱 |
| 2 | 润滑油温度 | 温度变送器 | 1 | 远传，接到接线箱 |
| 3 | 润滑油压力 | 压力表 | 1 | 就地显示 |
| 4 | 润滑油温度 | 温度计 | 1 | 就地显示 |
| 5 | 油箱液位 | 液位计 | 1 | 油底壳标尺 |

### 3.2.8 进水系统和出水系统

车载提水泵进出水系统上设置有必要的进水过滤器、阀门仪表等。

#### 3.2.8.1 进水系统

进水系统采用快速接头，与前置供水管路连接。

进水系统集成有智能电驱自清洗过滤系统，对进水进行过滤，过滤精度为 0.1 mm，当过滤系统前后压差大于 0.05 MPa 时，过滤系统自启动反冲洗系统，对滤网上的杂质进行冲洗和清理，并通过排污管口排出。

进水经过滤进入台上柴油机水冷却器，后通往提水泵进口，提水泵进口管路上设置电磁流量计，信号输出至车载提水泵控制柜，可实时显示泵送流量。

进水管路上还设置有就地显示压力表和远传压力变送器。

#### 3.2.8.2　出水系统

车载提水泵出口管路上配置有止回阀、电动调节阀、就地显示压力表和远传压力变送器。电动阀通过控制系统调节阀门开度，可实现泵送流量、压力的调节；压力监控仪表实时传输信号到控制系统并参与泵组运行安全的监控。出口管路终端出口采用快速接头，可通过出口管路送水至课题四中的净水池。

### 3.2.9　控制系统和仪表系统

车载提水泵组电气控制系统由台上 PLC 控制箱、HMI 人机监控画面、仪表等组成。台上 PLC 控制箱是整个控制系统的心脏所在，其中控制器采用西门子 S7-1500 系列。柴油机自带控制系统，包含蓄电池充电机、柴油机控制箱、柴油机系统仪表等。车载提水泵组电气控制系统具有台上控制柴油发动机启停、一键回低速（怠速）、一键 6 个工作点自动操作（手动微调）等新型实用功能，使车载提水泵组在应急、救灾工作中更加安全、快捷、实用和方便。

控制系统主要控制功能：井用潜水泵启停；电动喂水泵启停；自清洗过滤器自带控制箱电源合闸、分闸；柴油机自带充电机控制箱电源合闸、分闸；柴油机启停、调速给定；提水泵组离合器合、分；提水泵组出口电动阀开度调节。除具有车载提水泵组自身控制功能外，控制系统还配备远程标准以太网通信接口和标准 MODBUS485 通信接口，具有第三方数据采集扩展性。

仪表系统采集清单见表 3-5。

#### 表 3-5　仪表系统采集清单

| 序号 | 名称 | 量程范围 | 备注 |
|---|---|---|---|
| 1 | LB1（FH001 井用潜水泵液位） | DC 24 V，4~20 mA，量程：0~2.0 m | $L \leqslant 0.2$ m，报警；$LL \leqslant 0.15$ m，停机 |
| 2 | LB3（FQ001 提水泵进水流量） | DC 24 V，4~20 mA，量程：15~90 m³/h | 监视 |
| 3 | LB4（PIT001 提水泵进水压力） | DC 24 V，4~20 mA，量程：0~0.6 MPa | $P \leqslant 0.12$ MPa，报警；$PP \leqslant 0.08$ MPa，停机 |

续表

| 序号 | 名称 | 量程范围 | 备注 |
|---|---|---|---|
| 4 | LB5（PIT002 提水泵出口压力） | DC 24 V，4~20 mA，量程：0~18.0 MPa | 监视 |
| 5 | LB6（M6 提水泵电动截止阀位置） | DC 24 V，4~20 mA，量程：0~100% | 监视 |
| 6 | WB1（TE003 提水泵前轴承温度） | DC 24 V，4~20 mA，量程：0~100 ℃ | $T \geq 85$ ℃，报警；$TT \geq 90$ ℃，停机 |
| 7 | WB2（TE002 提水泵后轴承温度 1） | DC 24 V，4~20 mA，量程：0~100 ℃ | $T \geq 85$ ℃，报警；$TT \geq 90$ ℃，停机 |
| 8 | WB3（TE001 提水泵后轴承温度 2） | DC 24 V，4~20 mA，量程：0~100 ℃ | $T \geq 85$ ℃，报警；$TT \geq 90$ ℃，停机 |
| 9 | LB7（VE001 提水泵前轴承箱体 $X$ 方向振动速度） | DC 24 V，4~20 mA，量程：0~20 mm/s | $V \geq 6.5$ mm/s，报警；$VV \geq 7.1$ mm/s，停机 |
| 10 | LB8（VE002 提水泵前轴承箱体 $Y$ 方向振动速度） | DC 24 V，4~20 mA，量程：0~20 mm/s | $V \geq 6.5$ mm/s，报警；$VV \geq 7.1$ mm/s，停机 |
| 11 | LB9（VE003 提水泵后轴承箱体 $X$ 方向振动速度） | DC 24 V，4~20 mA，量程：0~20 mm/s | $V \geq 6.5$ mm/s，报警；$VV \geq 7.1$ mm/s，停机 |
| 12 | LB10（VE004 提水泵后轴承箱体 $Y$ 方向振动速度） | DC 24 V，4~20 mA，量程：0~20 mm/s | $V \geq 6.5$ mm/s，报警；$VV \geq 7.1$ mm/s，停机 |
| 13 | WB4（TE004 离合器输出轴温度） | DC 24 V，4~20 mA，量程：0~100 ℃ | $T \geq 90$ ℃，报警；$TT \geq 95$ ℃，停机 |
| 14 | LB11（VE006 离合器振动速度） | DC 24 V，4~20 mA，量程：0~20 mm/s | $V \geq 6.5$ mm/s，报警；$VV \geq 7.1$ mm/s，停机 |

## 3.2.10　高压快速接头

为了保证应急抢险泵快速、高效地投入使用，基于应急抢险泵的相关技术要求，需设计一种快速接头。根据任务书要求，其技术参数如表 3-6 所示。

表 3-6　快速接头的相关参数指标

| 类别 | 指标 |
|---|---|
| 公称直径（DN） | 50 mm（标准件） |
| 外径（OD） | 60.3 mm |
| 额定工作压力 | >1600 psi（11 MPa） |
| 温度级别 | −29~121 ℃（多数情况为常温条件，取 25 ℃） |

考虑到方便检修、灵活拆装、便于增减的特点，选用活接头进行匹配。活接头又叫由壬接头，是一种用在石油钻探管道、压裂车等设备上用来连接各种管汇的方便安装拆卸的常用管道连接活动接头，主要由螺母、云头、平接三部分组成。由圆钢或钢锭模锻成型后，机加工的管道连接件的连接方式分为承插焊接和螺纹连接两种。承插焊接是将钢管插入承插孔内进行焊接，因此其接头被称为承插活接头。螺纹连接是将钢管旋入螺孔内进行连接，因此其接头被称为螺纹活接头。螺纹活接头主要制造标准为 ASME B16. 11、MSS SP 83。由壬接头的种类很多，根据压力主要分为高压由壬接头和低压由壬接头，根据使用型号主要分为 Fig206 型、Fig602 型、Fig1002 型、Fig1003 型、Fig1502 型等。由壬接头适用于标准工作环境和酸性工作环境，压力等级为 7~140 MPa，规格范围为 1″~ 8″，材料满足 ASTM（美国材料与试验协会）标准和 AISI（美国钢铁协会）标准。

（1）接头种类

鉴于快速接头额定工作压力不小于 1600 Pa 的要求，选用 Fig200 型由壬接头。该型号由壬接头的零件包括翼型螺母、由壬母接头、由壬公接头和橡胶垫圈。

（2）连接方式

考虑到工作环境为常温、低压，选取连接方式为螺纹连接。

（3）合金材料的选取

根据尺寸要求和额定压力要求，参考 ASTM 标准和 AISI 标准选择合金钢材料，产品性能符合 API Spec 6A（对井口装置与采油树设备规范）。由于应急抢险泵的工况条件复杂，因此必须保证接头的可靠性和稳定性。接头材料应具有稳定可靠、耐腐蚀和耐盐碱的特点。因此，由壬公、母接头的材料选用 30CrMo，翼型螺母选用 42CrMo。热处理调制这两种合金类型，可提高其硬度，防止其发生形变。相关性能参数如表 3-7 所示。

表 3-7　合金相性能参数

| 零件名称 | 材料类型 | 泊松比 | 弹性模量/GPa | 抗拉强度/MPa | 屈服强度/MPa |
|---|---|---|---|---|---|
| 由壬母接头 | 30CrMo | 0. 3 | 206 | 840 | 650 |
| 由壬公接头 | 30CrMo | 0. 3 | 206 | 840 | 650 |
| 翼型螺母 | 42CrMo | 0. 3 | 210 | 870 | 680 |

（4）密封件材料的选取

一般地，橡胶在力的作用下可以产生较大的变形，橡胶的这种特性称为橡胶材料的超弹性。根据这一特性，可将橡胶制成密封件。目前，有很多工程领域使用橡胶材料。

氢化丁腈橡胶（HNBR）具有耐油特性、耐热性、耐化学腐蚀、耐臭氧特性，以及较高的抗压缩永久变形性能、耐撕裂性能、耐磨性能等优点，具备良好的力学特性，适合在不同复杂环境下使用。因此，本书选用氢化丁腈橡胶作为密封件。

（5）密封槽结构设计

在由壬母接头底部设置截面为圆弧形的密封槽。为了起到更好的密封效果，使密封件更好地配合使用，在槽底设置一个圆角半径，如图 3-6 所示。

(a) 由壬母接头密封槽三维结构　(b) 橡胶圈三维实体结构　(c) 橡胶密封圈的截面图

图 3-6　密封槽

（6）密封件圆角半径设计

设计由壬接头密封件的元件时应将其定位到准确的位置，使其不至于因晃动而破坏密封面，影响密封。由于橡胶密封件安装到高压由壬母接头凹槽中并与由壬公接头配合时，易产生摩擦而出现一定程度的移动，为保持其不发生偏移，需要选取合理的密封件圆角半径。经过计算，最终选取的密封件圆角半径为 1.6 mm。

（7）密封槽圆角半径的选取

由于密封件上存在圆角，因此由壬母接头密封槽应与其圆角配合。为了减少密封槽应力集中，减小应力，使其在工作时不易发生断裂，需选择合适的密封槽圆角半径。考虑到工作压力的变化，依经验选取密封槽圆角半径为 1.9 mm。

（8）由壬接头相关模型

由壬接头简化三维模型及组装图如图 3-7 所示。

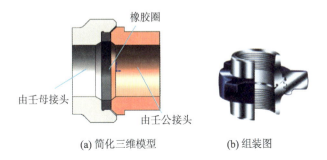

橡胶圈

由壬母接头

由壬公接头

(a) 简化三维模型　　　　　(b) 组装图

**图 3-7　由壬接头相关模型**

### 3.2.11　过滤器

为防止井水或地表水水源中的泥沙等固体颗粒进入提水多级离心泵，在提水多级离心泵入水口之前加入过滤器。滤网过流能力 2×36 m³/h，压力 0.6 MPa，精度 0.1 mm，压差 0.03 MPa，自清洗；滤芯采用不锈钢材料，壳体碳钢，入口有接头。DLS-100 型自动反冲洗过滤器如图 3-8 所示。

### 3.2.12　泄压阀

泄压阀用于消除非正常工况下的瞬变高压。山区和边远灾区提水管路布置受地

**图 3-8　DLS-100 型自动反冲洗过滤器**

形限制，泄压阀是保护管路安全的重要设备。在高于设备允许压力时，打开阀门泄压；在低于设备允许压力时，泄压阀自动关闭。按《水击泄压阀》（JB/T 13769—2020）选择适合的泄压阀。

# 第4章 柴油机驱动高压多级提水泵优化设计

本章介绍面向山区和边远灾区应急供水的柴油机驱动高压提水泵选型、结构和水力设计、优化方法和实验验证的结果。借助 CFD 内流计算和熵产分析揭示多级泵流动损失机理，进一步通过方案对比获得叶轮、导叶时序效应，以及口环间隙对高压多级泵性能影响的规律。

## 4.1 应急供水多级泵的选型

本书以面向山区和边远灾区的应急供水多级离心泵为研究对象进行设计开发，多级泵基础设计参数为额定流量 36 $m^3/h$，总扬程不小于 1500 m，总效率大于 50%。

考虑到山区及边远灾区地形复杂、地势多变，提水装备自身重量受限，设计时采用节段式多级泵结构，并适当提高泵转速来减小泵体的径向尺寸，以满足较高的扬程需求。通常多级泵会面临轴向力不平衡等安全隐患，因为每级叶轮产生的轴向力叠加后形成更大的轴向力，造成叶轮及其轴承的轴向窜动。在设计多级泵结构时，一般可采用背叶片、平衡盘、平衡孔、自平衡等手段来解决此类问题：采用背叶片需在叶片后盖板增设叶片，使轴向尺寸增大；采用平衡盘需要在泵腔预留一个空腔，使轴向尺寸增大，在运行过程中，平衡盘磨损会导致平衡所用高压流体泄漏，增大损失；采用平衡孔需要在靠近叶片进口处开孔，且孔的数量与叶片数量一致，随着轴向力的增大，所需平衡孔的直径变大，使叶片进口区域流态紊乱，泵效率降低；自平衡采用多级泵转子对称布置结构，作用在叶轮上的轴向力相互抵消，不会出现平衡盘磨损或平衡孔直径过大导致泵效率下降的情况，也不会由结构原因导致泵轴向尺寸增加。如图 4-1 所示，常用的对称分布的自平衡泵结构主要有 BB3 型和 BB4 型。考虑到不同受灾地区供水需求不同，要求多级泵的扬程也不同，BB4 型结构更容易实现级数的增减，因此更适合作为应急多级泵的结构方案。结合现有成熟泵型和加工工艺，综合考虑效率、重量、空化等性能指标，确定多级泵额定转速为 3800 r/min，单级设计扬程为 107.1 m，总级数为 14 级。

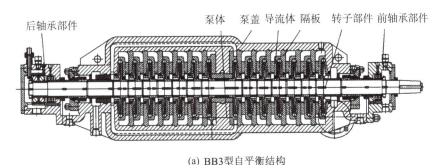

(a) BB3型自平衡结构

(b) BB4型自平衡结构

**图 4-1　自平衡泵结构示意图**

　　泵的吸水室是将液体引入叶轮的关键过流部件。吸水室中的流动状态会直接影响叶轮中的流动情况，对泵的效率也有一定的影响。常见的吸水室结构有直锥形吸水室、环形吸水室、半螺旋形吸水室和准螺旋形吸水室等。直锥形吸水室性能优良，但限于结构特点多用于单级悬臂式泵。准螺旋形和半螺旋形吸水室有利于改善流动条件，保证叶轮进口得到均匀的速度场，多用于双吸泵。环形吸水室虽然无法保证叶轮进口速度场的轴向对称性和均匀性，并可能造成流体进入叶轮时产生冲击和漩涡，但在多级泵中吸水室水力损失占比小，且环形吸水室轴向尺寸小、结构简单，更适合本书研究课题。图 4-2 为环形吸水室水力图。

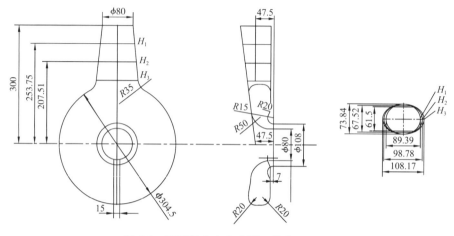

图 4-2 环形吸水室水力图（单位：mm）

## 4.2 应急供水多级泵水力设计

泵的进口直径应根据合理的进口流速来确定。通常情况下，泵的进口流速为 3 m/s 左右。对于大型泵，为提高过流能力并减小泵的体积，应选择较大的流速。然而，从抗汽蚀性能的角度考虑，需要减小流速，而应选择较大的进口直径。因此，在确定泵的进口直径时，需要综合考虑流速、制造经济性和抗空化性能等因素。泵的进、出口直径计算公式如下：

$$D_s = k_s \sqrt[3]{\frac{Q}{n}} \tag{4-1}$$

$$v_s = \frac{4Q}{D_s^2 \pi} \tag{4-2}$$

$$D_d = (0.8 \sim 1.0) D_s \tag{4-3}$$

式中：$D_s$ 为泵的进口直径；$k_s$ 为进口系数，$k_s = 5.0$；$v_s$ 为泵的进口速度；$D_d$ 为泵的出口直径；$Q$ 为流量。查《凹凸面整体钢制管法兰》（GB/T 9113.2—2000），取 $D_s = 80$ mm，$D_d = 65$ mm。

比转速是一个无量纲指标，用于描述泵的几何形状和性能特征。泵的单级比转速 $n_s$ 和汽蚀比转速 $C$ 的计算公式如下：

$$n_s = \frac{3.65n\sqrt{Q}}{\left(\dfrac{H}{i}\right)^{3/4}} \tag{4-4}$$

$$C = \frac{5.62n\sqrt{Q}}{\mathrm{NPSH_r}^{3/4}} \tag{4-5}$$

式中：$i$ 为多级泵的级数，$i = 14$；$n$ 为转速，$n = 3800$ r/min；$H$ 为扬程；$\mathrm{NPSH_r}$ 为必需汽蚀余量。

泵运行的总效率 $\eta$ 等于泵的水力效率 $\eta_h$、容积效率 $\eta_v$ 和机械效率 $\eta_m$ 的乘积。计算公式如下：

$$\eta = \eta_h \eta_v \eta_m \tag{4-6}$$

$$\eta_h = 1 + 0.0835 \lg \sqrt[3]{\frac{Q}{n}} \tag{4-7}$$

$$\eta_v = \frac{1}{1 + 0.68 n_s^{2/3}} \tag{4-8}$$

$$\eta_m = 1 - \frac{P_{m1} + P_{m2}}{P} - \frac{P_{m3}}{P} \tag{4-9}$$

$$P = \frac{\rho g Q H}{1000\eta} \tag{4-10}$$

式中：$\eta$ 为总效率；$\eta_h$ 为水力效率；$\eta_v$ 为容积效率，$\eta_m$ 为机械效率；$P_{m1}$ 为轴承损失；$P_{m2}$ 为密封损失；$P_{m3}$ 为圆盘摩擦损失；$P$ 为泵的轴功率。

经计算，总效率预计可达 53% 以上。

综合考虑结构、效率、叶轮分布等因素，估算原动机功率及轮毂直径。原动机功率 $P_d$ 为

$$P_d = i \times P_i \times 1.25 \tag{4-11}$$

确定泵主轴直径需要综合考虑多种因素，包括承受的外载荷、材料的刚度、主轴的转速等。本书在设计多级离心泵的主轴时，扭矩是主要的外载荷，因此可以利用经验公式来计算最小直径。

$$M_t = \frac{9550P_d}{n} \tag{4-12}$$

式中：$M_t$ 为扭矩。

选用 35CrMo 合金作为泵主轴的材料，其许用剪切应力为 $[\tau] = 68.7$ MPa。

该泵选用柴油机驱动，柴油机每小时功率是额定功率的 1.2 倍，则计算得最小轴径为

$$d = \sqrt[3]{\frac{1.2M_{t}}{0.2\ [\tau]}} \tag{4-13}$$

圆整取最小轴径 60 mm，叶轮处轴径 65 mm，轮毂直径 80 mm。

### 4.2.1 叶轮水力设计

根据前文的公式计算得本书设计的叶轮比转速为 41.65，属于低比转速离心泵。对于低比转速的多级泵，由于其流量小、扬程高，按常规一元理论设计的叶轮具有狭长的流道、较大的叶轮外径和较小的叶片出口宽度。此外，圆盘摩擦损失与叶轮外径的 5 次方成正比。因此，用传统的一元理论设计的叶轮效率较低。本书采用加大流量设计的方法来设计低比转速离心泵。加大流量设计的基本方法是在大量试验的基础上对现有有关设计系数进行修正，使之适合低比转速加大流量设计。

泵在运行时，在泵的入口处液体呈现负压状态，易形成蒸汽压力，溶解在介质中的气体析出形成气泡，导致在介质流经首级叶轮处液体被加压形成空化，而液体经过首级过流部件后一直呈现正压状态，因此从第二级叶轮开始便不会出现空化现象。故而在设计叶轮时首级叶轮和次级叶轮要分开设计，首级叶轮要在保证叶轮的抗空化性能的基础上提高叶轮的效率，次级叶轮以提高效率为主。设计首级叶轮与次级叶轮时的计算公式相同，根据《现代泵理论与设计》，首级叶轮考虑空化问题兼效率问题，速度系数取值更大，导致叶轮进口直径明显大于次级叶轮。

叶轮主要尺寸计算公式如下：

$$D_{j} = k_{0}\sqrt[3]{\frac{Q}{n}} \tag{4-14}$$

$$D_{1} = \sqrt{D_{j}^{2} + d_{h}^{2}} \tag{4-15}$$

$$D_{2} = k_{D}\sqrt[3]{\frac{Q}{n}} \tag{4-16}$$

$$k_{D} = 9.35k_{D2}\left(\frac{n_{s}}{100}\right)^{\frac{1}{2}} \tag{4-17}$$

$$b_{2} = k_{b}\sqrt[3]{\frac{Q}{n}} \tag{4-18}$$

$$k_b = 0.64 k_{b2} \left( \frac{n_s}{100} \right)^{\frac{5}{6}} \tag{4-19}$$

式中：$D_j$ 为叶轮进口当量直径；$D_1$ 为叶轮进口直径；$d_h$ 为叶轮轮毂直径；$D_2$ 为叶轮出口直径；$b_2$ 为叶片出口宽度；$k_0$ 为叶轮进口当量直径速度系数；$k_{D2}$ 为叶轮外径速度系数；$k_{b2}$ 为出口速度系数。对于首级叶轮，考虑到空化问题且兼顾首级叶轮效率，取 $k_0 = 5.0$，$k_{D2} = 1.2$，$k_{b2} = 0.95$。对于次级叶轮，不存在发生空化的情况，考虑提高效率的速度系数，取 $k_0 = 3.4$，$k_{D2} = 1.2$，$k_{b2} = 0.95$。首级叶轮和次级叶轮均设计为 5 叶片。图 4-3 为多级泵首级叶轮和次级叶轮的水力设计图。

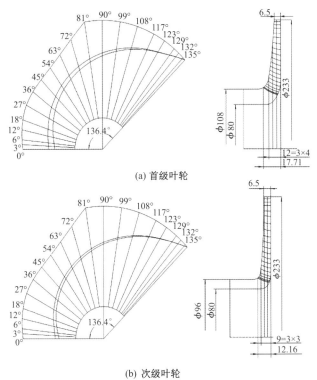

(a) 首级叶轮

(b) 次级叶轮

图 4-3　叶轮水力设计图（单位：mm）

## 4.2.2　导叶水力设计

导叶一般用于多级泵两级叶轮之间，以流道式导叶、空间导叶和径向式导叶为主。其中流道式导叶结构复杂、铸造和加工难度较大。本书研究对象叶轮出口宽度小，与之匹配的导叶尺寸也较小，加工更加困难，不宜采用流道式导叶。空间导叶虽具有径向尺寸小的特点，但会增大轴向尺寸，也不符合设计要求。因此，本书采用径向式导叶。径向式导叶流道由正导叶、反导叶、扩散段及过渡段组成。正导叶可以起到吸水室的作用。反导叶可以起到压水室的作用，并能将液体引入下一级叶轮吸水室，使径向式导叶兼具吸水室和压水室的功能。若导叶与叶轮之间的径向间隙取值太小，则会加剧叶轮与导叶之间的动静干涉；若径向间隙取值太大，则会降低泵的效率。根据经验值选取适当的导叶基圆直径 $D_3$，参考已有优秀水力模型，取 $D_3 = D_2 + 2$ mm。导叶进口宽度 $b_3$ 可参考叶轮出口宽度及其叶片及叶轮前后盖板来确定。计算公式如下：

$$\tan \alpha_3 = （1.1 \sim 1.3）\tan \alpha_2' \tag{4-20}$$

$$v_{m2} = \frac{Q}{\pi D_2 b_2 k_2 \eta_v} \tag{4-21}$$

$$v_{u2} = \frac{gH_t}{u_2} \tag{4-22}$$

$$\tan \alpha_2' = \frac{v_{m2}}{v_{u2}} \tag{4-23}$$

$$\tan \alpha_3 = （1.1 \sim 1.3）\tan \alpha_2' \tag{4-24}$$

$$a_3 = \frac{Q}{Z v_3 b_3} \tag{4-25}$$

$$v_3 = k_3 \sqrt{2gH} \tag{4-26}$$

式中：$\alpha_3$ 为导叶进口安放角；$\alpha_2'$ 为叶轮出口绝对液流角；$v_{m2}$ 为叶轮出口轴面速度；$k_2$ 为出口速度系数；$v_{u2}$ 为叶轮出口绝对速度圆周分量；$u_2$ 为叶轮出口圆周速度；$H_t$ 为理论扬程；$a_3$ 为喉部高度；$v_3$ 为喉部速度。为了改善导叶形状，取导叶进口安放角大于进口液流角，即设定 $\alpha_3 = 11°$。参考已有优秀水力模型，取正导叶叶片数 $Z = 4$，设计比转速 $n_s = 45.67$，速度系数 $k_3 = 0.505$。考虑叶轮出口宽，且为了正导叶进出口之间过渡均匀，最终选择正导叶喉部高度为 $a_3 = 9$ mm。

扩散段的最主要作用是将流体的动能转换为其提升扬程大小的压力能，因而扩散段在整个水力流道中起着比较重要的作用。一个设计良好的扩散段可以大大提升导叶的水力效率。正导叶出口高度 $a_4$ 和宽度 $b_4$ 计算公式如下：

$$v_4 = （0.4 \sim 0.5）v_3 \tag{4-27}$$

$$a_4 = b_4 = \sqrt{\frac{Q}{Zv_4}} \tag{4-28}$$

式中：$a_4$ 为正导叶出口高度；$b_4$ 为正导叶出口宽度；$v_4$ 为扩散段出口速度。

为了使正导叶进出口之间过渡均匀，最终确认 $a_4 = b_4 = 15$ mm。取扩散长度 $L = 70$ mm，扩散角 $\varphi$ 的计算公式如下：

$$\varphi = 2\arctan\frac{\sqrt{F_4/\pi} - \sqrt{F_3/\pi}}{L} \tag{4-29}$$

式中：$F_3$ 为扩散段进口面积；$F_4$ 为扩散段出口面积。

反导叶进口低于正导叶出口，按如下公式计算并参考水力图修正取整：

$$D_4 = (1.3 \sim 1.5) D_3 \tag{4-30}$$

$$D_5 = 0.9 D_4 \tag{4-31}$$

$$b_5 = \frac{b_4}{1.05 \sim 1.15} \tag{4-32}$$

式中：$D_4$ 为正导叶出口直径；$D_5$ 为反导叶进口直径；$b_5$ 为反导叶进口宽度。

为了减小反导叶的弯曲，取安放角大于计算液流角，取扩散段出口中间流线与圆周方向的夹角 $\alpha_4' = 33.84°$。计算公式如下：

$$v_{m5} = \frac{Q}{\pi D_5 b_5 \psi_5} \tag{4-33}$$

$$v_4 = \frac{Q}{Z a_4 b_4} \tag{4-34}$$

$$v_{u4} = v_4 \cos \alpha_4' \tag{4-35}$$

$$v_{u5} = \frac{D_4}{D_5} v_{u4} \tag{4-36}$$

$$\tan \alpha_5' = \frac{v_{m5}}{v_{u5}} \tag{4-37}$$

$$\alpha_5 = \alpha_5' + \Delta\alpha \tag{4-38}$$

式中：$\psi_5$ 为排挤系数；$\alpha_5$ 为反导叶进口安放角；$\alpha_5'$ 为反导叶进口液流角；$\Delta\alpha$ 为冲角。最终确定反导叶进口安放角 $\alpha_5 = 16°$。

反导叶出口直径一般与叶轮进口直径相当，或者适当向轴向方向延伸。本书中首级叶轮的叶轮进口直径偏大，故而选取首级叶轮进口直径作为反导叶出口直径 $D_6$。为了提高泵的扬程，反导叶出口安放角常取 $\alpha_6 = 90° \sim 95°$。对于低比转速离心泵，为了防止驼峰，通常取 $\alpha_6 = 60° \sim 80°$。本次设

计选取 $\alpha_6 = 65°$，导叶叶片数设计为 4 叶片。图 4-4 为导叶水力设计图。经计算，初步确定多级泵过流部件的主要参数见表 4-1。

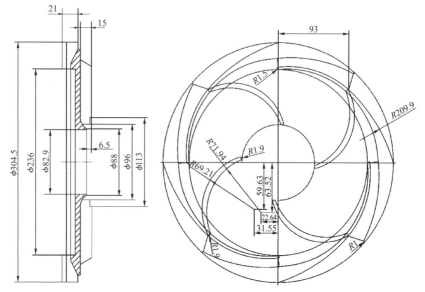

图 4-4　导叶水力设计图（单位：mm）

表 4-1　多级泵过流部件主要参数

| 部件 | 参数 | 数值 |
|---|---|---|
| 首级叶轮 | 进口直径 $D_{11}$/mm | 108 |
| | 出口直径 $D_{12}$/mm | 233 |
| | 出口宽度 $b_{12}$/mm | 6.5 |
| | 叶片出口安放角 $\beta_2$/(°) | 30 |
| | 包角 $\varphi_1$/(°) | 136.4 |
| 次级叶轮 | 进口直径 $D_{21}$/mm | 96 |
| | 出口直径 $D_{22}$/mm | 233 |
| | 出口宽度 $b_{22}$/mm | 6.5 |
| | 叶片出口安放角 $\beta_2$/(°) | 30 |
| | 包角 $\varphi_2$/(°) | 136.4 |

续表

| 部件 | 参数 | 数值 |
|------|------|------|
| 导叶 | 导叶基圆直径 $D_3$/mm | 236 |
| | 正导叶进口宽度 $b_3$/mm | 11.2 |
| | 正导叶出口直径 $D_4$/mm | 304.5 |
| | 正导叶叶片数 $Z_3$/个 | 4 |
| | 反导叶进口宽度 $b_5$/mm | 15 |
| | 反导叶进口直径 $D_5$/mm | 260 |
| | 反导叶出口直径 $D_6$/mm | 96 |
| 口环间隙 | $D_a$/mm | 0.27 |
| 轮毂直径 | $D_h$/mm | 80 |
| 泵进口直径 | $D_s$/mm | 80 |
| 泵出口直径 | $D_d$/mm | 65 |

## 4.3　多级泵智能优化设计

### 4.3.1　多级泵的优化设计思路

多级离心泵结构复杂，水力设计受众多因素影响，真机性能验证也存在高成本、长周期和测试难度大等问题。因此，在优化设计多级离心泵时通常会选用单级泵水力模型进行研究，通过串联级数的方式预测多级泵的性能。而叶轮作为叶片泵的核心部件，其参数造型对泵的性能起决定性的作用。研究对象中除首级叶轮不同外，其他各级叶轮均相同，且首级叶轮的设计也是在次级叶轮的基础上考虑了空化，因此只针对次级叶轮进行参数寻优，叶轮优化过程中使用单级泵进行数值模拟。

次级叶轮无须考虑空化现象，以提高效率为优化目标。在原水力设计方案的基础上，对原方案次级叶轮几何参数进行全因子试验设计，采用数理统计的方法对叶轮进行多目标优化，识别关键影响因子和最佳的参数组合。采用数值模拟技术进行性能预测并统计结果，若发现全因子试验回归方程失拟，可增加试验点基于响应曲面法开展进一步优化预测，以寻求最优参数组合。叶轮优化完成后使用三级泵模型来检验叶轮优化对多级泵整机性能的影响。叶轮水力模型优化技术路线如图 4-5 所示。

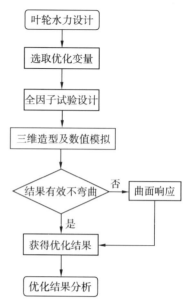

### 4.3.2　流动控制方程介绍

本书所研究的内部流动为三维不可压缩流动，在不考虑流体换热的情况下遵循以下两种控制方程。

质量守恒方程：

$$\frac{\partial \rho}{\partial t}+\frac{\partial(\rho u_i)}{\partial x_i}=0 \tag{4-39}$$

图 4-5　叶轮水力模型优化技术路线图

动量守恒方程：

$$\rho\left[\frac{\partial u_i}{\partial t}+\frac{\partial(u_i u_j)}{\partial x_j}\right]=-\frac{\partial p}{\partial x_i}+f_i+\frac{\partial}{\partial x_j}\left[\mu\left(\frac{\partial u_i}{\partial x_j}+\frac{\partial u_j}{\partial x_i}\right)\right] \tag{4-40}$$

式中：$i=1$，2，3 分别代表空间坐标系的 $x$，$y$，$z$ 方向；$\rho$ 为流体的密度；$\mu$ 为动力黏度；$p$ 为平均静压；$t$ 为时间；$f_i$ 为重力加速度分量；$u_i$ 和 $u_j$ 分别代表 $i$，$j$ 方向的雷诺平均速度；$u_i'$ 和 $u_j'$ 分别代表 $i$，$j$ 方向的速度脉动量[84]。

#### 4.3.2.1　湍流模型选取

本书选用剪切应力运输 $k-\omega$（SST）湍流模型[85]对不可压缩流动进行数值计算，其表达式为

$$\frac{\partial}{\partial t}(\rho k)+\nabla(\rho k\,\overline{u_i})=\nabla\left[(\mu+\sigma_k\mu_t)\nabla k\right]+G_k-\rho\beta^* k\omega \tag{4-41}$$

$$\frac{\partial}{\partial t}(\rho\omega)+\nabla(\rho\omega\,\overline{u_i})=\nabla\left[(\mu+\sigma_\omega\mu_t)\nabla\omega\right]+G_\omega-\rho\beta\omega^2 \tag{4-42}$$

$$\mu_t=\frac{\rho k}{\omega} \tag{4-43}$$

$$G_k=P_k+P_b+P_{nl} \tag{4-44}$$

$$G_\omega=P_\omega+D_\omega \tag{4-45}$$

式中：$\overline{u_i}$ 为 $i$ 方向的雷诺平均速度；模型系数 $\sigma_k=\sigma_\omega=0.5$；自由剪切修正因

子 $\beta^* = 0.09$；涡流延伸修正因子 $\beta = 0.075$；$P_k$ 为湍流结果项；$P_b$ 为浮力结果项；$P_{nl}$ 为非线性结果项；$P_\omega$ 为单位耗散结果项；$D_\omega$ 为交叉扩散项。

$k\text{-}\omega$ 湍流模型可解决入口条件敏感性问题，考虑了湍流剪切力，使用混合函数既能计算近壁面区黏性流动，也能计算远场自由流动，是可应用于整个边界层中并获得准确结果的湍流模型。

### 4.3.2.2 模型泵计算域选取及网格划分

本书采用 UG 三维建模软件对单级模型泵的三维流体计算域进行实体建模。单级模型泵流体计算域模型由进口延长段、叶轮、泵腔、导叶、口环和出口延长段六部分组成，其中进口延长段和出口延长段可保证流动的充分发展。单级模型泵计算域模型如图 4-6 所示。

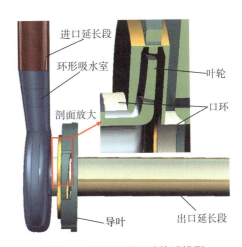

**图 4-6　单级模型泵计算域模型**

采用 Star-CCM+ 对单级模型泵计算域进行网格划分。本书的各部件网格划分均采用多面体网格，多面体网格的收敛性优于四面体网格，在达到相同的计算精度条件下需要的网格数量远少于四面体网格，且需要更少的迭代步骤便可达到比较稳定的收敛数值。计算域部分网格细节如图 4-7 所示。

(a) 叶轮　　　　　　　　(b) 导叶

**图 4-7　计算域部分网格**

当网格数量增加到一定数值时，继续增加网格数量也不会使计算结果产生较大变化。因此，为了节约数值模拟计算资源，并保证数值模拟计算的准确性，对模型泵网格进行无关性分析，计算结果见表 4-2 和图 4-8。对不同网格数量的单级模型泵进行定常数值计算，对网格进行整体加密，当相邻两个计算方案的扬程绝对误差不超过 2% 时，认为可忽略数量的影响。

表 4-2　网格无关性分析计算结果

| 网格数/万个 | 490 | 550 | 590 | 640 | 670 | 800 |
|---|---|---|---|---|---|---|
| $H$/m | 115.11 | 114.14 | 113.44 | 112.71 | 112.73 | 112.72 |

从表和图可以看出，当网格数量大于 640 万个时单级泵模型的扬程变化不大，波动值满足不超过 2% 的要求，因此认为 640 万个网格数量为最少的可用的网格数量。

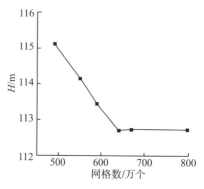

图 4-8　网格无关性分析结果

#### 4.3.2.3　边界条件设置

单级模型泵流场数值模拟在 Star-CCM+ 中进行。将进口延长段、泵腔、导叶、口环、出口延长段设置为静止计算域，叶轮设置为旋转计算域，叶轮与口环、叶轮与泵腔之间分别设置动静交界面。工作介质为 25 ℃ 的清水，设置转速为 3800 r/min、流量 $Q = 36.0$ m³/h，参考压力为 0 atm，选用滞止入口边界条件，进口压力设定为 1 atm，出口边界条件选择质量流量进口，在质量流量数值前添加负号表示出口；壁面设置为黏性流体无滑移、光滑、绝热壁面，即相对速度为 0；在近壁面的流动，采用标准壁面函数。（注：1 atm=101.325 kPa）

## 4.3.3　基于响应曲面法的次级叶轮水力性能优化

### 4.3.3.1　全因子试验

（1）全因子试验因素水平表

在初始叶轮设计方案上，选取以下四个因素设置全因子试验：叶轮叶片后盖板流线进口安放角 $A$（36°，52°）、中间流线进口安放角 $B$（23°，35°）、前盖板流线进口安放角 $C$（13°，22°）以及叶片出口安放角 $D$（22°，34°）。表 4-3 为 4 因素 3 水平表。

表 4-3　4 因素 3 水平

| 水平 | 因素 | | | |
| --- | --- | --- | --- | --- |
| | A | B | C | D |
| −1 | 36° | 23° | 13° | 22° |
| 0 | 44° | 29° | 17.5° | 28° |
| 1 | 52° | 35° | 22° | 34° |

注："−1" 为低水平因素；"0" 为中水平因素；"1" 为高水平因素。

（2）全因子试验方案汇总及计算结果

4 因素 3 水平全因子试验共 19 组试验方案，其中增设的 3 组中心点试验方案可减小随机误差。各方案组合及计算结果如表 4-4 所示。

表 4-4　4 因素 3 水平计算结果

| 试验号 | A/(°) | B/(°) | C/(°) | D/(°) | H/m | η/% |
| --- | --- | --- | --- | --- | --- | --- |
| 1 | 36 | 35 | 13 | 34 | 112.32 | 62.675 |
| 2 | 52 | 23 | 13 | 34 | 112.41 | 61.543 |
| 3 | 52 | 23 | 22 | 22 | 111.69 | 61.848 |
| 4 | 52 | 23 | 22 | 34 | 112.44 | 62.739 |
| 5 | 52 | 35 | 22 | 22 | 111.35 | 62.219 |
| 6 | 44 | 29 | 17.5 | 28 | 111.78 | 63.767 |
| 7 | 36 | 35 | 22 | 22 | 111.59 | 62.412 |
| 8 | 36 | 23 | 13 | 22 | 111.73 | 61.540 |
| 9 | 52 | 35 | 13 | 22 | 110.98 | 60.914 |
| 10 | 52 | 35 | 13 | 34 | 111.93 | 62.845 |
| 11 | 44 | 29 | 17.5 | 28 | 111.53 | 63.581 |
| 12 | 36 | 23 | 13 | 34 | 112.55 | 62.111 |
| 13 | 52 | 23 | 13 | 22 | 111.48 | 60.480 |
| 14 | 36 | 23 | 22 | 34 | 112.45 | 62.769 |
| 15 | 36 | 35 | 22 | 34 | 112.14 | 62.773 |
| 16 | 36 | 23 | 22 | 22 | 111.71 | 61.668 |
| 17 | 36 | 35 | 13 | 22 | 111.51 | 61.384 |
| 18 | 44 | 29 | 17.5 | 28 | 111.79 | 63.674 |
| 19 | 52 | 35 | 22 | 34 | 111.81 | 62.973 |

（3）全因子试验方差分析

试验模型的有效性可以通过方差分析来确定，如果主效应和两个因子交互作用中至少有一项 $P$ 值<0.05，那么就认为试验模型有效。其余项 $P$ 值越接近 0，则认为该项对优化目标的影响效果越显著。如果失拟项 $P$ 值>0.05，那么认为模型不存在失拟，试验数据可信。当弯曲项 $P$ 值<0.05 时，说明存在弯曲，最佳预测点位于试验范围内，无须增做爬坡试验，进一步进行曲面响应试验即可预测最佳点。

全因子试验扬程方差分析结果如表 4-5 所示。从表中可见，扬程方差分析中主效应 $P$ 值为 0.000（<0.05），两个因子交互作用项 $P$ 值为 0.254（>0.05），这两项中有一项 $P$ 值小于 0.05，表明该模型总体分析有效。弯曲项 $P$ 值为 0.022（<0.05），表明模型存在弯曲。失拟项 $P$ 值为 0.928（>0.05），表明模型不存在失拟。

**表 4-5　全因子试验扬程方差分析结果**

| 来源 | 自由度 | Adj SS | Adj MS | $F$ 值 | $P$ 值 |
|---|---|---|---|---|---|
| 模型 | 10 | 3.17311 | 0.31731 | 17.04 | 0.000 |
| 主效应 | 4 | 2.99062 | 0.74766 | 40.14 | 0.000 |
| $A$ | 1 | 0.22801 | 0.22801 | 12.24 | 0.008 |
| $B$ | 1 | 0.50056 | 0.50056 | 26.87 | 0.001 |
| $C$ | 1 | 0.00456 | 0.00456 | 0.24 | 0.634 |
| $D$ | 1 | 2.25751 | 2.25751 | 121.21 | 0.000 |
| 两个因子交互作用 | 6 | 0.18249 | 0.03041 | 1.63 | 0.254 |
| $AB$ | 1 | 0.07156 | 0.07156 | 3.84 | 0.086 |
| $AC$ | 1 | 0.03151 | 0.03151 | 1.69 | 0.230 |
| $AD$ | 1 | 0.00181 | 0.00181 | 0.10 | 0.763 |
| $BC$ | 1 | 0.00006 | 0.00006 | 0.00 | 0.958 |
| $BD$ | 1 | 0.01381 | 0.01381 | 0.74 | 0.414 |
| $CD$ | 1 | 0.06376 | 0.06376 | 3.42 | 0.101 |
| 误差 | 8 | 0.14900 | 0.01863 | | |
| 弯曲 | 1 | 0.08242 | 0.08242 | 8.67 | 0.022 |
| 失拟 | 5 | 0.02318 | 0.00464 | 0.21 | 0.928 |
| 纯误差 | 2 | 0.04340 | 0.02170 | | |
| 合计 | 18 | 3.32212 | | | |

全因子试验效率方差分析结果如表 4-6 所示。从表中可以看到，效率方差分析中主效应和两个因子交互作用项 $P$ 值均大于 0.05，分别为 0.194 和 0.988，表明该模型总体分析无效。弯曲项 $P$ 值为 0.000（<0.05），表明模型存在弯曲。失拟项 $P$ 值为 0.067（>0.05），表明模型不存在失拟。

**表 4-6　全因子试验效率方差分析结果**

| 来源 | 自由度 | Adj SS | Adj MS | $F$ 值 | $P$ 值 |
|---|---|---|---|---|---|
| 模型 | 10 | 7.8351 | 0.78351 | 0.86 | 0.594 |
| 主效应 | 4 | 7.1057 | 1.77642 | 1.96 | 0.194 |
| $A$ | 1 | 0.1960 | 0.19603 | 0.22 | 0.654 |
| $B$ | 1 | 0.7643 | 0.76431 | 0.84 | 0.385 |
| $C$ | 1 | 2.1823 | 2.18227 | 2.41 | 0.159 |
| $D$ | 1 | 3.9631 | 3.96309 | 4.37 | 0.070 |
| 两个因子交互作用 | 6 | 0.7294 | 0.12157 | 0.13 | 0.988 |
| $AB$ | 1 | 0.0878 | 0.08776 | 0.10 | 0.764 |
| $AC$ | 1 | 0.2717 | 0.27170 | 0.30 | 0.599 |
| $AD$ | 1 | 0.1081 | 0.10808 | 0.12 | 0.739 |
| $BC$ | 1 | 0.0391 | 0.03911 | 0.04 | 0.841 |
| $BD$ | 1 | 0.0316 | 0.03160 | 0.03 | 0.857 |
| $CD$ | 1 | 0.1912 | 0.19119 | 0.21 | 0.658 |
| 误差 | 8 | 7.2520 | 0.90650 | | |
| 弯曲 | 1 | 6.6152 | 6.61524 | 72.72 | 0.000 |
| 失拟 | 5 | 0.6195 | 0.12390 | 14.32 | 0.067 |
| 纯误差 | 2 | 0.0173 | 0.00865 | | |
| 合计 | 18 | 15.0871 | | | |

方差分析中各项的 $P$ 值表示各项效应的显著性，各项的 $P$ 值越接近 0，表示对回归方程的影响越显著，$P$ 值大于 0.05 时可认为该项为不显著影响因子。Pareto 图可更直观地展现各因子对预测结果的影响的显著性。图 4-9 为全因子试验扬程和效率的 Pareto 图，其中条形值越过参考线的各项因素在统计意义上表示对优化目标预测结果存在显著影响。结合全因子试验扬程方差分析结果可知，扬程的显著影响因子为 $D$（0.000）、$B$（0.001）和 $A$（0.008），效率无显著影响因子。

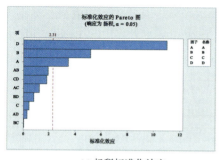
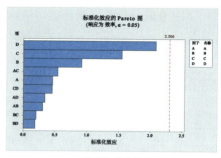

(a) 扬程标准化效应　　　　　　　　　　(b) 效率标准化效应

**图 4-9　全因子试验扬程和效率的 Pareto 图**

（4）全因子试验回归方程的拟合及模型汇总

根据各项 $P$ 值、多元全相关系数 $R\text{-}Sq(R^2)$ 和修正的多元相关系数 $R\text{-}Sq$（调整）拟合回归方程。扬程和效率的回归方程分别为

$$H = 109.22 - 0.0023A + 0.0535B + 0.013C + 0.1174D - 0.001393AC +$$
$$0.000221AD + 0.0000BC - 0.000816BD - 0.00234CD \quad (4\text{-}46)$$

$$\eta = 63.1 - 0.17A - 0.034B + 0.089C + 0.043D + 0.00154AB + 0.00362AC +$$
$$0.00171AD - 0.00183BC + 0.00123BD - 0.00405CD \quad (4\text{-}47)$$

根据扬程和效率回归方程将全因子试验扬程和效率模型汇总，见表 4-7。

**表 4-7　全因子试验回归方程模型汇总**

| 参数 | $S$ | $R\text{-}Sq/\%$ | $R\text{-}Sq$（调整）/% | $R\text{-}Sq$（预测）/% |
|------|------|------|------|------|
| $H$ | 0.136475 | 95.51 | 89.91 | 85.73 |
| $\eta$ | 0.952104 | 51.93 | 0.00 | 0.00 |

从表 4-7 可以看出，扬程模型汇总预测度很高，达到 85.73%，但是效率模型汇总预测度为 0.00%，再次说明扬程试验模型有效，效率试验模型无效。但对于同一组试验数据，需要扬程和效率同时满足模型有效、不存在弯曲、不存在失拟才具有意义。因此，可以认为本次全因子试验效率方差分析中存在二次项及以上影响因子，导致效率预测曲线失拟，需要增加试验方案进行设计试验。

**4.3.3.2　响应曲面法**

响应曲面法（RSM）作为一种常用的试验设计和数据分析技术，适用于寻找多个因素对响应变量的最佳组合。其核心思想是通过试验设计和数据分析建立一个数学模型，利用回归方程来描述该模型多个因素和响应变量之间的关系，确定最佳的因素组合。由上文可知，全因子试验回归方程失拟。因此，本节采用响应曲面法在全因子试验的基础上进行二次试验，试验因素和响应变量不变，选用考虑不同因素之间交互作用的中心组合试验设计方法（CCD），以便更好地拟合曲面。

（1）响应曲面法试验方案及结果

响应曲面法试验点通常由中心点、立方点和轴向点三部分组成。中心点是试验设计中的参考点，位于各因素、水平的中心位置，用于评估系统误差和确定试验设计中的二次项系数。立方点是正交设计生成的点，在每个因素上均匀分布，用于评估因素的主效应和交互作用，方案数为 $x^n$，其中 $x$ 为试验因素数量，$n$ 为试验水平。轴向点是在原有试验点周围添加的一组点，位于每个因素的中心点周围等距位置或因素水平的端点，用于评估响应曲面的曲率，提高响应曲面模型的准确性，方案数一般为立方点方案数的一半。在本次设计中，立方点方案为 16 个，轴向点方案为 8 个，中心点方案为 7 个，即在全因子试验中增做 12 组试验，共计 31 个方案。响应曲面方案及其计算结果如表 4-8 所示。

表 4-8　响应曲面方案及其计算结果

| 运行序号 | 点类型 | 区组 | $A/(°)$ | $B/(°)$ | $C/(°)$ | $D/(°)$ | $H/\text{m}$ | $\eta/\%$ |
|---|---|---|---|---|---|---|---|---|
| 1 | 1 | 1 | 36 | 35 | 13 | 34 | 112.32 | 62.675 |
| 2 | 1 | 1 | 52 | 35 | 22 | 34 | 111.81 | 62.973 |
| 3 | 1 | 1 | 36 | 23 | 13 | 22 | 111.73 | 61.540 |
| 4 | −1 | 1 | 44 | 29 | 17.5 | 16 | 110.52 | 60.546 |
| 5 | −1 | 1 | 44 | 29 | 8.5 | 28 | 111.94 | 61.759 |
| 6 | 0 | 1 | 44 | 29 | 17.5 | 28 | 111.79 | 63.868 |
| 7 | 0 | 1 | 44 | 29 | 17.5 | 28 | 111.75 | 63.606 |
| 8 | −1 | 1 | 44 | 17 | 17.5 | 28 | 111.96 | 60.712 |
| 9 | −1 | 1 | 44 | 29 | 26.5 | 28 | 111.92 | 63.218 |
| 10 | 1 | 1 | 36 | 35 | 22 | 22 | 111.59 | 62.412 |
| 11 | 1 | 1 | 36 | 35 | 13 | 22 | 111.51 | 61.384 |
| 12 | 0 | 1 | 44 | 29 | 17.5 | 28 | 111.55 | 63.581 |
| 13 | −1 | 1 | 44 | 29 | 17.5 | 40 | 112.03 | 62.107 |
| 14 | 1 | 1 | 52 | 23 | 22 | 34 | 112.44 | 62.739 |

续表

| 运行序号 | 点类型 | 区组 | A/(°) | B/(°) | C/(°) | D/(°) | H/m | η/% |
|---|---|---|---|---|---|---|---|---|
| 15 | 1 | 1 | 36 | 23 | 22 | 22 | 111.71 | 61.668 |
| 16 | 1 | 1 | 52 | 35 | 22 | 22 | 111.35 | 62.219 |
| 17 | 1 | 1 | 36 | 23 | 22 | 34 | 112.45 | 62.769 |
| 18 | 0 | 1 | 44 | 29 | 17.5 | 28 | 111.78 | 63.767 |
| 19 | 0 | 1 | 44 | 29 | 17.5 | 28 | 112.04 | 63.307 |
| 20 | −1 | 1 | 60 | 29 | 17.5 | 28 | 111.80 | 61.102 |
| 21 | −1 | 1 | 28 | 29 | 17.5 | 28 | 112.04 | 61.204 |
| 22 | 0 | 1 | 44 | 29 | 17.5 | 28 | 111.88 | 62.974 |
| 23 | 1 | 1 | 36 | 35 | 22 | 34 | 112.14 | 62.773 |
| 24 | 1 | 1 | 52 | 23 | 13 | 34 | 112.41 | 61.543 |
| 25 | 1 | 1 | 52 | 23 | 13 | 22 | 111.48 | 60.480 |
| 26 | 0 | 1 | 44 | 29 | 17.5 | 28 | 111.53 | 63.844 |
| 27 | 1 | 1 | 36 | 23 | 13 | 34 | 112.55 | 62.111 |
| 28 | 1 | 1 | 52 | 35 | 13 | 22 | 110.98 | 60.914 |
| 29 | −1 | 1 | 44 | 41 | 17.5 | 28 | 111.32 | 62.109 |
| 30 | 1 | 1 | 52 | 35 | 13 | 34 | 111.93 | 62.845 |
| 31 | 1 | 1 | 52 | 23 | 22 | 22 | 111.69 | 61.848 |

（2）响应曲面法方差分析

对响应曲面法各方案扬程计算结果进行方差分析，如表4-9所示。由表可知，扬程方差分析中主效应项和平方项的 $P$ 值均小于 0.05，分别为 0.000 和 0.006，表明该扬程模型总体而言是有效的。失拟项 $P$ 值为 0.676（>0.05），表明该模型不存在失拟。

表 4-9　响应曲面扬程方差分析

| 来源 | 自由度 | Adj SS | Adj MS | F 值 | P 值 |
|---|---|---|---|---|---|
| 模型 | 14 | 5.11243 | 0.36517 | 13.63 | 0.000 |
| 主效应 | 4 | 4.34158 | 1.08540 | 40.52 | 0.000 |
| A | 1 | 0.23800 | 0.23800 | 8.89 | 0.009 |
| B | 1 | 0.70384 | 0.70384 | 26.28 | 0.000 |
| C | 1 | 0.00220 | 0.00220 | 0.08 | 0.778 |
| D | 1 | 3.39754 | 3.39754 | 126.85 | 0.000 |

续表

| 来源 | 自由度 | Adj SS | Adj MS | $F$ 值 | $P$ 值 |
|---|---|---|---|---|---|
| 平方 | 4 | 0.58836 | 0.14709 | 5.49 | 0.006 |
| $AA$ | 1 | 0.14644 | 0.14644 | 5.47 | 0.033 |
| $BB$ | 1 | 0.00007 | 0.00007 | 0.00 | 0.960 |
| $CC$ | 1 | 0.15685 | 0.15685 | 5.86 | 0.028 |
| $DD$ | 1 | 0.23002 | 0.23002 | 8.59 | 0.010 |
| 两个因子交互作用 | 6 | 0.18249 | 0.03041 | 1.14 | 0.386 |
| $AB$ | 1 | 0.07156 | 0.07156 | 2.67 | 0.122 |
| $AC$ | 1 | 0.03151 | 0.03151 | 1.18 | 0.294 |
| $AD$ | 1 | 0.00181 | 0.00181 | 0.07 | 0.798 |
| $BC$ | 1 | 0.00006 | 0.00006 | 0.00 | 0.964 |
| $BD$ | 1 | 0.01381 | 0.01381 | 0.52 | 0.483 |
| $CD$ | 1 | 0.06376 | 0.06376 | 2.38 | 0.142 |
| 误差 | 16 | 0.42854 | 0.02678 | | |
| 失拟 | 10 | 0.23734 | 0.02373 | 0.74 | 0.676 |
| 纯误差 | 6 | 0.19120 | 0.03187 | | |
| 合计 | 30 | 5.54097 | | | |

对响应曲面法各方案效率计算结果进行方差分析，如表 4-10 所示。由表可知，效率方差分析中主效应项和平方项的 $P$ 值均为 0.000（<0.05），表明该效率模型总体而言有效。效率方差分析中的失拟项 $P$ 值为 0.231（>0.05），表明该模型不存在失拟。

表 4-10　响应曲面效率方差分析

| 来源 | 自由度 | Adj SS | Adj MS | $F$ 值 | $P$ 值 |
|---|---|---|---|---|---|
| 模型 | 14 | 28.0725 | 2.00518 | 12.47 | 0.000 |
| 主效应 | 4 | 10.1779 | 2.54448 | 15.82 | 0.000 |
| $A$ | 1 | 0.1625 | 0.16253 | 1.01 | 0.330 |
| $B$ | 1 | 1.6490 | 1.64903 | 10.25 | 0.006 |
| $C$ | 1 | 3.2465 | 3.24650 | 20.18 | 0.000 |
| $D$ | 1 | 5.1199 | 5.11988 | 31.83 | 0.000 |
| 平方 | 4 | 17.1652 | 4.29130 | 26.68 | 0.000 |
| $AA$ | 1 | 7.9072 | 7.90724 | 49.16 | 0.000 |
| $BB$ | 1 | 6.0897 | 6.08972 | 37.86 | 0.000 |
| $CC$ | 1 | 1.0539 | 1.05388 | 6.55 | 0.021 |

续表

| 来源 | 自由度 | Adj SS | Adj MS | F 值 | P 值 |
|---|---|---|---|---|---|
| *DD* | 1 | 6.6566 | 6.65657 | 41.38 | 0.000 |
| 两个因子交互作用 | 6 | 0.7294 | 0.12157 | 0.76 | 0.614 |
| *AB* | 1 | 0.0878 | 0.08776 | 0.55 | 0.471 |
| *AC* | 1 | 0.2717 | 0.27170 | 1.69 | 0.212 |
| *AD* | 1 | 0.1081 | 0.10808 | 0.67 | 0.424 |
| *BC* | 1 | 0.0391 | 0.03911 | 0.24 | 0.629 |
| *BD* | 1 | 0.0316 | 0.03160 | 0.20 | 0.664 |
| *CD* | 1 | 0.1912 | 0.19119 | 1.19 | 0.292 |
| 误差 | 16 | 2.5735 | 0.16085 | | |
| 失拟 | 10 | 1.9453 | 0.19453 | 1.86 | 0.231 |
| 纯误差 | 6 | 0.6282 | 0.10470 | | |
| 合计 | 30 | 30.6461 | | | |

对于同一组试验数据，扬程和效率试验模型同时满足模型有效且不存在失拟，说明本次试验分析结果符合条件，响应曲面模型可用于最优参数预测。

图 4-10 为响应曲面法各方案试验 Pareto 图，结合上述方差分析表可知，扬程的显著影响因子为 *D*（0.000）、*B*（0.000）、*A*（0.009）、*DD*（0.010）、*CC*（0.028）和 *AA*（0.033），其中单因子对扬程的影响顺序为 *D>B>A*；效率的显著影响因子为 *AA*（0.000）、*DD*（0.000）、*BB*（0.000）、*D*（0.000）、*C*（0.000）、*B*（0.006）和 *CC*（0.021），其中单因子对效率的影响顺序为 *D>C>B*。

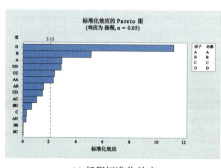

(a) 扬程标准化效应

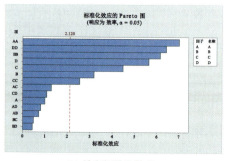

(b) 效率标准化效应

图 4-10　响应曲面试验 Pareto 图

（3）响应曲面法回归方程的拟合及模型汇总

拟合回归方程是通过计算所得自变量和因变量的数据建立数学模型，用于预测未知因变量，并研究自变量变化对因变量的影响。方差分析中各项 $P$ 值表示该项对回归方程影响的显著性，$P$ 值越接近 0，影响越显著。响应曲面法回归方程不是简单的线性回归方程，需结合多元相关系数 $R\text{-}Sq$ 和调整后的多元相关系数 $R\text{-}Sq$（调整）来拟合。初步回归方程拟合及模型汇总见表 4-11。

$$H = 110.38 - 0.0982A + 0.0519B - 0.1167C + 0.2571D + 0.001118A + 0.000043BB +$$
$$0.00366CC - 0.002491DD - 0.001393AB + 0.00123AC +$$
$$0.000221AD + 0.00007BC - 0.00082BD - 0.01282BB \tag{4-48}$$

$$\eta = 24.02 + 0.557A + 0.717B + 0.421C + 0.787D - 0.00822AA - 0.0128BB -$$
$$0.00948CC - 0.0134DD + 0.00154AB + 0.00362AC +$$
$$0.00171AD - 0.00183BC + 0.00123BD - 0.00405CD \tag{4-49}$$

分析表 4-11 可知，扬程和效率的响应曲面法初步回归方程拟合后模型的 $R\text{-}Sq$（预测）值分别为 70.63% 和 60.65%。为提高曲面响应试验模型预测准确度，可将 $P$ 值大于 0.05 的项作为不显著影响因子删除，从而突出显著影响因子对回归方程的贡献度，其中因为效率方差分析中的平方项均为显著影响因子，所以单因子项作为构成平方项的基础项不能删除。删除不显著影响因子后重新拟合回归方程并进行模型汇总（表 4-12）。

$$H = 112.71 - 0.1108A - 0.0311B - 0.1259C + 0.2022D + 0.001118AA +$$
$$0.000043BB + 0.00366CC - 0.002491DD \tag{4-50}$$

$$\eta = 19.07 + 0.713A + 0.787B + 0.414C + 0.827D - 0.00822AA -$$
$$0.01282BB - 0.00948CC - 0.0134DD \tag{4-51}$$

表 4-11　响应曲面法初步回归方程模型汇总

| 参数 | $S$ | $R\text{-}Sq/\%$ | $R\text{-}Sq$（调整）/% | $R\text{-}Sq$（预测）/% |
|---|---|---|---|---|
| $H$ | 0.163658 | 92.27 | 85.50 | 70.63 |
| $\eta$ | 0.401056 | 91.60 | 84.25 | 60.65 |

表 4-12　响应曲面法最终回归方程模型汇总

| 参数 | $S$ | $R\text{-}Sq/\%$ | $R\text{-}Sq$（调整）/% | $R\text{-}Sq$（预测）/% |
|---|---|---|---|---|
| $H$ | 0.166655 | 88.97 | 84.96 | 72.48 |
| $\eta$ | 0.387473 | 89.22 | 85.30 | 71.27 |

对比全因子试验模型汇总、响应曲面法初步模型汇总和曲面响应法最终模型汇总，可以发现虽然全因子试验扬程模型汇总 $R$-$Sq$（预测）高达 85.73%，但同时全因子试验效率模型汇总 $R$-$Sq$（预测）为 0，总体认为全因子试验模型汇总无效。增加轴向点和中心点完成响应曲面试验后，响应曲面法初步扬程模型汇总 $R$-$Sq$（预测）为 70.63%，初步效率模型汇总 $R$-$Sq$（预测）为 60.65%且满足试验有效条件，试验模型汇总有效。删除不显著影响因子后最终扬程模型汇总 $R$-$Sq$（预测）增大至 72.48%，最终效率模型汇总 $R$-$Sq$（预测）增大至 71.27%，分别有 1.85% 和 10.62% 的增幅，且效率作为首要优化目标增幅很大，模型的拟合效果更好。

为预测效率最大的方案参数，可直接调用 Minitab 软件内置的响应优化器求解效率最大值点。实际上就是在因变量取值范围内，对最终效率回归方程求偏导，得到该范围内的效率最大极值点。图 4-11 所示为响应优化器对效率的最大值求解以及对应的各因变量参数组合，各因变量预测值为 $A$（43.5152°）、$B$（30.8182°）、$C$（21.7727°）、$D$（30.9394°），预测效率的最大值为 63.891%。表 4-13 是最优优化变量拟合结果。将相应变量值代入最终扬程回归方程，得到对应扬程为 111.951 m。

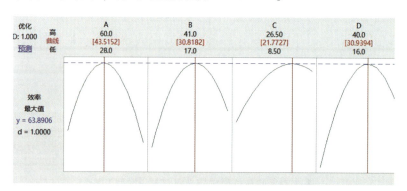

图 4-11 响应优化器求解结果

表 4-13 最优优化变量拟合结果

| 参数 | 拟合值 | 拟合值标准误 | 95%置信区间 | 95%预测区间 |
|---|---|---|---|---|
| $\eta/\%$ | 63.891 | 0.145 | (63.591, 64.190) | (63.033, 64.748) |
| $H/\text{m}$ | 111.953 | 0.062 | (111.825, 112.081) | (111.585, 112.322) |

（4）响应面分析

图 4-12 所示为效率与交互项的等值线图和曲面图，图中均以效率为目

标。等值线图效率最大值区域为紫色区域。具体来看，图 4-12a 为因子 $B$ 和 $A$ 的交互影响，从 $B$，$A$ 的等值线图和曲面图可知，保持因子 $C = 17.5°$，$D = 28°$，随着 $A$ 值和 $B$ 值的增大，效率均先增大后减小，两边极值处效率最低，效率取最大值时 $35°<A<55°$，$25°<B<40°$；图 4-12b 为因子 $C$ 和 $A$ 的交互影响，从 $C$，$A$ 的等值线图和曲面图可知，保持因子 $B = 29°$，$D = 28°$，随着 $A$ 值的增大，效率先增大后减小，随着 $C$ 值的增大，效率也增大，效率取最大值时 $35°<A<55°$，$12°<C<26°$；图 4-12c 为因子 $D$ 和 $A$ 的交互，从 $D$，$A$ 的等值线图和曲面图可知，保持 $B = 29°$，$C = 17.5°$，两边极值处效率最小，效率取最大值时$35°<A<55°$，$25°<D<40°$；图 4-12d 为因子 $C$ 和 $B$ 的交互，从 $C$，$B$ 的等值线图和曲面图可知，保持 $A = 44°$，$D = 28°$，效率取最大值时 $20°<B<40°$，$12°<C<26°$；图 4-12e 为因子 $D$ 和 $B$ 的交互，从 $D$，$B$ 的等值线图和曲面图可知，保持因子 $A = 44°$，$C = 17.5°$时，效率取最大值，$20°<B<40°$，$25°<D<40°$；图 4-12f 为因子 $D$ 和 $C$ 的交互，从 $D$，$C$ 的等值线图和曲面图可知，当 $A = 44°$，$B = 29°$时，效率取最大值，$12°<C<26°$，$25°<D<40°$。因此在效率最大值点处有 $35°<A<55°$，$20°<B<40°$，$12°<C<26°$，$25°<D<40°$。由方差分析可知，扬程和效率项均存在弯曲，所以最大值点在初始设置的因变量范围内，在因变量范围内求的极大值也为最大值。故本次预测的结果为效率的理论最大值。

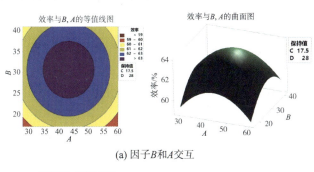

(a) 因子 $B$ 和 $A$ 交互

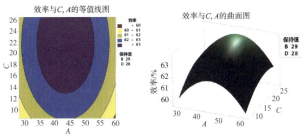

(b) 因子 $C$ 和 $A$ 交互

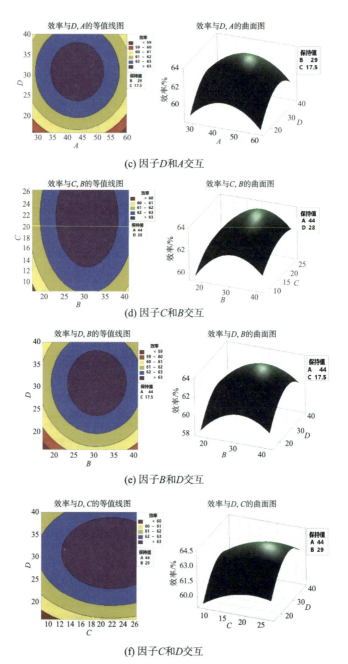

(c) 因子 $D$ 和 $A$ 交互

(d) 因子 $C$ 和 $B$ 交互

(e) 因子 $B$ 和 $D$ 交互

(f) 因子 $C$ 和 $D$ 交互

**图 4-12  效率与交互项的等值线图和曲面图 [单位: (°)]**

通过响应优化器预测得到效率最大时各因子的取值: $A = 43.5152°$, $B = 30.8182°$, $C = 21.7727°$, $D = 30.9394°$, 预测理论效率值为 63.891%, 理论

扬程值为 111.953 m。为节约计算资源，选择单级泵模型对最大效率预测方案进行建模和全流场数值模拟计算，多流量工况下的数值计算结果如表 4-14 所示。在设计工况时扬程计算值为 110.84 m，效率值为 63.87%。扬程计算值比预测值低 1.113 m，偏差仅为 0.99%。效率计算值比预测值低 0.017%，偏差仅为 0.27%。扬程和效率预测偏差均小于 1%，说明通过该模型求解的回归方程能够准确预测叶轮参数。叶轮在优化后各工况效率较原方案均有提升，额定工况下效率提高 4.87%，各工况扬程较原方案均有下降，但也满足设计需求，设计工况扬程 110.84 m 大于设计要求 107.1 m。扬程和效率曲线变化趋势均与原方案相似，效率向大流量偏移，流量达到 1.3$Q_d$ 后效率开始下降，说明优化后也满足最优工况向大流量偏移的设计目标，使泵更适合在大流量工况下运行。

表 4-14　优化前后单级泵各工况点计算结果

| 工况点 | 初始方案 | | 优化后方案 | |
|---|---|---|---|---|
| $Q/Q_d$ | $H/m$ | $\eta/\%$ | $H/m$ | $\eta/\%$ |
| 0.6 | 123.32 | 45.55 | 119.88 | 49.60 |
| 0.7 | 120.24 | 50.93 | 117.68 | 55.05 |
| 0.8 | 119.25 | 54.75 | 115.71 | 58.71 |
| 0.9 | 116.00 | 57.67 | 113.06 | 61.57 |
| 1.0 | 112.78 | 59.02 | 110.84 | 63.87 |
| 1.1 | 110.03 | 60.46 | 108.03 | 64.73 |
| 1.2 | 109.51 | 61.53 | 106.28 | 65.88 |
| 1.3 | 106.66 | 61.79 | 102.86 | 66.04 |
| 1.4 | 103.36 | 61.48 | 99.41 | 65.77 |

为方便对比不同设计方案下泵的外特性曲线变化规律，对流量和扬程进行无量纲化处理。具体公式如下：

$$\varphi = \frac{Q}{\pi d_2 b_2 u_2} \tag{4-52}$$

$$\psi = \frac{gH}{u_2^2} \tag{4-53}$$

优化前后单级泵外特性曲线对比图如图 4-13 所示。

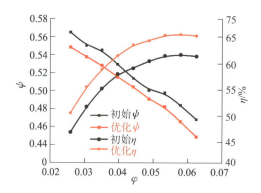

图 4-13　优化前后单级泵外特性曲线对比图

### 4.3.4　优化后三级泵性能评估及内部流动分析

#### 4.3.4.1　性能评估和实验验证

由于多级泵结构较为复杂，过流部件较多且相似，若考虑所有级数会造成网格数量太多，计算时间大大延长。可认为多级离心泵首级叶轮进口是与进口管耦合的流动，其后的每一级叶轮进口靠近反导叶的出口，且均为有旋流动，通过选择合理的有限级数来预测整个多级离心泵的性能。本书采用三级离心泵模型结合真机实验数据进行后续优化和分析。图 4-14 为叶轮优化后三级离心泵流体计算域，三级离心泵数值模拟方法及边界条件的设置同单级泵模型。图 4-15 为三级离心泵全流场计算域三维网格细节图，对叶轮和导叶边界层局部加密，总网格数量为 2300 万个。

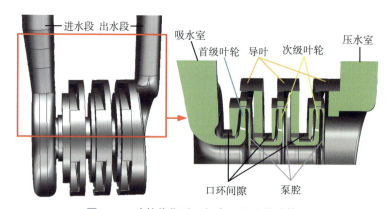

图 4-14　叶轮优化后三级离心泵流体计算域

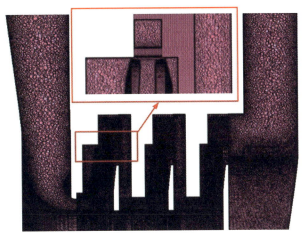

**图 4-15　三级离心泵全流场计算域三维网格细节**

表 4-15 为叶轮优化前后三级离心泵在额定转速下不同工况的性能计算数据。由表可以看出,优化后扬程略有降低,在小流量工况下更为接近,随着流量的增大,扬程差距变大,但总体满足设计要求;全工况效率均有提升,且满足偏大流量工况设计预期,优化后的三级离心泵在额定工况下效率提升 4.41%。

**表 4-15　叶轮优化前后三级离心泵各工况点计算结果**

| 工况点 | 初始方案 | | 优化后方案 | |
|---|---|---|---|---|
| $Q/Q_d$ | $H/m$ | $\eta/\%$ | $H/m$ | $\eta/\%$ |
| 0.6 | 365.23 | 42.15 | 363.75 | 45.34 |
| 0.8 | 361.99 | 50.69 | 353.74 | 54.39 |
| 1.0 | 350.37 | 56.17 | 341.13 | 60.58 |
| 1.2 | 339.87 | 57.61 | 325.15 | 62.32 |
| 1.4 | 322.64 | 57.60 | 304.64 | 62.56 |

在机械工业排灌机械产品质量检测中心(镇江)搭建实验台装置(图 4-16),根据《回转动力泵水力性能验收试验 1 级、2 级和 3 级》(GB/T 3216—2016)对三级泵进行不同转速下的外特性实验测试,分析不同转速下实验泵性能变化规律。将三级离心泵在额定转速下不同工况数值计算结果与实验测量数据对比。

**图 4-16　实验台装置图**

图 4-17 为三级离心泵在额定转速下数值计算和实验结果外特性曲线对比图。从图中可以看出：实验与数值计算得到的泵的效率均先增大后减小，且均偏向大流量工况，符合设计预期。数值计算效率相对实验值偏高，在 $1.0Q_d$ 存在最大扬程偏差 3.7 m，相对误差 6.5%。数值计算得到的扬程相比实验值偏低，在小流量下误差更大，在 $0.6Q_d$ 时存在最大扬程偏差 11.81 m，相对误差 3.1 m。总体曲线变化趋势与实验所得曲线基本一致，验证了数值计算结果的可靠性。

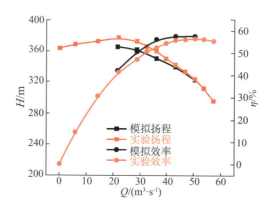

**图 4-17　三级离心泵在额定转速下外特性曲线对比图**

### 4.3.4.2　基于熵产理论的流动损失分析

（1）熵产理论

在离心泵运行过程中，边界层的黏性力及湍流脉动会将一部分机械能转换为不可逆的内能从而降低离心泵水力性能，根据热力学第二定理，这部分机械能转化为不可逆的内能可用熵产来进行评估。熵产可分为直接耗散熵产、湍流耗散熵产和壁面耗散熵产。直接熵产由时均速度产生，而湍流熵产由速度脉动产生。直接耗散熵产率和湍流耗散熵产率的计算公式如下：

$$S_{\mathrm{pro},\bar{D}} = \frac{\mu}{T} \left\{ 2 \left[ \left( \frac{\partial \bar{u}}{\partial x} \right)^2 + \left( \frac{\partial \bar{v}}{\partial y} \right)^2 + \left( \frac{\partial \bar{w}}{\partial z} \right)^2 \right] + \left[ \left( \frac{\partial \bar{v}}{\partial x} + \frac{\partial \bar{u}}{\partial y} \right)^2 + \left( \frac{\partial \bar{w}}{\partial x} + \frac{\partial \bar{u}}{\partial z} \right)^2 + \left( \frac{\partial \bar{v}}{\partial z} + \frac{\partial \bar{w}}{\partial y} \right)^2 \right] \right\}$$

$$(4\text{-}54)$$

$$S_{\mathrm{pro},D'} = \frac{\mu}{T} \left\{ 2 \left[ \left( \frac{\partial u'}{\partial x} \right)^2 + \left( \frac{\partial v'}{\partial y} \right)^2 + \left( \frac{\partial w'}{\partial z} \right)^2 \right] + \left[ \left( \frac{\partial v'}{\partial x} + \frac{\partial u'}{\partial y} \right)^2 + \left( \frac{\partial w'}{\partial x} + \frac{\partial u'}{\partial z} \right)^2 + \left( \frac{\partial v'}{\partial z} + \frac{\partial w'}{\partial y} \right)^2 \right] \right\}$$

$$(4\text{-}55)$$

速度脉动在定常数值计算中无法直接求解，因此采用 Kock 和 Herwig[86] 提出的计算方法求解，计算公式如下：

$$S_{\mathrm{pro},D'} = \frac{\rho \varepsilon}{T} \tag{4-56}$$

式中：$\mu$ 为动力黏度，$\mathrm{Pa \cdot s}$；$u$，$v$，$w$ 分别为直角坐标系各方向分量；$S_{\mathrm{pro},\bar{D}}$ 为直接耗散熵产率；$S_{\mathrm{pro},D'}$ 为湍流耗散熵产率；$\varepsilon$ 为湍流耗散率；$T$ 流体温度，$T = 298\ \mathrm{K}$。

由于近壁面处存在边界层，而边界层内部存在较大的速度梯度，因此无法用直接耗散熵产公式计算。通过给出的近壁面熵产计算公式可对近壁面熵产进行更精确的求解，壁面耗散熵产率的计算公式如下：

$$S_{\mathrm{pro,W}} = \frac{\boldsymbol{\tau} \cdot \boldsymbol{v}}{T} \tag{4-57}$$

式中：$S_{\mathrm{pro,W}}$ 为壁面耗散熵产率；$\boldsymbol{\tau}$ 为壁面切应力，$\mathrm{Pa}$；$\boldsymbol{v}$ 为边界层首层厚度处流体速度矢量，$\mathrm{m/s}$。

将直接耗散熵产率和湍流耗散熵产率对所求计算域体积积分，即可得到对应的熵产值，计算公式如下：

$$\Delta S_{\mathrm{pro},\bar{D}} = \int_V S_{\mathrm{pro},\bar{D}} \mathrm{d}V \tag{4-58}$$

$$\Delta S_{\mathrm{pro},D'} = \int_V S_{\mathrm{pro},D'} \mathrm{d}V \tag{4-59}$$

对壁面耗散熵产率进行壁面表面积积分可得到壁面熵产值，计算公式如下：

$$\Delta S_{\mathrm{pro,W}} = \int_\lambda \frac{\boldsymbol{\tau} \cdot \boldsymbol{v}}{T} \mathrm{d}A \tag{4-60}$$

总熵产为直接耗散熵产、湍流耗散熵产和壁面耗散熵产的总和：

$$\Delta S_{\mathrm{pro,D}} = \Delta S_{\mathrm{pro,\bar{D}}} + \Delta S_{\mathrm{pro,D'}} + \Delta S_{\mathrm{pro,W}} \qquad (4\text{-}61)$$

式中：$A$ 为壁面面积，$m^2$；$\Delta S_{\mathrm{pro,\bar{D}}}$ 为直接耗散熵产；$\Delta S_{\mathrm{pro,D'}}$ 为湍流耗散熵产；$\Delta S_{\mathrm{pro,W}}$ 为壁面耗散熵产；$\Delta S_{\mathrm{pro,D}}$ 为总熵产。

（2）熵产分布

图 4-18 所示为三级离心泵不同工况各过流部件熵产占比图。从图中可以发现：进、出口段在不同工况下所产生的熵产占比最小，大流量工况下进、出口段熵产占比相比小流量工况略有上升，但最大占比也仅为 3%，说明进、出口段流体产生的流动损失较小。导叶和叶轮区域是熵产占比最高的两大区域，其中叶轮熵产占比在各工况下均最高，特别是小流量工况下占比最高达 39%，随着流量的增大，熵产占比呈现减小趋势并稳定在 33% 左右。导叶区域随着流量的增大，熵产占比有明显的上升，说明在小流量工况下，三级离心泵叶轮区域内有较多的流动损失，随着流量的增大，叶轮内的流态得到改善，在设计流量点及偏大流量工况叶轮流道内流动状态逐渐达到最佳状态。口环和总泵腔区域熵产占比在各工况下变化不大，为 15%~20%，但所产生的熵产不可忽略。

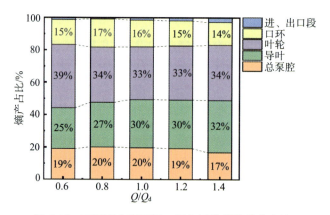

图 4-18 三级离心泵不同工况各过流部件熵产占比

图 4-19 所示为三级离心泵不同工况各类熵产占比和熵产值图。从图中可以看出：在不同工况下，壁面熵产和湍流耗散熵产占据主导，直接耗散熵产仅占总熵产的 3% 左右。壁面熵产在各工况下占比均大于 50%，且随着流量的增大，壁面熵产占比增大，湍流耗散熵产占比减小，在 $1.2Q_{\mathrm{d}}$ 工况下逐渐趋于稳定。因此，壁面熵产可视为离心泵运行过程中内能损失的主要

来源，直接耗散熵产相对湍流耗散熵产和壁面熵产可忽略。总熵产值随着流量的增大，呈现先减小后增大的趋势，并在设计点工况下总熵产达到最低值。壁面熵产随着流量的增大而增大，湍流耗散熵产则呈现减小的趋势。

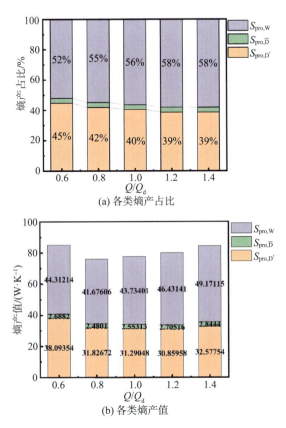

图 4-19　三级离心泵不同工况各类熵产占比和熵产值

（3）熵产率分布分析

图 4-20 所示为 $0.6Q_d$、$1.0Q_d$ 和 $1.4Q_d$ 三种不同工况下三级离心泵各级叶轮与导叶中截面熵产率分布图。从图中可以看出：在 $0.6Q_d$ 工况下三级离心泵各级叶轮部分流道内存在大面积的高熵产率区域（红色区域），说明在该流道部分区域流动不稳定，产生的能量耗散较大。在相邻流道未出现相同的高熵产率区域分布，是因为在小流量工况下叶轮和导叶之间的动静干涉作用对流体在圆周方向上的流动影响较大，并呈现出非对称性；在设计工况点，各级叶轮流道内局部高熵产率区域消失，但在叶轮出口和导叶进口处均存在小面积的高熵产率区域，说明叶轮和导叶的动静干涉作用依然

存在，随着流量增大，区域面积逐渐变小。此外，随着叶轮级数的增加，高熵产率区域相比首级叶轮也有所减小。

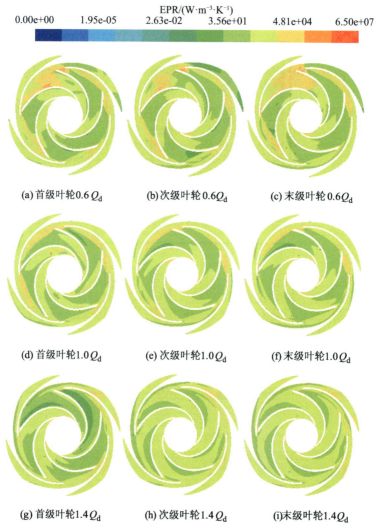

(a) 首级叶轮0.6$Q_d$  (b) 次级叶轮0.6$Q_d$  (c) 末级叶轮0.6$Q_d$

(d) 首级叶轮1.0$Q_d$  (e) 次级叶轮1.0$Q_d$  (f) 末级叶轮1.0$Q_d$

(g) 首级叶轮1.4$Q_d$  (h) 次级叶轮1.4$Q_d$  (i) 末级叶轮1.4$Q_d$

**图 4-20　0.6$Q_d$，1.0$Q_d$ 和 1.4$Q_d$ 三种不同工况下三级离心泵叶轮与导叶中截面熵产率分布**

在大流量工况下，各级叶轮熵产率变化梯度减小，在叶轮出口和导叶进口处局部高熵产率区域几乎消失，在叶片出口压力面规律地存在熵产相对低的区域，说明在大流量工况下叶轮内流体流动方向较为规律，符合叶片型线，不存在较大范围的漩涡，在流体从叶轮出口进到导叶进口时，流体过渡良好，不存在较大的能量扩散损失，叶轮和导叶匹配度较高。这再次说明了优化后的叶轮符合偏大流量工况运行的预期。

将三级离心泵叶轮与导叶的熵产率分布图和三级离心泵叶轮与导叶的流线图对比分析可知：在各工况下不同叶轮与导叶流道中，流线分布不均匀，存在明显大范围漩涡的区域与熵产率分布图中的高熵产率区域高度重合，说明流态紊乱区域也是熵产的主要贡献区域，通过熵产理论可以有效分析多级泵内部流动损失。

## 4.4　多级离心泵时序效应定常模拟分析

多级离心泵不仅同级叶轮与导叶间存在强烈的动静干涉，各级之间也相互影响。本节以叶轮优化后的三级离心泵作为研究对象，设计多种叶轮与导叶时序位置布置方案，通过数值模拟的方法研究叶轮和导叶时序效应对多级离心泵内部流动规律和性能参数的影响。

### 4.4.1　研究方案设计

本节以叶轮优化后三级泵模型为研究对象，研究叶轮和导叶时序效应对多级离心泵水力性能及运行稳定性的影响。保持首级叶轮和导叶的周向位置不变，改变次级叶轮、末级叶轮和次级导叶、末级导叶的时序位置，采用数值模拟的方法对多级离心泵叶轮和导叶时序效应进行分析研究。

图 4-21 为叶轮和导叶的不同时序位置，$\theta$ 和 $\theta'$ 分别为叶轮和导叶相对初始位置顺时针旋转角度。

由于研究对象叶轮为 5 叶片，导叶为 4 叶片，在减去叶片厚度后取叶轮叶片最大错开角度为 68°，导叶叶片最大错开角度为 90°，因此，指定叶轮和导叶各有 4 个时序位置（叶轮旋转 0°，17°，34°，51°；导叶旋转 0°，22.5°，45°，67.5°），为有效减少设计方案，节约计算资源，建立 4 因素 4 水平的正交试验方案进行分析。详细方案组合见表 4-16，共组成 16 个方案，以 L1~L16 标识，其中方案 L1 为叶轮和导叶均无周向位置变化的初始方案。

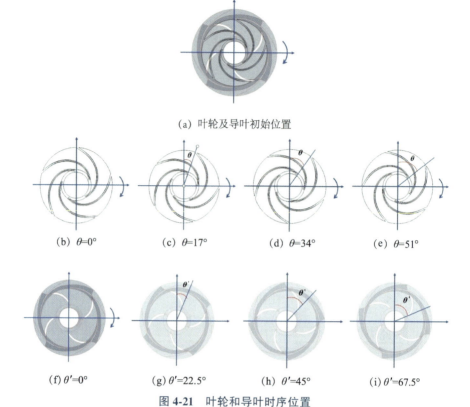

(a) 叶轮及导叶初始位置

(b) $\theta=0°$    (c) $\theta=17°$    (d) $\theta=34°$    (e) $\theta=51°$

(f) $\theta'=0°$    (g) $\theta'=22.5°$    (h) $\theta'=45°$    (i) $\theta'=67.5°$

图 4-21  叶轮和导叶时序位置

表 4-16  叶轮和导叶时序位置方案

| 方案序号 | 次级叶轮旋转角度 $\theta/(°)$ | 末级叶轮旋转角度 $\theta/(°)$ | 次级导叶旋转角度 $\theta'/(°)$ | 末级导叶旋转角度 $\theta'/(°)$ |
|---|---|---|---|---|
| L1 | 0 | 0 | 0 | 0 |
| L2 | 0 | 17 | 22.5 | 22.5 |
| L3 | 0 | 34 | 45 | 45 |
| L4 | 0 | 51 | 67.5 | 67.5 |
| L5 | 17 | 0 | 22.5 | 45 |
| L6 | 17 | 17 | 0 | 67.5 |
| L7 | 17 | 34 | 67.5 | 0 |
| L8 | 17 | 51 | 45 | 22.5 |

续表

| 方案序号 | 次级叶轮旋转角度 $\theta$/(°) | 末级叶轮旋转角度 $\theta$/(°) | 次级导叶旋转角度 $\theta'$/(°) | 末级导叶旋转角度 $\theta'$/(°) |
|---|---|---|---|---|
| L9 | 34 | 0 | 45 | 67.8 |
| L10 | 34 | 17 | 67.5 | 45 |
| L11 | 34 | 34 | 0 | 22.5 |
| L12 | 34 | 51 | 22.5 | 0 |
| L13 | 51 | 0 | 67.5 | 22.5 |
| L14 | 51 | 17 | 45 | 0 |
| L15 | 51 | 34 | 22.5 | 67.5 |
| L16 | 51 | 51 | 0 | 45 |

图 4-22 是以方案 L8 为例的叶轮和导叶时序位置三维视图。所有设计方案均采用相同计算域及网格划分，仅改变叶轮和导叶的时序位置，对不同方案组合进行定常数值计算及分析。

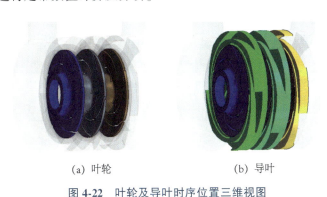

(a) 叶轮　　　　　　　　　(b) 导叶

图 4-22　叶轮及导叶时序位置三维视图

## 4.4.2　叶轮和导叶时序效应对多级泵外特性的影响

分析一台泵性能的表现最直观的方法是统计泵在设计工况下的扬程、效率等。本书对表 4-16 中 16 个不同时序方案的三级离心泵进行了 $0.8Q_d$、$1.0Q_d$ 和 $1.2Q_d$ 三个流量工况的数值计算，计算结果见表 4-17。

表 4-17  各方案在不同工况下的数值计算结果

| 方案序号 | $0.8Q_d$ | | $1.0Q_d$ | | $1.2Q_d$ | |
|---|---|---|---|---|---|---|
| | $\eta/\%$ | $H/m$ | $\eta/\%$ | $H/m$ | $\eta/\%$ | $H/m$ |
| L1 | 54.39 | 353.74 | 60.58 | 341.13 | 62.32 | 325.15 |
| L2 | 53.64 | 355.07 | 60.36 | 342.35 | 61.90 | 324.48 |
| L3 | 54.50 | 363.53 | 60.47 | 345.29 | 61.91 | 328.02 |
| L4 | 55.43 | 363.90 | 60.60 | 343.81 | 62.01 | 328.72 |
| L5 | 54.44 | 362.02 | 60.34 | 344.48 | 62.15 | 326.59 |
| L6 | 55.18 | 360.90 | 60.75 | 343.34 | 62.32 | 326.30 |
| L7 | 55.39 | 354.38 | 60.44 | 342.18 | 62.23 | 326.88 |
| L8 | 54.59 | 366.56 | 60.44 | 345.18 | 61.89 | 329.28 |
| L9 | 54.57 | 362.04 | 60.53 | 344.94 | 61.82 | 329.02 |
| L10 | 54.67 | 355.94 | 60.59 | 345.58 | 61.82 | 326.42 |
| L11 | 54.63 | 353.69 | 60.44 | 341.58 | 62.13 | 324.91 |
| L12 | 53.41 | 356.50 | 60.56 | 342.49 | 62.28 | 326.55 |
| L13 | 55.13 | 356.36 | 60.36 | 343.02 | 62.30 | 327.51 |
| L14 | 55.17 | 359.02 | 60.33 | 341.11 | 62.17 | 327.40 |
| L15 | 55.28 | 359.75 | 60.58 | 343.91 | 62.13 | 327.74 |
| L16 | 55.00 | 358.44 | 60.53 | 344.78 | 62.35 | 327.35 |

为更直观地对比各时序方案与原方案，引入无量纲变化系数，$H/H_0$ 和 $\eta/\eta_0$ 分别表示扬程相对初始方案的变化率和效率相对初始方案的变化率，$H_0$ 和 $\eta_0$ 分别表示初始方案 L1 在相同工况下的扬程和效率。$0.8Q_d$、$1.0Q_d$ 和 $1.2Q_d$ 三个工况各方案相对原方案 L1 的外特性对比曲线如图 4-23 所示。

由图 4-23a 可知，在 $0.8Q_d$ 工况下，仅有 L2 和 L12 两个时序方案的效率相对初始方案降低，而扬程相对初始方案均略有提高。时序方案 L4、L6 和 L7 效率提升最为明显，最大提升 1.9%。时序方案 L3、L4 和 L8 扬程提升最为明显，最大提升 3.6%。由图 4-23b 分析可知，在 $1.0Q_d$ 工况下，L4、L6、L10 和 L15 四个时序方案效率相对初始方案效率提高，扬程仅有 L14 时序方案相对初始方案降低。时序方案 L6 效率提升最明显，最大提升 0.29%。时序方案 L3 和 L10 扬程提升最为明显，最大提升 1.3%。由图 4-23c 分析可知，时序方案 L6 和 L16 与初始方案效率近似持平，其他方案效率均略有下降。时序方案 L2 和 L11 相对初始方案扬程略有降低。时序方案 L4、L8 和 L9 的扬程提升最明显，最大提升 1.2%。综合对比三种工况下的外特性变化规律可知，在小流量工况下改变叶轮和导叶的时序位置对泵外特性影响最大，在设计点工况叶轮和导叶时序位置变化对三级离心泵的水力性能影响较小。多数时序方案在不同运行工况下均能提升多级离心泵的扬程，但不能有效提升多级离心泵的效率。若分别以提升效率和提升扬程为优化目标，不同的运行工况下存在不同的最优时序方案组合。综合分析所有方案，方案 L6 为最佳时序方案，在不同运行工况下扬程和效率相对方案 L1 均有一定提升。

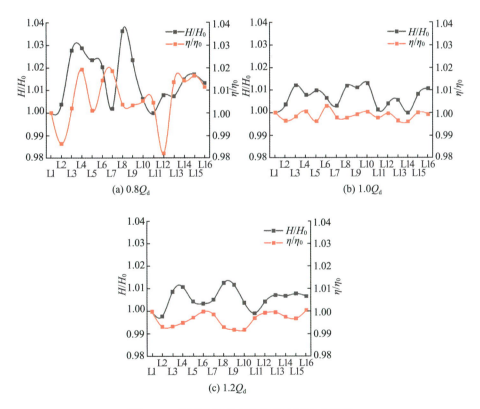

图 4-23　不同工况各方案外特性对比曲线图

为了更直观地对比叶轮和导叶时序位置给多级泵水力特性带来的变化，分别计算 $0.8Q_d$、$1.0Q_d$ 和 $1.2Q_d$ 三个工况下不同时序方案各级叶轮和导叶处的损失，计算公式如下：

$$\eta_{dy} = \left(1 - \frac{P_{out}}{P_{in}}\right) \times 100\% \tag{4-62}$$

$$H_{imp} = \frac{\Delta P_{imp}}{\rho g} \tag{4-63}$$

$$\eta_{imp} = \left(1 - \frac{\rho g Q H_{imp}}{Tn/9552}\right) \times 100\% \tag{4-64}$$

式中：$\eta_{dy}$为导叶损失；$P_{out}$为导叶出口压力；$P_{in}$为导叶进口压力；$H_{imp}$为叶轮扬程；$\Delta P_{imp}$为叶轮进出口压降；$\eta_{imp}$为叶轮损失；$T$为叶轮扭矩；$Q$为泵出口流量。各级叶轮和导叶损失计算公式相同。

$0.8Q_d$工况下各方案叶轮和导叶损失见表4-17和图4-24。分析图表可知：不同方案各级叶轮损失比例远大于导叶损失比例，大多数时序方案首级叶轮损失比例最大，次级叶轮和末级叶轮损失比例较为接近。所有时序方案首级导叶损失比例相对各级导叶最大，在同一时序方案下，随着级数的增加导叶的损失比例减小。各方案叶轮损失变化范围为21.52%~31.31%，导叶损失变化范围为0.43%~6.87%。不同时序方案同级叶轮和导叶损失比例波动幅度较大，同级叶轮损失最大波幅为6%，同级导叶损失最大波幅为3.62%，说明该工况下叶轮和导叶时序位置对叶轮和导叶的水力性能均有影响。

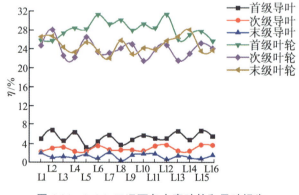

图4-24　$0.8Q_d$工况下各方案叶轮和导叶损失

$1.0Q_d$工况下各方案叶轮和导叶损失见表4-17和图4-25。分析图表可知：不同方案下各级叶轮损失比例远大于导叶损失比例，大多数时序方案首级叶轮损失比例最大，末级叶轮次之，次级叶轮损失比例最小。所有时序方案首级导叶损失比例相对各级导叶最大，在同一时序方案下，随着级数的增加导叶的损失比例减小。各方案叶轮损失变化范围为 13.78% ~ 16.32%，导叶损失变化范围为 1.96% ~ 8.29%。不同时序方案首级叶轮和首级导叶损失比例波动较小，近乎为一条直线；次级叶轮和末级叶轮损失比例变化较大，损失比例最大差值分别为 1.83% 和 2.42%，说明该工况下叶轮和导叶时序效应对首级叶轮和导叶水力性能的影响可忽略，对其他各级叶轮和导叶的影响相对 $0.8Q_d$ 有所减小。

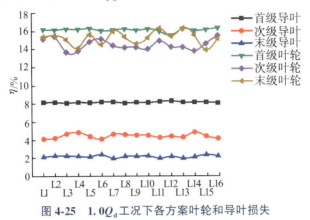

**图 4-25　$1.0Q_d$ 工况下各方案叶轮和导叶损失**

$1.2Q_d$ 工况下各方案叶轮和导叶损失见表 4-17 和图 4-26。分析图表可知：不同方案下首级叶轮损失比例大于导叶损失比例，大多数时序方案首级叶轮损失比例最大，次级和末级叶轮损失比例相近。所有时序方案首级导叶损失比例相对各级导叶最大，在同一时序方案下，随着级数的增加导叶的损失比例减小，叶轮最大损失比例波幅为 1.26%，导叶最大损失比例波幅为 0.93%。各方案叶轮损失变化范围为 8.71% ~ 10.60%，导叶损失变化范围为 2.49% ~ 9.38%。

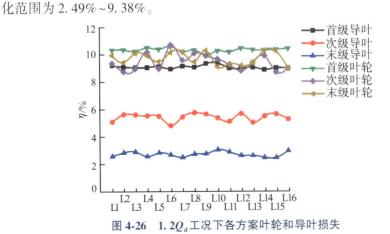

**图 4-26　$1.2Q_d$ 工况下各方案叶轮和导叶损失**

综合对比三个工况下各级叶轮和导叶损失变化可以发现，随着流量的增大，各级叶轮区域损失比例逐渐减小，叶轮损失比例变化范围从 21.52% ~ 31.31% 减小到 8.71% ~ 10.60%，平均减小 16.75%。各级导叶区域损失比例逐渐增大，导叶损失比例变化范围从 0.43% ~ 6.87% 增大到 2.49% ~ 9.38%，平均增大 2.28%。在 $1.2Q_d$ 工况下 L2、L3、L5 等时序方案首级导叶损失比例大于叶轮损失比例，说明在小流量工况下叶轮内部流道流动状态差，造成大量的能量损失，各时序方案叶轮水力性能均表现较差，且时序效应对叶轮水力性能的影响较大。随着流量的增大，叶轮内部流动状态得到改善，各级叶轮损失比例均下降。但导叶损失比例随着流量的增大而增大，说明导叶区域在大流量工况水力性能变差，这与前文三级离心泵熵产分析结论契合。综合以上分析，以三级离心泵效率为主要优化目标，时序方案 L6 可视为最佳方案，相对于初始方案 L1，额定工况下效率提升 0.17%，扬程提高 2.21 m，且在各运行工况下扬程和效率相对方案 L1 均有小幅度提升。叶轮和导叶时序效应对三级离心泵整体水力性能影响较小，尤其是在额定工况下。

### 4.4.3 叶轮和导叶时序效应对泵内流场的影响

多级离心泵内部流动复杂，各级过流部件内部流动相互关联，叶轮和导叶时序位置的改变会引起泵内流场的变化，从而造成多级离心泵外特性的差异。为了进一步研究叶轮和导叶时序效应对多级离心泵的影响，对额定工况下各时序方案多级离心泵内部流动特性进行分析。

#### 4.4.3.1 静压分布图

图 4-27 所示为额定工况下各时序方案首级叶轮和导叶中截面的静压分布图。从图中可以看出：所有方案在首级叶轮和导叶时序位置不变时，改变其他叶轮和导叶时序位置对首级叶轮和导叶内部流动的影响很小。各方案下静压由叶轮进口到正、反导叶交界处逐渐增大，静压分布情况高度相似，仅在正、反导叶交界处高压区面积存在微小差异，在叶轮出口压力面附近容易出现局部高压区，压力梯度变化较大。

图 4-27　额定工况下各时序方案首级叶轮和导叶中截面静压分布

图 4-28 所示为额定工况下各时序方案次级叶轮和导叶中截面的静压分布图。从图中可以看出：不同方案叶轮流道内相同半径区域静压值相近，在叶片出口、导叶进口及泵腔间隙区域存在差异。方案 L1～L4、L5～L8、L9～L12 和 L13～L16 均为叶轮时序位置相同、导叶时序位置不同的组合。可以发现导叶进口叶片位于叶轮两个相邻叶片中间位置时，此片区域会出现明显的静压值波动，压力分布相对凌乱，这主要是因为从叶轮流道流出的液体在进入导叶时与导叶叶片前缘发生大面积撞击，叶轮流道中部分液体分流进入正导叶流道，另一部分液体形成二次流，造成水力损失，导致该区域压力分布不均匀。方案 L1、L6、L11 和 L16 导叶时序位置相同，叶轮时序位置不同。可以发现各方案压力云图越靠近正导叶和反导叶交界处，压力分布越相似，正导叶进口处压力分布随着叶轮时序位置变化呈非对称

性。这说明叶轮与导叶间的动静干涉作用对正导叶进口处流态影响较大，在流体流经过渡段进入反导叶流道的过程中，动静干涉作用逐渐减弱。

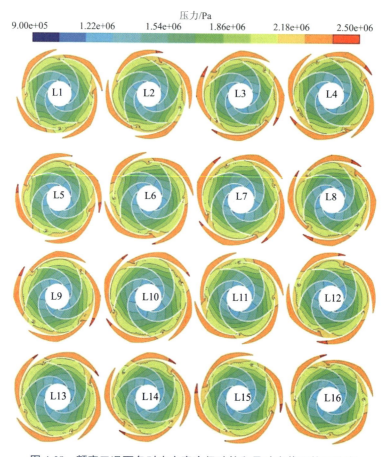

**图 4-28 额定工况下各时序方案次级叶轮和导叶中截面静压分布**

图 4-29 所示为额定工况下各时序方案末级叶轮和导叶中截面的静压分布图。从图中可以看出：时序方案 L3、L5、L8、L10 和 L16 靠近正导叶和压水室交界处存在局部高压区，静压值明显高于其余时序方案组合；而正导叶出口局部高压区可能会导致在流体进入反导叶时，与反导叶叶片碰撞产生流动分离的过程中造成更多的水力损失，从前文末级导叶损失分析也能得到 L3、L5、L10 和 L16 为损失最大的时序方案。L3、L5、L10 和 L16 导叶时序位置相同，均为相对初始位置旋转 45°，说明该时序位置提升了泵压水室进口处的静压值，从而使泵的扬程高于其他方案。

随着泵级数的增加，相同叶轮半径处静压值也逐步增加，在正导叶出口位置静压值达到最大。静压分布变化最大的区域主要集中在叶轮出口、叶轮和导叶间隙以及导叶进口处，说明这些区域流动不稳定，流体流动在圆周方向呈现非对称性，是造成不同时序方案性能差异的主要因素。

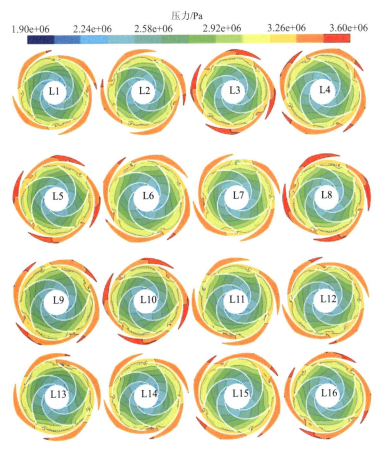

图 4-29　额定工况下各时序方案末级叶轮和导叶中截面静压分布

### 4.4.3.2　湍动能分布图

由前文首级静压分布可知，首级叶轮和导叶内部流动状态几乎不受次级和末级时序位置变化影响，因此后续分析省略首级过流部件流道。从各级静压分布分析可知，引起不同时序方案性能差异的主要因素是叶轮出口、叶轮与导叶间的间隙和导叶进口区域流动分布不均。为了准确分析流动复杂区域的能量损失特性，对次级和末级叶轮、导叶中截面做湍动能分布图。图 4-30 所示为额定工况下各时序方案次级叶轮和导叶中截面湍动能分布图。湍动能可准确反映湍流脉动产生的能量强度。从图中可以看出：湍动能高的区域主要分布在叶轮出口、叶轮和导叶间间隙和正导叶过渡段，叶轮流道内几乎没有高湍动能区域，说明叶轮流道流动顺畅，叶轮优化合理，黏性耗散损失小。以方案 L1、L6、L11 和 L16 为例，导叶时序位置不变，改变叶轮时序位置，湍动能高的区域随着叶轮的旋转以相同的方向旋转分布，分别集中于两个相邻的导叶及叶片出口区域。以方案 L1、L2、L3 和 L4 为例，叶轮时序位置不变，改变导叶时序位置，湍动能高的区域随着导叶的旋转以相反的方向旋转分布，也主要集中于两个相邻的导叶及叶片出口区域，说明叶轮和导叶的旋转均能改变湍动能高的区域位置分布，这主要是由叶轮和导叶的相对位置引起的。方案 L9 和方案 L10 湍动能极大值明显高于其余方案，湍动能高的区域无法因叶轮或导叶时序位置的变化而显著减少或在圆周方向上均匀分布，说明叶轮和导叶时序位置的改变可以改善叶轮和导叶动静干涉作用带来的影响。

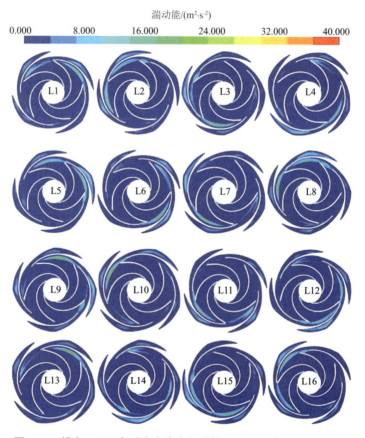

图 4-30　额定工况下各时序方案次级叶轮和导叶中截面湍动能分布

　　图 4-31 所示为额定工况下各时序方案末级叶轮和导叶中截面湍动能分布图。从图中可以看出：大部分方案湍动能明显减小，说明流体经过前一级导叶后流动状态更加稳定，叶轮出口圆周方向流动更加均匀。方案 L11 和方案 L13 部分区域湍动能远高于其他区域，均分布于导叶叶片进口处和叶轮出口压力面附近，与压力分布图较大压力梯度区域重合，说明这些区域可能存在严重的干涉作用，造成的能量损失较大。以次级方案 L1 和末级方案 L1、次级方案 L2 和末级方案 L13、次级方案 L3 和末级方案 L5、次级方案 L4 和末级方案 L9 为例，次级和末级的叶轮与导叶时序位置相同，此时湍动能分布高度相似，但湍动能存在差异，末级湍动能最大值大于次级，排除最大值后湍动能梯度小于次级。这说明湍动能分布主要由叶轮和导叶的相对时序位置决定，增压后的流体在动静干涉的作用下会产生局部更大的湍动能，改善流体流动状态能降低大部分区域湍动能。

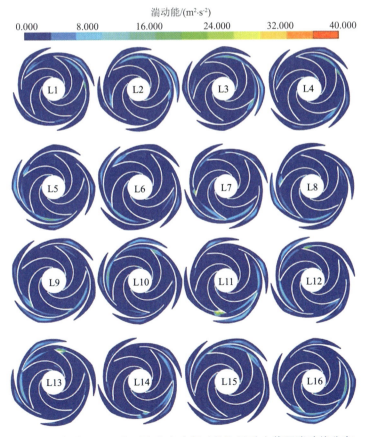

图 4-31　额定工况下各时序方案末级叶轮和导叶中截面湍动能分布

对比 16 个时序方案，方案 L1 湍动能最大值和分布面积小于大多数方案，说明改变叶轮和导叶的时序位置更容易增大过流部件内的湍流耗散损失，与前文外特性分析所得结论一致。额定工况下大部分时序方案效率较初始方案 L1 略有减小。

## 4.5　多级离心泵时序效应非定常流动特性研究

### 4.5.1　瞬态数值模拟及压力脉动监测点分布

为了分析叶轮和导叶的时序效应在非定常流动状态下对多级离心泵流场及压力脉动的影响，以定常计算结果作为初始值对各时序方案进行额定工况下的非定常数值模拟计算。本书研究对象额定转速 $n = 3800$ r/min；设置每个时间步长为 $1.31578 \times 10^{-4}$ s，即叶轮每旋转 3°所消耗的时间为一个时间步长，设置一个时间步长最大迭代步数为 20 次，叶轮一个旋转周期为 0.01579 s，共计算 9 个叶轮旋转周期，总时间为 0.14211 s；收敛残差值 $\leqslant 10^{-5}$ RMS。

为了研究叶轮和导叶时序效应对多级离心泵内部非定常流动压力脉动的影响，在离心泵各级流体域中设置压力脉动监测点。因为叶轮和导叶时序效应对流场的改变在叶轮、导叶及其间隙处最明显，压力脉动监测点在各级叶轮、导叶及其间隙处设置，其中分别以大写字母 A、B 和 C 表示三级离心泵的首级、次级和末级，用 Q 表示叶轮和导叶间隙区域，以字母和数字组合的方式表示各级不同区域压力脉动监测点。如图 4-32 所示，以首级流体域压力脉动监测点布置为例，A1、A2 和 A3 分别表示首级叶轮流道内 3 个压力脉动监测点，A4、A5 和 A6 分别表示首级正导叶流道内 3 个压力脉动监测点，QA1～QA40 分别表示首级叶轮和导叶间隙处的 40 个压力脉动监测点（其中每个点相隔 9°均匀分布）。叶轮监测点跟随叶轮旋转，其余监测点位置固定不变。各级压力脉动监测点总计 46 个。

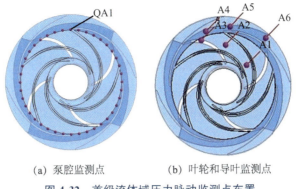

（a）泵腔监测点　　　　　　（b）叶轮和导叶监测点

**图 4-32　首级流体域压力脉动监测点布置**

## 4.5.2　叶轮和导叶时序效应对压力脉动的影响

### 4.5.2.1　压力脉动分析方法

压力脉动的分析通常以时域和频域两个方向展开，时域分析是以时间为观察尺度对压力数据进行处理，常用波形图来反映压力幅值随时间变化的规律；频域分析是将时域压力信号进行傅里叶变换（FFT）转换为频域信号进行分析，用频域图表示压力脉动幅值随频率的变化规律。

由于多级离心泵内压力是随着级数的增加而增大的，为了方便分析各级流场压力脉动变化情况，对压力脉动数值进行无量纲化处理，以压力脉动系数 $C_p$ 来表征压力脉动剧烈程度，并引入压力脉动系数均方根 $C_{RMS}$ 来分析叶轮和导叶间隙处压力脉动的周向规律，具体计算公式如下：

$$C_p = \frac{p - \bar{p}}{0.5\rho u_2^2} \tag{4-65}$$

$$C_{RMS} = \frac{\sqrt{\dfrac{1}{N} \sum_{i=1}^{N} (p_i - \bar{p})^2}}{0.5\rho u_2^2} \tag{4-66}$$

式中：$p$ 为某一时刻监测点处的静压值，Pa；$\bar{p}$ 为一个叶轮旋转周期内监测点处的平均静压值，Pa；$\rho$ 为多级离心泵输送介质的密度，kg/m³；$u_2$ 为叶轮出口圆周速度，m/s；$N$ 为样本总数量。

计算可知，轴频（转动频率）$f_0 = \dfrac{n}{60} = \dfrac{3800}{60} = 63.33$（Hz），叶频（叶片通过频率）$f_z = Zf_0 = 5 \times 63.33 = 316.65$（Hz）。

#### 4.5.2.2 叶轮与导叶间隙周向压力脉动分析

从前文多级离心泵叶轮和导叶时序效应分析可知，多级离心泵的时序效应对叶轮和导叶间的动静干涉现象有明显的影响。为了探究叶轮和导叶间隙水体压力脉动规律与多级离心泵时序效应间的关系，通过叶轮和导叶间隙处均布的 40 个压力脉动监测点采集多级离心泵各级间隙水体处的压力脉动，以最后一个叶轮旋转周期所测得的数据为数据源，将监测得到的压力数据转换为压力脉动系数均方根 $C_{RMS}$，绘制 L1~L16 时序方案下各级间隙水体处压力周向变化图（图 4-33）。

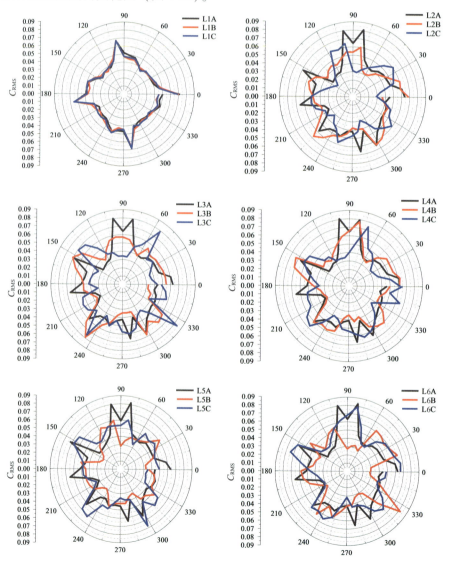

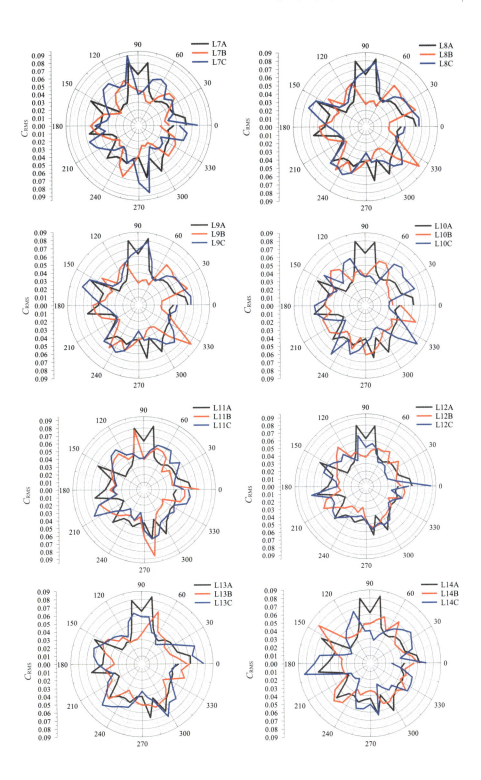

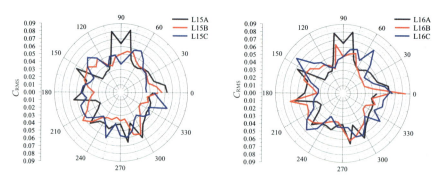

**图 4-33** 不同时序方案各级叶轮和导叶间隙水体周向压力脉动

分析图 4-33 分析可知，各级叶轮和导叶均无时序位置变化时，方案 L1 周向压力脉动系数均方根 $C_{RMS}$ 分布图共有四个波峰，且各级波峰高度重合，波峰数量与正导叶数量相同，与叶轮的数量无关，说明此时各级间隙水体处压力脉动受到叶轮和导叶的动静干涉影响，以导叶的影响为主导，各级间隙水体处压力脉动变化规律一致。

当次级叶轮和末级叶轮旋转相同角度时，如方案 L1、L6、L11 和 L16，周向图次级和末级压力脉动系数均方根 $C_{RMS}$ 形成的波峰和波谷呈现相同的相位，各方案周向图次级和末级压力脉动系数均方根 $C_{RMS}$ 幅值大小存在差异。当次级导叶和末级叶导叶转相同角度时，如方案 L1、L2、L3、L4，周向图次级和末级压力脉动系数均方根 $C_{RMS}$ 形成的波峰和波谷呈现不同的相位，各方案周向图次级和末级压力脉动系数均方根 $C_{RMS}$ 幅值大小相近。这说明叶轮和导叶间隙水体周向压力脉动相位变化由叶轮时序位置主导，叶轮和导叶间隙水体周向压力脉动幅值变化由导叶时序位置主导。

当末级导叶和叶轮时序位置均不相同时，如方案 L8、L10 和 L15，各方案周向图次级和末级压力脉动系数均方根 $C_{RMS}$ 幅值大小和波峰与波谷相位均存在差异，规律性较差。综观 16 个时序方案，仅方案 L1 周向图次级和末级压力脉动系数均方根 $C_{RMS}$ 规律性最好，各级曲线形成的波峰和波谷几乎重合，波峰数量与导叶数量一致。当次级和末级的叶轮和导叶存在时序位置变化时，周向图首级压力脉动系数均方根 $C_{RMS}$ 曲线与方案 L1 曲线对比存在明显区别，出现了多个不明显波峰，但原波峰依然存在，部分时序方案次级和末级压力脉动系数均方根 $C_{RMS}$ 曲线波峰和波谷不明显，整体轮廓呈现 5 个波峰，与叶轮数量一致，说明由叶轮和导叶的时序效应引起的压力脉动变化不仅针对某一级，压力脉动会叠加传播影响泵内其他流体区域，在叶轮时序效应的作用下导叶对叶轮和导叶间隙处动静干涉的主导作用减弱，叶轮的主导作用增强。

### 4.5.2.3　压力脉动时域特性分析

为了研究叶轮和导叶时序效应对多级离心泵非定常流动特性的影响，选取各级叶轮、导叶、叶轮和导叶间隙区域设置压力脉动监测点，对关键过流部件进行压力脉动时域特性分析。图 4-34 为不同时序方案多级离心泵首级过流部件压力脉动时域特性图。

图 4-34a～c 为首级叶轮流道内监测点压力脉动系数 $C_p$ 时域特性图，取最后一个叶轮旋转周期压力数据。从图中分析可以发现：不同时序方案首级叶轮流道内靠近叶轮进口处 A1 和 A2 监测点压力脉动周期性不明显，没有明显规律性波峰和波谷；靠近叶轮出口处 A3 监测点压力脉动周期性明显，在一个叶轮旋转周期内存在 4 个明显的波峰和波谷，数量与导叶叶片数量相同，且各方案压力脉动系数高度重合。这说明液体从泵进口流入首级叶轮进口时，流动状态较为稳定，还没有受到脉动源产生的强烈的压力脉动作用，压力脉动系数 $C_p$ 幅值较小，周期性也在逐渐形成中，随着液体通过首级叶轮进口位置流向叶轮出口位置，压力脉动系数 $C_p$ 幅值逐渐增大，液体在叶轮出口处受到叶轮与导叶的动静干涉作用影响，流动状态变化复杂，形成回流、射流等现象，使压力脉动系数 $C_p$ 幅值波动变大。根据一个叶轮旋转周期内压力脉动周期数可以判断出首级叶轮出口区域动静干涉作用由导叶主导。

图 4-34d～f 为首级导叶流道内监测点压力脉动系数 $C_p$ 时域特性图。从图中分析可以发现：正导叶流道内监测点从入口处 A4 监测点到正导叶与反导叶交界处 A6 监测点，所对应的压力脉动时域特性表现为压力脉动系数 $C_p$ 幅值先增大后减小，在正导叶流道中间位置 A5 监测点压力脉动系数 $C_p$ 幅值达到最大，且压力脉动系数负值极值明显大于正值极值，导叶内各监测点压力脉动均表现出良好的周期性，在一个叶轮旋转周期内波峰和波谷各有 5 个，与叶轮叶片数量相等。这说明液体从叶轮出口及泵腔间隙流向正导叶与反导叶交界处的过程中，随着液体的动能逐渐转变为压能，流体流动状态逐渐趋于稳定，压力脉动系数 $C_p$ 幅值受到正导叶叶片隔舌影响后达到 3 个监测点中的最大值，随后逐渐减小保持稳定。

图 4-34g 为首级叶轮与导叶间隙水体处一固定监测点压力脉动系数 $C_p$ 时域特性图。从图中分析可以发现：叶轮与导叶间隙水体处监测点 QA 压力脉

动时域特性在一个叶轮旋转周期内呈现规律性的 5 个波峰和 5 个波谷，各方案压力脉动系数 $C_p$ 幅值大小相近，幅值大小是叶轮和导叶区域压力脉动幅值最大值的两倍，方案 L1 与其余方案波峰构成略有区别，方案 L1 先出现极大值后出现极小值，与其余方案呈现相反规律。这说明叶轮与导叶间隙水体区域液体流动状态剧烈，大幅波动时间较短，受叶轮和导叶动静干涉的影响较大，主要受叶轮的影响。综合来看，改变首级以外叶轮和导叶的时序位置，对首级过流部件内压力脉动的影响很小，叶轮出口、正导叶进口叶片隔舌后和叶轮与泵腔间隙处受叶轮和导叶动静干涉作用的影响最大。

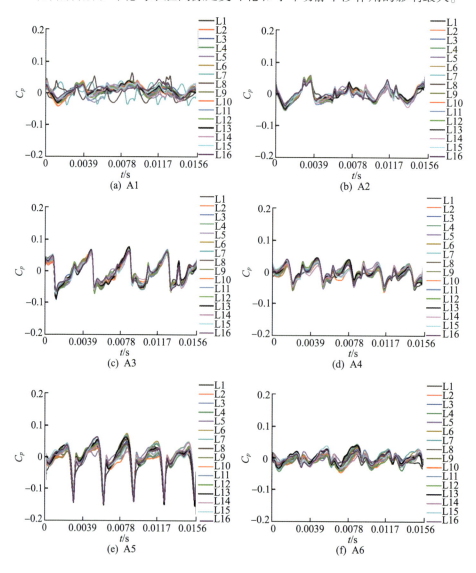

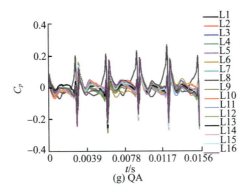

**图 4-34** 不同时序方案多级离心泵首级过流部件压力脉动时域特性

图 4-35 为不同时序方案次级和末级叶轮内压力脉动时域特性图。对比图 4-35a 和图 4-35b 可以发现：次级叶轮和末级叶轮进口处监测点压力脉动在不同时序方案下存在相同的波动规律，在同一个叶轮旋转周期内，不同时序方案下该监测点处压力脉动周期相同，均存在 5 个波峰和 5 个波谷，与叶轮叶片数量相同，无明显的相位差，压力脉动系数 $C_p$ 幅值存在微小差异，次级叶轮和末级叶轮无时序效应方案 L1 压力脉动系数 $C_p$ 幅值相对时序方案波动最小，其余时序方案压力脉动系数 $C_p$ 幅值相近，末级叶轮各方案压力脉动系数 $C_p$ 幅值略大于次级叶轮。这说明流体经过上一级导叶背叶片整流后，流入叶轮入口处的流体流动状态好，压力脉动周期性与上一级导叶区域类似，压力脉动时域特性主要受上一级过流部件综合影响。

对比图 4-35c 和图 4-35d 可以发现：次级叶轮和末级叶轮流道中间处监测点压力脉动在不同时序方案下压力脉动周期性出现相位差，在同一个叶轮旋转周期内部分方案如 L1、L5、L9 等压力脉动波峰和波谷数量均变为 4 个，各时序方案压力脉动波形图相对首级过流部件区域变得紊乱，部分时序方案同一周期内压力脉动波形图存在大量锯齿。这说明在叶轮流道中心处流体压力脉动开始受到同级导叶的影响，同时液体在上一级过流部件流动过程中产生的低频脉动随着级数叠加传递，使次级叶轮区域压力脉动比首级相同位置压力脉动时域特性更加复杂。

对比图 4-35e 和图 4-35f 可以发现：次级叶轮和末级叶轮出口处监测点压力脉动在不同时序方案下压力脉动周期性出现更明显的相位差，不同时序方案均存在 4 个波峰和 4 个波谷，相同位置监测点压力脉动系数 $C_p$ 幅值随着级数的增加而增大，叶轮出口处压力脉动相对叶轮其他区域波形更加紊乱。这说明叶轮出口处压力脉动受导叶的影响更大，叶轮和导叶时序效应作用明显，波峰和波谷数量相对叶轮进口处开始发生变化，压力脉动波形图随着时序方案的不同出现明显的相位差，不同时序方案对压力脉动系数 $C_p$ 幅值没有太大影响。

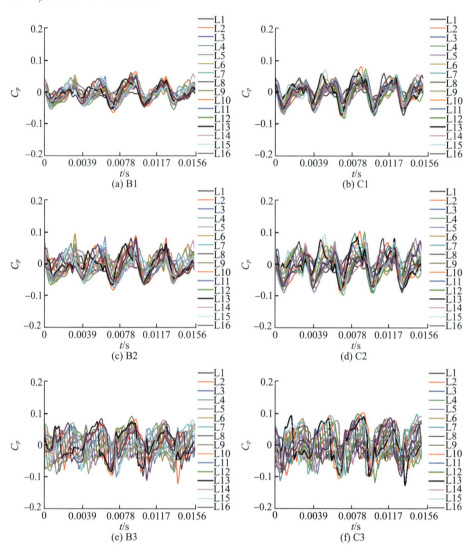

**图 4-35** 不同时序方案次级和末级叶轮内压力脉动时域特性

图 4-36 为不同时序方案次级和末级导叶内压力脉动时域特性图。对比图 4-36a 和图 4-36b 可以发现：次级导叶和末级导叶进口处监测点压力脉动在不同时序方案时域特性与首级导叶类似，均存在 5 个明显的波峰和波谷，

L4、L5、L6 等方案压力脉动系数 $C_p$ 幅值明显小于 L1，而 L8、L10、L11 等方案压力脉动系数 $C_p$ 幅值明显大于其余方案。这说明特定的叶轮和导叶时序位置能降低叶轮与导叶静干涉作用对压力脉动的影响。同时随着级数的增加，压力脉动受到前几级压力脉动源的影响更容易变得复杂紊乱，压力脉动周期性由最近压力脉动源主导。

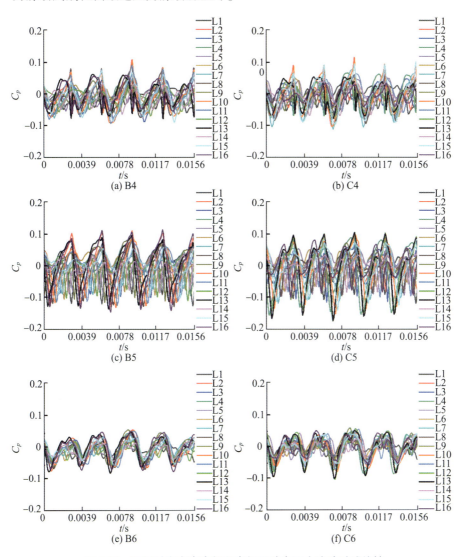

**图 4-36　不同时序方案次级和末级导叶内压力脉动时域特性**

对比图 4-36c 和图 4-36d 可以发现：次级导叶和末级导叶中段处监测点压力脉动波动剧烈，同样存在 5 个明显的波峰和波谷，L5、L6、L7 等方案

压力脉动系数 $C_p$ 幅值小于 L1，大部分方案压力脉动系数 $C_p$ 幅值均大于 L1，其中 L2、L13、L16 等方案波动更大，不同时序方案压力脉动波形相位差更明显。对比图 4-36e 和图 4-36f 可以发现：压力脉动系数 $C_p$ 幅值有所下降，波动减小，不同时序方案周期性相似度变高，L11、L14、L16 等方案出现双峰值现象，说明在靠近叶轮和导叶间隙区域主流受到非稳态流动干涉影响最明显，局部不稳定流动现象，如脱流、二次流等造成压力脉动波形出现双峰值。随着液体通过导叶背叶片整流，流动状态趋于稳定，不同时序方案压力脉动周期性逐渐向主流转变，压力脉动波动趋于稳定。

图 4-37 为不同时序方案次级和末级叶轮与导叶间隙内压力脉动时域特性图。对比图 4-37a 和图 4-37b 分析可以发现：叶轮和导叶间隙区域压力脉动波峰和波谷所对应的时间段很短，压力脉动系数 $C_p$ 极值远大于叶轮和导叶区域。次级叶轮时序位置相同时，如方案 L5、L6、L7、L8，对应级数叶轮与导叶间隙区域压力脉动周期性相同。末级叶轮时序位置相同时，如方案 L2、L6、L10 和 L14，存在相同的规律。次级导叶时序位置不变时，如方案 L6、L11 和 L16，对应级数叶轮与导叶间隙区域压力脉动系数 $C_p$ 幅值较大。这说明叶轮与导叶间隙区域受动静干涉作用的影响很大，受其他脉动源叠加传导的低频脉动影响很小。叶轮时序位置的变化直接影响压力脉动波形相位，导叶时序位置的变化只对压力脉动系数 $C_p$ 幅值产生小幅影响。

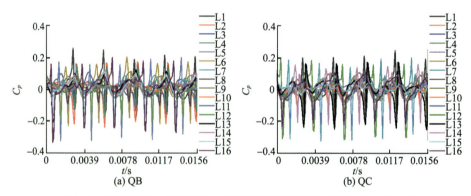

图 4-37　不同时序方案次级和末级叶轮与导叶间隙内压力脉动时域特性

#### 4.5.2.4　压力脉动频域特性分析

为进一步分析叶轮和导叶时序效应对压力脉动的影响，通过快速傅里叶变换（FFT）将压力脉动时域信号转变为频域信号，分析不同时序方案下各区域压力脉动频域特性。

　　图 4-38a～c 为首级叶轮流道内监测点压力脉动系数 $C_p$ 频域特性图，横坐标为频率与轴频之比，$f/f_0 = 1$ 表示 1 倍轴频，$f/f_0 = 5$ 表示 1 倍叶频。从图中可以发现：靠近首级叶轮进口监测点 A1 频域压力脉动信号主要由轴频、叶频和叶频各次谐波组成。方案 L1 和 L13 主频为轴频，次频为 1 倍叶频，其余时序方案主频为 1 倍叶频，次频为轴频或 2 倍叶频，随着频率的增大，高频信号逐渐减小，除方案 L7 和 L8 以外，其余方案在大于 4 倍叶频范围高频信号逐渐消失。液体顺着叶轮流道从监测点 A1 流至 A3，各方案频域信号幅值逐渐增大，主频统一变成 1 倍叶频，次频变为 2 倍叶频，10 倍叶频高频区域也出现频域特征信号，在 A3 监测点处不同时序方案频域信号非常相近，主频对应的压力脉动系数 $C_p$ 约为 0.04，次频对应的压力脉动系数 $C_p$ 约为 0.02。而在 A1 监测点主频对应的最大压力脉动系数 $C_p$ 约为 0.038，出现在方案 L8，主频对应的最小压力脉动系数 $C_p$ 约为 0.01，出现在方案 L6。这说明在首级叶轮流道内，不同时序方案在叶轮进口处压力脉动存在微小差异，本级以外各级叶轮和导叶时序效应产生的复杂低频信号对远离脉动源的区域产生干扰，在叶轮出口处 A3 监测点压力脉动相似度很高，这是因为其他脉动源导致的低频信号对本级脉动源附近区域的影响可以忽略。

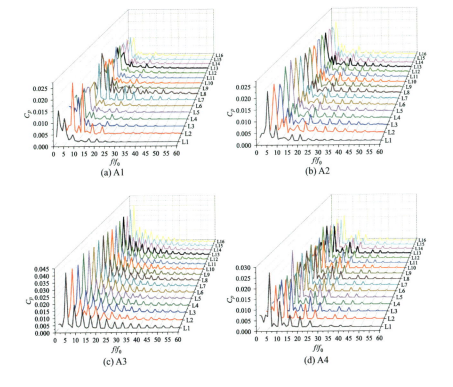

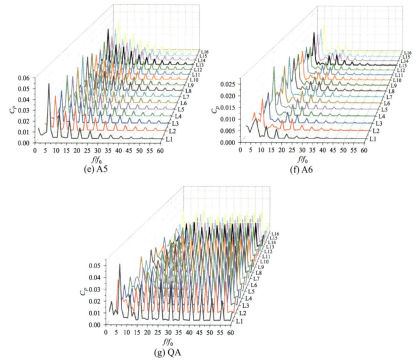

**图 4-38** 不同时序方案首级过流部件压力脉动频域特性

对比图 4-38d~f 分析可以发现：不同时序方案导叶区域与叶轮区域主频和次频相同，各区域压力脉动系数 $C_p$ 幅值从正导叶进口到正、反导叶交界处先增大后减小，监测点 A5 与叶轮内监测点 A3 处频域图类似，各方案主频对应的最大压力脉动系数 $C_p$ 约为 0.05，出现在方案 L1。叶频各次谐波压力脉动系数 $C_p$ 幅值随着频率的增大逐渐减小。图 4-38g 为首级叶轮与导叶间隙处监测点压力脉动频域特性图。从图中可以发现：在不同时序方案下，叶轮与导叶间隙 QA 监测点频域图类似，以叶频和其各次谐波为主，压力脉动系数 $C_p$ 幅值在高频和低频区域几乎相等且幅值较大，约为 0.03，与其他监测点压力脉动频域特性存在明显的差异性。这说明监测点 QA 区域相比同级其他区域压力脉动更加剧烈，叶轮与导叶间隙为本级动静干涉作用的主要脉动源，压力脉动几乎不受其他脉动源的影响。

图 4-39 为不同时序方案次级和末级叶轮内压力脉动频域特性图。对比图 4-39a 与图 4-39b、图 4-39c 与图 4-39d、图 4-39e 与图 4-39f 可以发现：在同一方案的同一监测点处，压力脉动主频幅值随着级数的增加而增大。叶轮区域压力脉动主频及次频与叶轮和导叶的时序效应无关，不同时序方案

主频均为 1 倍叶频，次频均为 2 倍叶频。随着监测点靠近本级脉动源，对应监测点处压力脉动幅值增大，高频成分增多。各方案主频幅值远大于次频幅值，各频率幅值随着频率的增大而减小。在 B1、C1、B2、C2 监测点，方案 L1 主频幅值最小，说明在远离动静干涉作用区域，无时序位置变化的初始方案 L1 压力脉动更平稳。在次级叶轮出口 B3 监测点，方案 L3、L4、L7、L12、L14、L15 主频幅值均小于方案 L1，其中方案 L15 最小，为 0.029。在末级叶轮出口 C3 监测点，方案 L5、L6、L7、L8、L9、L11 主频幅值均小于方案 L1，其中方案 L11 最小，为 0.029。这说明合适的叶轮与导叶的时序位置组合能削弱动静干涉对该区域压力脉动的影响。

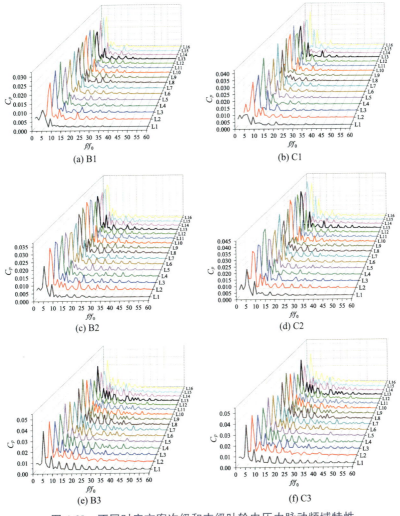

**图 4-39　不同时序方案次级和末级叶轮内压力脉动频域特性**

图 4-40 为不同时序方案次级和末级导叶内压力脉动频域特性图。对比图 4-40a 与图 4-40b、图 4-40c 与图 4-40d、图 4-40e 与图 4-40f 可以发现：在同一级流体域中，监测点压力脉动从正导叶入口至正、反导叶交界处，主频及其次频幅值先增大后减小。B4 监测点主频幅值小于 L1 的方案有 L4、L5 和 L14，其中方案 L14 最小，约为 0.009。B5 监测点主频幅值小于 L1 的

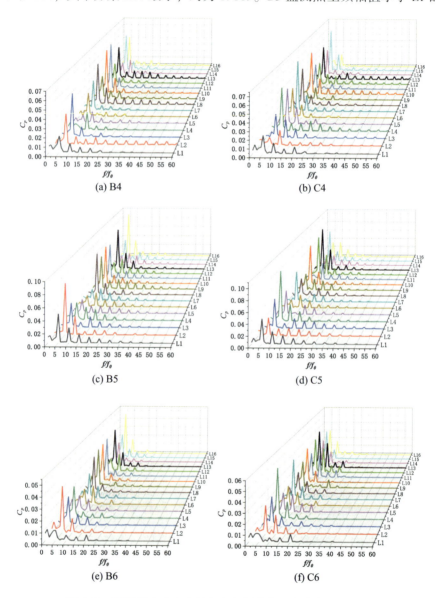

图 4-40　不同时序方案次级和末级导叶内压力脉动频域特性

方案有 L4、L5 和 L14，其中方案 L14 最小，约为 0.017。B6 监测点主频幅值最小的方案是 L1，约为 0.009。C4 监测点主频幅值小于 L1 的方案有 L2、L9 和 L16，其中方案 L2 最小，约为 0.01。C5 监测点主频幅值小于 L1 的方案有 L2、L6、L8、L9、L11、L14 和 L16，其中方案 L6 最小，约为 0.016。C6 监测点主频幅值最小的方案是 L1，约为 0.007。这说明次级或末级导叶距离脉动源近的监测点，其压力脉动受时序效应影响较大，多组时序方案组合能削弱动静干涉作用对压力脉动的影响，但其影响只存在于局部区域。随着流动状态趋于稳定，各方案压力脉动低频信号强度减弱，初始方案压力脉动特性优于各时序方案。

图 4-41 为不同时序方案次级和末级叶轮与导叶间隙内压力脉动频域特性图。对比图 4-41a 和图 4-41b 可以发现：叶轮与导叶间隙处压力脉动幅值随频率的增大而减小，相同方案在监测点 QB 和 QC 压力脉动系数频域特征相似，但压力脉动系数 $C_p$ 幅值差距明显，主要取决于对应级数叶轮与导叶的时序位置。QB 监测点主频幅值小于 L1 的方案有 L2、L3、L5、L7、L8 和 L10，其中方案 L8 最小，约为 0.016。QC 监测点主频幅值小于 L1 的方案有 L2、L5、L10 和 L15，其中方案 L10 最小，约为 0.007。

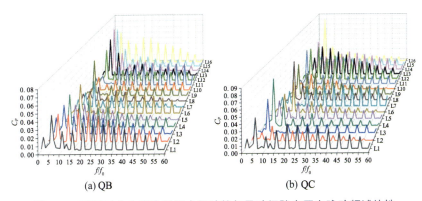

(a) QB　　　　　　　　(b) QC

图 4-41　不同时序方案次级和末级叶轮与导叶间隙内压力脉动频域特性

### 4.5.3　叶轮和导叶时序效应对多级离心泵稳定性的影响

通过上述不同时序方案时域特性和频域特性的分析发现，叶轮和导叶时序位置变化会明显改变部分区域压力脉动的相位差，且随着流体流动逐渐稳定，压力脉动强度减弱。各区域压力脉动均因受不同脉动源的影响而使压力脉动曲线呈现不同程度的锯齿状，说明压力脉动在多级离心泵流道中能叠加传播，类似于波的传播规律。在利用频域特性分析不同时序方案压力脉动特性曲线时，发现部分区域压力脉动主频信号与次频信号强度相近或与各次谐波频率相近，仅用主频幅值来表征压力脉动强度与对应的压力脉动时域特性不符。由于压力脉动的传播具有能量特性，因此压力脉动在多级离心泵内的传播过程可视为动能与势能在流道内周期性传播与转化的过程。为了更准确地表征压力脉动在多级离心泵内传播的能量特性，通过类比波强度定义压力脉动能流密度，以此来衡量多级离心泵的运行稳定性。

假定压力脉动信号为余弦简谐波，则距离脉动源为 $a$ 的压力脉动系数及其变化率为

$$C_p = A\cos\left[\omega\left(t-\frac{a}{u}\right)+\varphi_0\right] \tag{4-67}$$

$$C_p' = \frac{\partial C_p}{\partial t} = -A\omega\sin\left[\omega\left(t-\frac{a}{u}\right)+\varphi_0\right] \tag{4-68}$$

类比波强度的定义，此处压力脉动能流密度 $\varepsilon$ 为

$$\varepsilon = \frac{\mathrm{d}E}{\mathrm{d}V} = \rho\omega^2 A^2\sin^2\left[\omega\left(t-\frac{a}{u}\right)+\varphi_0\right] \tag{4-69}$$

式中：$A$ 为振幅，m；$\omega$ 为角频率，rad/s；$a$ 为压力脉动与脉动源的距离，m；$u$ 为压力脉动传播速度，取 1000 m/s；$\rho$ 为介质密度，kg/m$^3$；$E$ 为能量；$V$ 为体积。

波的能流 $\overline{W}$ 定义为单位时间通过某一截面的能量，平均能流密度 $I$ 定义为压力脉动在一个周期内的能流均值。由于压力脉动信号包含众多不同频率的信号，因此以压力脉动总能流密度来表示压力脉动信号强度：

$$\overline{W} = \overline{\varepsilon}\,\overline{u}\Delta S \tag{4-70}$$

$$\int I\mathrm{d}f = \int\frac{\overline{W}}{\Delta S}\mathrm{d}f = \int\frac{1}{2}\rho\omega^2 A^2\overline{u}\mathrm{d}f \tag{4-71}$$

式中：$f$ 为压力脉动频率。

图 4-42 为不同时序方案下三级泵各级监测点处的平均能流密度。压力脉动定义的能流密度综合考虑了叶轮转速和压力脉动不同频率信号的振幅变化，可更容易地分析出不同运行工况和不同时序效应下多级泵能量损失区域，通过能流密度幅值可判断该区域流场流动稳定性，幅值越大表示不稳定流动强度越大，单位体积下压力脉动造成的能量损失越多，运行稳定性越差。从图中可以看出，不同时序方案下平均能流密度幅值大小以泵级

数为周期，呈现先增大后减小的趋势，在叶轮进口处能流密度最小，在叶轮与导叶间隙处幅值最大，最大值与最小值存在几个数量级的差值，说明多级泵各级叶轮和导叶间隙区域不稳定流动最剧烈，叶轮进口和导叶出口等区域流动最稳定，各级叶轮与导叶间隙区域流动状态是决定多级泵运行稳定性的重要因素。

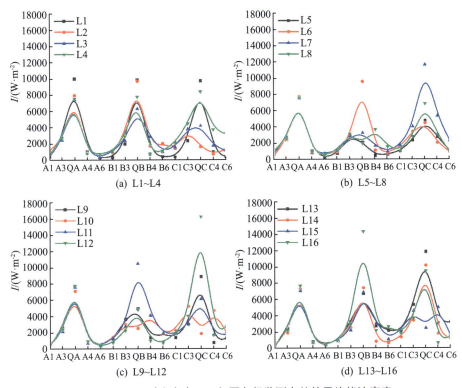

图 4-42　不同时序方案下三级泵各级监测点处的平均能流密度

各时序方案首级区域平均能流密度无明显差异，随着叶轮和导叶时序位置的改变，次级和末级平均能流密度极值存在明显差异。方案 L16 在泵次级区域平均能流密度最大，方案 L12 在泵末级区域平均能流密度最大，方案 L16 次级叶轮与导叶时序位置组合和方案 L12 末级叶轮与导叶时序位置组合相同，均为叶轮旋转 3/4 最大错开角，导叶位置不变。这说明叶轮旋转 3/4 最大错开角、导叶位置不变时，多级泵运行稳定性最差。综合分析次级和末级叶轮与导叶间隙处的平均能流密度，方案 L5 和 L10 表现最好，次级和末级平均能流密度最大值远小于方案 L1，但方案 L10 在叶轮与导叶间隙处的平均能流密度小于叶轮出口或导叶进口处，说明叶轮和导叶时序位置匹配更合理,对叶轮与导叶动静干涉有明显改善作用,抑制了该区域的局部不稳定流动,方案 L10 能有效提高泵的运行稳定性。

## 4.6    口环间隙对多级离心泵性能及流场的影响

### 4.6.1    多级离心泵口环间隙分布

考虑到应急供水泵的制造组装难度和维护检修成本,不改变各级导叶的时序位置,保持与首级导叶位置一致。为保证整个泵组件的稳定性和可靠性,工程上常使各级叶轮均匀布置,主轴上相邻两个叶轮键槽之间相隔 90° 以均匀分散轴上键槽带来的应力集中,防止多级泵出现轴系断轴事故,同时避免叶轮在高速旋转时产生叠加频率、出现共振现象,从而避免因叶轮产生振动和磨损而引起整个泵组振动。图 4-43 所示为十四级应急供水泵真机图。

图 4-43    十四级应急供水泵真机图

在节段式多级离心泵内存在多种间隙类型,如叶轮与泵腔处口环间隙、导叶与泵腔处口环间隙、叶轮叶顶与导叶叶顶处运转间隙等。随着间隙数量的增加,多级离心泵内部流场流动状态也变得复杂。本书针对叶轮与泵腔处口环间隙(简称"前口环间隙")和导叶与泵腔处口环间隙(简称"后口环间隙")展开研究。图 4-44 所示为节段式多级离心泵内口环间隙位置示意图。

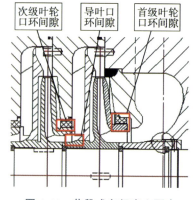

图 4-44    节段式多级离心泵内口环间隙位置

为了方便加工制造，避免叶轮与泵壳的磨损，保证泵的正常运行，通常选择较大的口环间隙尺寸。但过大的口环间隙会导致泵的效率下降，流量减少，同时也可能产生漏水、回流等问题。因此，在加工精度有所保证的情况下，应尽量缩小口环间隙尺寸，并根据实际情况进行合理的调整。为了分析前口环间隙尺寸和后口环间隙尺寸变化对十四级应急供水泵外特性及内部流场的影响，设计不同口环间隙尺寸数值模拟方案，改变口环间隙厚度，0.17 mm 单边口环间隙为工厂可加工最小间隙尺寸，0.27 mm 单边口环间隙为初始设计间隙尺寸，详细参数见表 4-18。方案 M1、M2 和 M3 分别对应数值模拟不考虑前口环和后口环间隙、只考虑前口环间隙和只考虑后口环间隙三种情况；M4、M5 和 M6 分别对应可加工最小口环间隙、初始设计方案口环间隙和较大口环间隙三种情况，三种方案间隙尺寸逐渐增大。

表 4-18　不同口环间隙尺寸组合　　　　　　　　　　　　mm

| 方案编号 | 叶轮口环单边间隙 | 导叶口环单边间隙 | 方案编号 | 叶轮口环单边间隙 | 导叶口环单边间隙 |
|---|---|---|---|---|---|
| M1 | 0.00 | 0.00 | M4 | 0.17 | 0.17 |
| M2 | 0.17 | 0.00 | M5 | 0.27 | 0.27 |
| M3 | 0.00 | 0.17 | M6 | 0.40 | 0.40 |

### 4.6.2　口环间隙对多级离心泵水力性能的影响

#### 4.6.2.1　不同口环间隙尺寸外特性分析

为了更精确地分析口环间隙对应急供水多级离心泵产品的影响，确定最佳口环间隙尺寸，对十四级应急供水泵进行数值模拟计算。图 4-45 所示为十四级应急供水泵计算域，其数值模拟方法及边界条件设置同三级泵数值模拟。图中首级前口环因受限于首级叶轮更大的进口直径而结构略有区

图 4-45　十四级应急供水泵计算域

别，其余各级前、后口环结构和尺寸完全相同。

表 4-19 和图 4-46 分别为不同口环间隙尺寸下十四级泵在不同流量工况的运行效率和流量-效率曲线。可以看出：不同方案流量效率曲线趋势一致，

效率随流量的增大先提高后降低，在 1.2 倍额定工况下效率达到最高，与初始设计预期一致。随着口环间隙尺寸的持续增大，各工况效率开始降低，说明口环间隙尺寸越大，多级泵水力性能越差。数值模拟过程中不考虑前、后口环间隙时，M1 泵的效率最高；仅考虑后口环间隙时，M3 泵的效率与不考虑前、后口环间隙时 M1 泵的效率相近；仅考虑前口环间隙时 M2 泵的效率与同时考虑前、后口环间隙时 M4 泵的效率相近，说明后口环间隙对泵效率的影响很小，前口环间隙尺寸对泵效率的影响显著。不同口环间隙尺寸方案在小流量工况下泵的效率相近，说明口环间隙尺寸对泵效率的影响随流量的增大而增大。

表 4-19　不同口环间隙尺寸下十四级泵在不同流量工况运行的效率

| 工况点 $Q/Q_d$ | $\eta/\%$ | | | | | |
|---|---|---|---|---|---|---|
| | M1 | M2 | M3 | M4 | M5 | M6 |
| 0.6 | 45.123 | 43.412 | 47.002 | 43.719 | 43.021 | 40.910 |
| 0.8 | 56.602 | 53.171 | 56.574 | 53.817 | 50.423 | 46.792 |
| 1.0 | 61.881 | 57.520 | 61.561 | 56.897 | 53.586 | 49.688 |
| 1.2 | 61.490 | 58.916 | 61.930 | 58.194 | 54.070 | 50.677 |
| 1.4 | 61.190 | 57.808 | 61.098 | 56.899 | 53.031 | 49.801 |

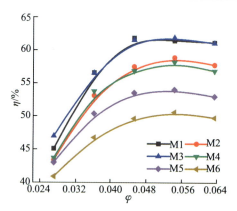

图 4-46　不同口环间隙尺寸下十四级泵流量-效率曲线

表 4-20 和图 4-47 分别为不同口环间隙尺寸下十四级泵在不同流量工况运行的扬程和流量-扬程曲线。可以看出：不同方案流量扬程曲线趋势一致，扬程随流量的增大逐渐减小。相同工况下扬程随口环间隙尺寸的增大而减小，随流量的增大规律越来越显著。不考虑口环间隙时各工况下扬程最大，

仅考虑前口环时 M2 扬程比仅考虑后口环时 M3 扬程大，说明不同区域口环间隙对泵扬程的影响程度不同，后口环间隙尺寸对泵扬程的影响更大。

表 4-20　不同口环间隙尺寸下十四级泵在不同流量工况运行的扬程

| 工况点 | $H/\mathrm{m}$ | | | | | |
|---|---|---|---|---|---|---|
| $Q/Q_\mathrm{d}$ | M1 | M2 | M3 | M4 | M5 | M6 |
| 0.6 | 1633.83 | 1628.35 | 1598.40 | 1611.05 | 1618.81 | 1542.25 |
| 0.8 | 1650.21 | 1615.78 | 1568.82 | 1620.66 | 1565.08 | 1497.24 |
| 1.0 | 1568.89 | 1554.48 | 1539.48 | 1527.16 | 1493.39 | 1418.77 |
| 1.2 | 1480.87 | 1495.54 | 1478.11 | 1471.79 | 1434.38 | 1355.35 |
| 1.4 | 1451.72 | 1403.61 | 1403.75 | 1375.67 | 1344.28 | 1275.96 |

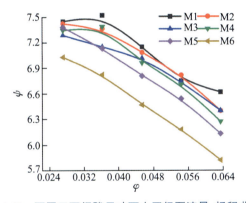

图 4-47　不同口环间隙尺寸下十四级泵流量-扬程曲线

### 4.6.2.2　不同口环间隙尺寸泄漏量分析

多级泵叶轮、泵壳和密封件之间间隙过大或不平衡会造成间隙泄漏。间隙泄漏而导致泵的容积损失增加，从而降低泵的效率，泵的轴向力和径向力也会因间隙泄漏而增加，导致轴承和密封件更容易磨损和出现故障。同时，间隙泄漏还会导致泵的振动和噪声增加，对设备和工作环境产生负面影响。因此，减小间隙泄漏量也是设计多级泵时需要关注的重点问题。

口环间隙泄漏量 $Q_\mathrm{V}$ 的理论计算公式如下：

$$Q_\mathrm{V} = \mu A \sqrt{2g\Delta p} \tag{4-72}$$

$$\mu = \frac{1}{\sqrt{1 + 0.5\zeta + \dfrac{\lambda L}{2b}}} \tag{4-73}$$

式中：$\mu$ 为口环流量系数；$A$ 为口环间隙过流断面面积，$\text{m}^2$；$\Delta p$ 为口环间隙进出口压降，Pa；$\zeta$ 为口环间隙进口圆角系数；$\lambda$ 为口环间隙内流动阻力系数；$L$ 为口环间隙轴向长度，m；$b$ 为口环间隙宽度，m。

选取多级泵首级、第六级和第十三级过流部件口环间隙为例，不同工况下叶轮和导叶各口环间隙泄漏量如图 4-48 和图 4-49 所示。

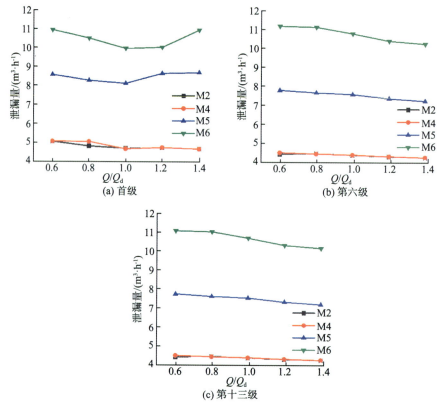

图 4-48　不同工况下各叶轮口环间隙泄漏量

由图 4-48 可以看出：多级泵各级叶轮口环间隙泄漏量变化与运行工况关系不大，随着流量的增大，叶轮口环间隙泄漏量略微减小，不同工况下叶轮口环间隙泄漏量变化差值均很小，首级叶轮口环间隙泄漏量与其余各级叶轮口环间隙泄漏量相比曲线规律略有差别，可能是首级叶轮口环结构差异所致。对比方案 M2 和 M4，相同叶轮口环间隙尺寸条件下，增加导叶口环间隙几乎不影响叶轮口环间隙泄漏量。随着口环间隙尺寸的增大，各工况下叶轮口环间隙泄漏量显著增加，口环间隙尺寸为 0.40 mm（即方案

M6）时多级泵各级叶轮口环泄漏量均最大。口环间隙泄漏量与多级泵级数无关，各级泄漏量无明显差异。

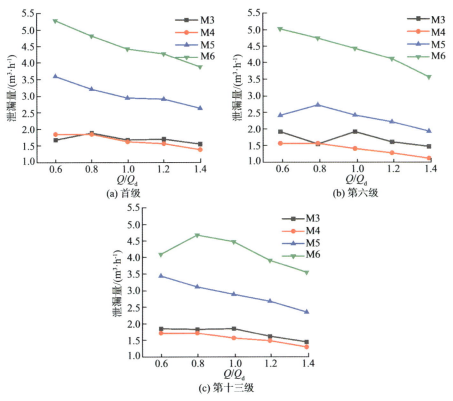

图 4-49 不同工况下导叶口环间隙泄漏量

由图 4-49 可以发现：多级泵各级导叶口环间隙泄漏量随着流量的增大而减小，口环间隙尺寸越小，导叶口环泄漏量随流量增大的变化幅度越小。对比方案 M3 和 M4，相同导叶口环间隙尺寸条件下，增加叶轮口环间隙对导叶口环间隙泄漏量存在微弱影响，无叶轮口环间隙时导叶间隙泄漏量在多级泵各级各工况下均更高，说明叶轮口环间隙的存在能减少导叶口环间隙泄漏量。随着导叶间隙尺寸的增大，各工况下导叶口环间隙泄漏量显著增加，口环间隙尺寸为 0.40 mm（即方案 M6）时多级泵各级导叶口环间隙泄漏量均最大，规律与叶轮口环间隙相似。相同间隙尺寸下叶轮口环间隙泄漏量远大于导叶口环间隙泄漏量，且随着流量的增加差值逐渐增大。

### 4.6.3　不同口环间隙下多级离心泵内流场分析

线积分卷积（LIC）算法是 Greg Turk 在 1993 年提出的一种效果较好的纹理可视化方法，以流场数据和噪声纹理作为输入，利用一维低通滤波器函数沿着流线正反方向对噪声纹理进行卷积来合成每个像素点的输出纹理，卷积后沿同一条流线上的像素点的灰度值具有高度的相关性，因此可以清晰地展现流场的流动信息。LIC 算法示意图如图 4-50 所示。

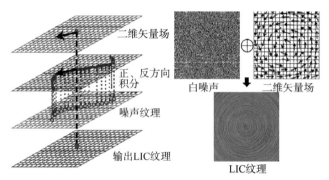

图 4-50　LIC 算法示意图

采用 LIC 算法对速度矢量场生成流线卷积白噪声图像，以纹理图像的形式展示间隙流动速度矢量场全貌，从而更好地展现矢量场中的细节变化，解决间隙流动局部区域流动规律显示不清晰的问题。

图 4-51 所示为额定工况下基于线积分卷积的首级前口环速度矢量图。从图中可以看出：在首级叶轮进口处存在回流的现象，图中标记处出现明显的漩涡，流体从叶轮内向叶轮轮毂倒流，然后重新流回叶轮中，该过程中产生了局部能量损失。若不考虑前口环间隙，图中叶轮进口处漩涡区域最小，且口环连接两端泵腔和叶轮进口存在明显的低速区，随着前口环间隙尺寸增大，叶轮进口处漩涡影响范围明显增大，在间隙尺寸达到 0.27 mm 时可见漩涡影响范围占据大半叶轮进口，低速区也随着口环间隙的增大而逐渐减小。结合前文泄漏量及泵外特性分析可知，增加前口环间隙可导致叶轮进口处的涡量增大，改变叶轮进口处的压力场和速度场，对叶轮内的流动造成明显的干扰，回流带来的能量损失对泵的外特性产生影响。

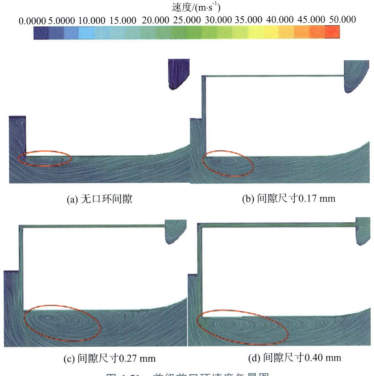

(a) 无口环间隙　　　　　　　　　(b) 间隙尺寸0.17 mm

(c) 间隙尺寸0.27 mm　　　　　　　(d) 间隙尺寸0.40 mm

图 4-51　首级前口环速度矢量图

图 4-52 所示为额定工况下基于线积分卷积的第六级前口环速度矢量图。从图中可以看出：随着前口环间隙尺寸的增大，叶轮进口流道低速区域逐渐减小。第六级前口环与首级前口环的结构存在略微差异，在叶轮进口前区域也因前口环的存在而形成局部漩涡，随着前口环间隙尺寸的增大，前口环与前一级反导叶连接处区域出现多个旋转方向不同的漩涡，它们相互作用对叶轮进口流态产生影响。第六级前口环影响规律与首级前口环类似，多级泵其余各级过流部件与第六级结构相同，可以认为节段式多级泵各级均遵循相同规律。

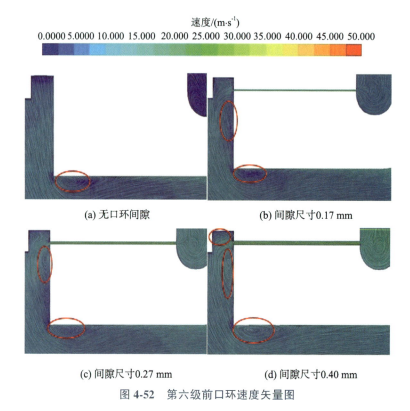

(a) 无口环间隙                    (b) 间隙尺寸0.17 mm

(c) 间隙尺寸0.27 mm              (d) 间隙尺寸0.40 mm

图 4-52    第六级前口环速度矢量图

图 4-53 所示为额定工况下基于线积分卷积的首级后口环速度矢量图，多级泵各级后口环结构均与首级相同，以首级为代表进行分析。从图中可以看出：不考虑后口环间隙时，反导叶角落处存在一个与反导叶主流方向相反的小漩涡，泵腔内均为低速均匀流动区域。考虑后口环间隙时，部分流体从叶轮进口处通过后口环间隙流向泵腔，反导叶角落处小漩涡消失，泵腔内低速均匀流动区域收到来自后口环间隙流体反方向的冲击，在腔内形成一个或多个旋转方向相反的低速漩涡，随着后口环间隙尺寸的增大，泵腔内流体速度沿后口环出流方向明显增大。图中标记处为后口环出流导致的泵腔内低速漩涡。后口环间隙对反导叶流态及速度场没有产生明显影响，即对后一级叶轮流道流态几乎无影响，这与前文间隙泄漏量分析结论一致。

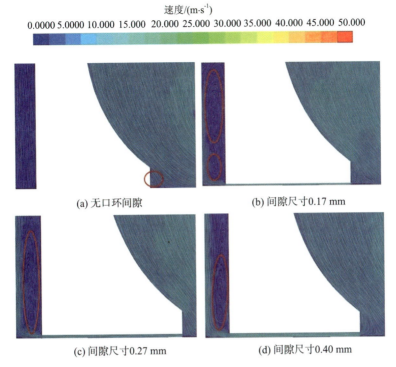

图 4-53　首级后口环速度矢量图

图 4-54 所示为不同工况下基于线积分卷积的首级前口环速度矢量图。从图中可以看出：在相同口环间隙尺寸下，前口环间隙对附近区域流动状态的影响在小流量工况下更显著，间隙尺寸为 0.17 mm 时，$0.6Q_d$ 工况下叶轮进口区域漩涡较 $1.4Q_d$ 工况下更大，低速区明显多于 $1.4Q_d$ 工况。间隙尺寸为 0.40 mm 时，$0.6Q_d$ 工况下叶轮进口区域漩涡几乎堵塞整个叶轮进口流道，随着流量的增大，漩涡区域明显减小。相同工况下间隙尺寸更大，叶轮进口区域的漩涡也更大，改变流量导致的漩涡区域变化幅度远小于改变口环间隙尺寸。

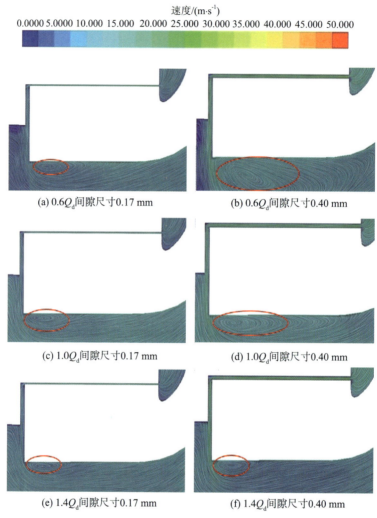

图 4-54 不同工况下首级前口环不同间隙尺寸速度矢量图

图 4-55 所示为不同工况下基于线积分卷积的第六级前口环速度矢量图。从图中可以看出：前口环间隙随流量变化的规律与首级前口环相同，图中标记区域为漩涡区域，大部分漩涡区域出现在低速区。

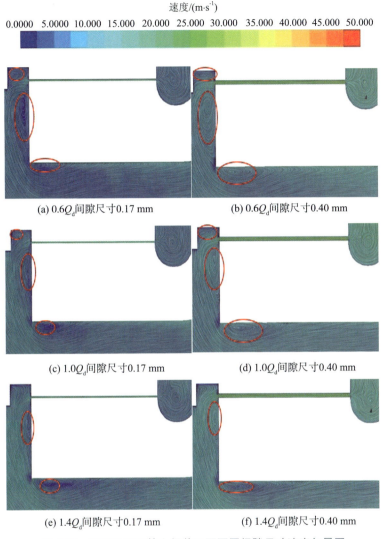

(a) 0.6$Q_d$间隙尺寸0.17 mm　　　　(b) 0.6$Q_d$间隙尺寸0.40 mm

(c) 1.0$Q_d$间隙尺寸0.17 mm　　　　(d) 1.0$Q_d$间隙尺寸0.40 mm

(e) 1.4$Q_d$间隙尺寸0.17 mm　　　　(f) 1.4$Q_d$间隙尺寸0.40 mm

图 4-55　不同工况下第六级前口环不同间隙尺寸速度矢量图

综合上述分析可知，在选择口环间隙尺寸时，应尽量减小前口环间隙尺寸，并适当控制后口环间隙尺寸，以减弱间隙泄漏量对多级泵内部流动的影响。

## 4.6.4　十四级泵外特性实验验证

为确保上述十四级泵数值计算的准确性，在重庆水泵厂水泵实验室搭建十四级离心泵真机实验台进行外特性实验研究，其中十四级真机离心泵按单边 0.17 mm 最小可加工口环间隙尺寸进行加工,将十四级离心泵在额定转速下不同工况数值模拟结果与实验测量数据对比。图 4-56 所示为十四级泵实验装置图,图 4-57 所示为额定转速下十四级泵实验与仿真外特性曲线对比图。

图 4-56　十四级泵实验装置图

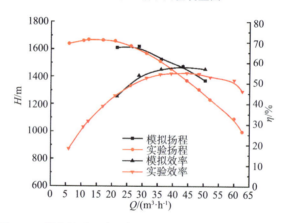

图 4-57　额定转速下十四级泵实验与仿真外特性曲线对比

口环间隙的存在导致泄漏量出现,泵的容积损失增大,从而对泵的水力性能带来不利影响。泵的工程运用中,对口环间隙尺寸的精确控制较困难,加工要求较高,因此实验数据与模拟数据存在一定的差距。从图 4-57 中的外特性曲线对比图可以看出:在额定工况下(3800 r/min),模拟扬程和效率曲线均略高于实验值,但整体曲线变化趋势与实验测得曲线变化趋势一致,最优效率点在 $1.2Q_d$ 处,与设计预期一致,泵运行的高效点出现在偏大流量工况。在 $0.6Q_d$ 处模拟扬程和效率均略低于实验值,随着流量的增大，模拟扬程和效率相对于实验扬程和效率的差值略微增大，在设计工况 $1.0Q_d$ 下存在扬程误差 13.96 m（相对误差 0.9%）、效率误差 2.49%（相对误差 4.3%）。在 $1.4Q_d$ 处存在最大效率误差 3.9%（相对误差 6%），这是因为在大流量工况下圆盘摩擦损失及壁面摩擦损失增大，级间泄漏更严重，导致实验值与模拟值偏差增大。总体而言，十四级泵数值模拟与实验结果相近，说明数值模拟分析结果可靠。

# 第 5 章　应急智慧供水多级泵水力过渡过程瞬态特性

本章介绍多级泵启动、停机、开阀等水力过渡过程的数值模拟方法，并针对某示范场景进行相关计算，获得水力过渡过程中熵产、压力脉动和漩涡演化结果，为应急供水系统的稳定运行提供理论支撑。

## 5.1　应用场景及试验

### 5.1.1　应用场景

应急供水多级泵装备应用示范场地为四川省绵阳市北川羌族自治县黄家坝村，根据示范场地制定简化的运行方案，如图 5-1 所示。在进行实地考察后，基于应急供水多级泵选型依据，选用地上河流作为应急水源，地势落差大约为 110 m，水源和供水点之间的距离约为 1500 m，需要供给流量为 36 m³/h。考虑到实际操作中的可行性和经济性，选用高压软管作为供水管道，并沿公路展开铺设。由于管道沿途地形复杂，局部水力损失按照沿程水力损失的 10% 进行估算。当供水管道管径为 65 mm 时，应急供水多级泵装置扬程为 306. 17 m。综合考虑后选用三级泵体。

试验中多级泵采用变频电机驱动，并基于 RS-485 协议与变频器进行通信，对变频器的启停及频率进行调节，进而控制多级泵启停及转速的变换。通过位于多级泵出口处的电动控制阀对流量大小进行控制，电机和多级泵之间加装扭矩功率仪以获得瞬态变化时泵的负载变化特征。基于 LabVIEW 编写的采集程序与 NI USB-6343 采集卡相结合，对试验数据进行采集。通过实时采集静压传感器的压力信号、电磁流量计的流量信号以及变频器的频率信号等，并根据采集的数据进行分析处理，从而实时显示多级泵的流量、扬程、功率、效率等外特性参数。试验的主要设备参数见表 5-1。试验数据的采集界面如图 5-2 所示。

表 5-1　主要设备参数

| 试验设备 | 参数 |
| --- | --- |
| 变频器 | 深圳台达 TD500，频率 0~50 Hz |
| 扭矩功率仪 | CYN-021B，量程 0~50 N·m |
| 电磁流量计 | KROHNE IFC300，量程 0~60 m³/h，精度 0.3 级 |
| 电动控制阀 | Q911F-16P，行程 20 mm |
| 静压传感器 | 宏沐 HM90，量程 0~4 bar 和 0~4 MPa |
| NI USB-6343 采集卡 | NI USB-6343，32 路模拟输入通道 |
| 潜水泵 | 扬程 12 m，流量 40 m³/h |

注：1 bar=0.1 MPa。

(a) 黄家坝村卫星图

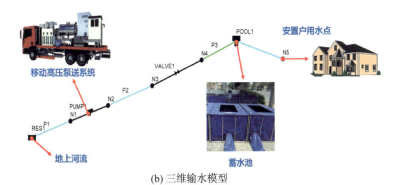

(b) 三维输水模型

图 5-1　示范场地和运行方案

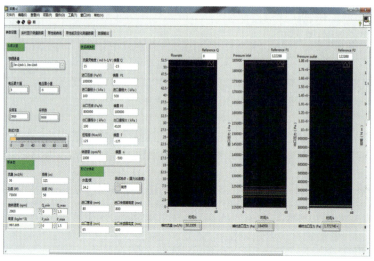

图 5-2　LabVIEW 采集程序界面

## 5.1.2　试验步骤

① 在试验前，需在断电状态下检查各设备及其连接是否正确。随后接通电源，调整并验证 LabVIEW 界面中的各个参数设置是否正确。

② 打开出口阀门，并连接进出口压力传感器的三通管处的球阀，启动位于开放式水池内的潜水泵，并检查试验台是否存在泄漏、进气等情况。

③ 为防止启动瞬间电机过载，需对多级泵进行闭阀启动。关闭出口阀门，设置变频器从 0 Hz 加速到所需频率的加速时间，通过与变频器进行通信发送启动指令，同时对启动过程中的数据进行采集。

④ 待泵启动完成后，逐步打开出口阀门，让泵在设计转速和流量工况下运行一段时间，待系统稳定后关闭出口阀门，对关死点运行数据进行采集。通过调节出口阀门改变流量，待各动态参数稳定后，使用采集程序对数据进行采集并输出保存结果。完成该转速下的性能试验后，进行下一转速的试验。

⑤ 完成试验数据采集后，逐步降低变频器频率至 0 Hz，关闭潜水泵，并通过排水阀将泵内的水排尽。随后关闭电脑、断开电源，安全离开试验现场。

## 5.1.3　试验结果分析

图 5-3 所示为应急供水多级泵在不同转速下的流量-扬程和流量-效率曲

线，其中 3800 r/min 为多级泵设计转速。从图 5-3 可以看出，设计工况下扬程为 360 m，效率为 52.5%，满足示范所需。不同转速下多级泵的外特性曲线变化趋势相同，同一转速下扬程随着流量的增大而减小；多级泵在不同转速下的流量-效率曲线随转速的降低而下降，最优工况点随转速的降低向小流量偏移。

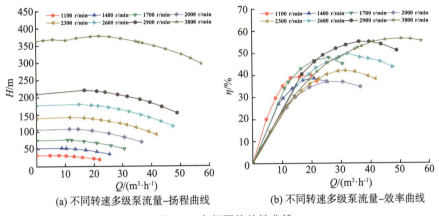

(a) 不同转速多级泵流量-扬程曲线　　(b) 不同转速多级泵流量-效率曲线

图 5-3　多级泵外特性曲线

为了消除转速对外特性的影响，对多级泵的流量和扬程进行无量纲化处理。无量纲流量 $\varphi$ 和无量纲扬程 $\psi$ 的计算公式分别为

$$\varphi = \frac{Q}{\pi d_2 b_2 u_2} \tag{5-1}$$

$$\psi = \frac{gH}{u_2^2} \tag{5-2}$$

式中：$d_2$ 为叶轮直径，m；$b_2$ 为叶片出口宽度，m；$u_2$ 为叶片出口圆周速度，m/s。

图 5-4 所示为多级泵在不同转速下的无量纲流量-扬程曲线。从图中可以看出，转速在 1100~3800 r/min 内时，不同转速下的无量纲流量-扬程曲线重合度很高，说明该供水多级泵在转速范围内遵循转速相似定律准则。

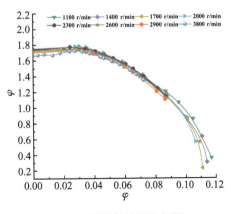

图 5-4　不同转速下多级泵
无量纲流量-扬程曲线

## 5.2 多级泵启动过程瞬态内流特性

离心泵通常采取闭阀启动的方式，以防止启动过程中功率过载对电机造成破坏，在启动前关闭出口阀门，待泵启动完成后再将出口阀门打开。在泵启动过程中，叶轮转速快速增加，导致泵的外特性及泵内流动状态在较短时间内产生剧烈变化。相对于单级离心泵，多级泵在启动过程中内部流动状况更加复杂，流动更加紊乱，进而对系统的稳定运行产生一定的影响。本节基于用户自定义函数控制启动过程中的转速变化，对应急供水多级泵的闭阀启动过程进行数值模拟计算，探究多级泵启动瞬态特性及内部流动演变机理。

### 5.2.1 数值模拟边界条件设置

采用本书4.3节建立的计算模型及网格划分方法，以纯水为工作介质，并选用 $k\text{-}\omega$（SST）湍流模型。以转速为零的定常流场作为闭阀启动非定常计算的初始文件。进口边界条件设置全压进口，其数值为 101325 Pa，参考压力设置为0；出口边界条件设置为质量流量出口。计算时将叶轮水体设置为旋转域，其他水体设置为静止域，壁面边界条件均设置为无滑移壁面，网格节点采用 GGI 模式，对于叶轮和口环间隙、叶轮和泵腔之间的动静耦合界面，定常计算时采用 Frozen Rotor 方式，非定常计算时采用 Transient Rotor Stator 方式。时间步长取为 0.001 s，每一步长内的最大迭代次数设置为15，收敛准则为最大残差小于 $1 \times 10^{-4}$。

在闭阀启动过程中，一般认为此时的流量为0，但是实际上多级泵内部仍存在微小的流量循环，该流量与口环间隙泄漏量相近，大小为泵设计流量的 1%~5%。这里选取质量流量为 0.0997 kg/s。

闭阀启动过程中转速变化规律近似为线性启动，根据 CFX 软件提供的二次开发接口，通过编写用户自定义函数表达式来控制转速变化。转速变化的 CEL 函数表达式为

$$n = n_f(t/T) \tag{5-3}$$

式中：$t$ 为运行时刻，s；$n$ 为相应时刻下的转速，r/min；$n_f$ 为启动过程结束后的运行转速，r/min；$T$ 为启动加速总时间，s。

### 5.2.2　启动过程多级泵瞬态特性分析

#### 5.2.2.1　外特性参数变化

外特性曲线是应急供水多级泵内流特性的外在表现形式，为了获取不同工况下多级泵的外特性变化情况，对多级泵进行不同运行转速及不同启动时间下的数值计算，并通过试验验证数值计算结果的可靠性。

图 5-5 所示为应急供水多级泵启动过程外特性模拟值和试验值对比图。从图中可以看出数值模拟得到的转速随时间呈线性增加，试验得到的转速有小幅波动，在 $t = 1$ s 时刻转速均达到最大值 2900 r/min，这表明实际运行过程中转速的变化存在一定差异，并非完全线性增加。随着时间的增加，扬程变化具有一定的

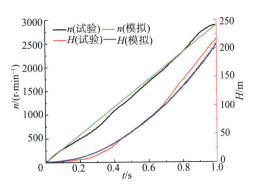

**图 5-5　应急供水多级泵启动过程外特性模拟值和试验值对比图**

滞后性，先缓慢增加后迅速增加，在转速达到最大值后扬程也达到峰值。试验扬程峰值为 215.93 m，模拟扬程峰值为 204.07 m，两者相对误差为 5.49%。综合来看，本研究对多级泵启动过程进行的模拟计算结果与试验结果相比较为合理。

图 5-6 所示为多级泵在 2000 r/min、2900 r/min、3800 r/min 三种运行转速下 1 s 内启动过程扬程随时间变化的曲线。从图中可以看出，不同运行转速下的扬程随时间变化的趋势基本相同。启动前期尽管叶轮已经开始旋转，但扬程上升速率较低，这与启动前静止水体状态有关。在刚开始启动阶段，由于水体状态和阻力的改变较小，扬程的变化较缓慢，具有较弱的

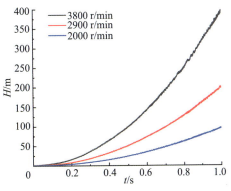

**图 5-6　多级泵启动过程扬程的变化曲线**

动态响应性。随着叶轮转速的继续增大，扬程在 $t = 0.4$ s 左右开始呈近似匀速上升趋势。连同转速的增大，叶轮所产生的功率不断增大，克服流体阻

力的能力增强，扬程随之开始加快上升，表现出较强的动态响应。上述三种运行转速下扬程峰值依次为 97.7 m、204.12 m、374.43 m。各转速条件下扬程峰值的差异较大，说明不同运行工况下扬程变化的峰值表现出显著差异，动态特性取决于运行参数。相对于相同条件下的稳态扬程，扬程峰值分别高出 1.76%、2.06%、2.99%，这表明在启动过程中扬程会产生较大幅度的波动，可能对系统有一定影响。

启动过程中多级泵的扬程变化主要取决于转速变化，为了消除转速的影响，更好地分析多级泵启动过程的瞬态特性，以无量纲的扬程系数变化来描述启动过程。图 5-7 所示为启动过程多级泵扬程系数随时间变化的曲线。从图中可以看出，在启动过程中不同运行转速下的扬程系数曲线基本为同一条曲线，表明多级泵在启动过程中仍遵

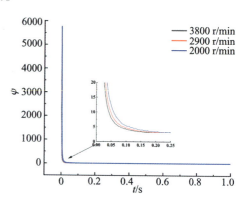

图 5-7　启动过程扬程系数变化曲线

守相似定律，不依赖于具体的转速大小。扬程系数呈现先急后缓的减小趋势，并在启动过程的初始时刻，扬程系数出现极大值，依次为 5760.36、3906.49、3555.4，这与多级泵叶轮的突然旋转对静止水体产生的冲击有关，反映了在刚开始启动时水体条件发生较大改变所产生的瞬时影响；随后，扬程系数急速减小，在 0.218 s 后稳定在 3.21 左右，整个启动过程呈现出明显的瞬态特性。

### 5.2.2.2　泵内压力分布

考虑到整个启动过程时刻太多，选取其中 4 个时刻（$t=0.1$ s，0.4 s，0.7 s，1.0 s）对泵体子午面压力分布做主要分析。图 5-8 所示为运行转速为设计转速（3800 r/min）、启动时间为 1 s 下多级泵在启动过程中泵体子午面静压随时间变化的分布图。

从图中可以看出，总体上，从多级泵的环形吸水室入口到蜗壳出口，随着叶轮级数的增加，静压呈现上升趋势。每一级叶轮的静压分布相似，均随着离进口处的距离的增加而不断升高，形成较为明显的压力梯度，压力梯度的存在表示流体在通过叶轮流道中时流态发生较大变化。导叶区域内的压力变化不显著，主要作用是将上一级叶轮的流出流体均匀地引入下

级叶轮。这表明导叶在改变流体压力和状态方面所起作用较小，更多属于流道转换，将上一级叶轮的流出流体引入下级叶轮。随着启动过程的进行，多级泵整体压力和进出口压差不断增大，并在 $t=1.0$ s 时刻进出口压差达到最大值，整个启动过程的静压随着转速的变化而变化，表现出与叶轮做功的对应关系，是叶轮做功效果的体现。

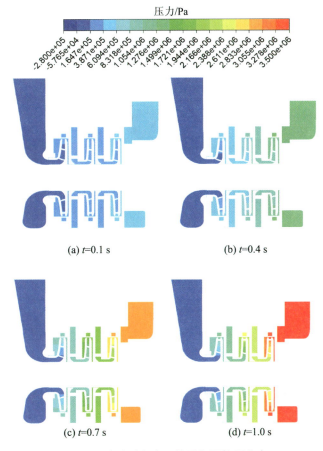

图 5-8　启动过程中泵体子午面静压分布

### 5.2.2.3　泵内湍动能分布

湍动能是衡量湍流强度的重要指标，它的大小和空间分布可以在一定程度上反映流道中脉动扩散和黏性耗散损失发生的范围和程度，也是内部流动稳定性的直观表现。图 5-9 所示为运行转速为设计转速（3800 r/min）、启动时间为 1 s 的启动过程中泵体子午面湍动能随时间变化的分布图。从图中可以看出，在 $t=0.4$ s 时刻，多级泵内流道湍动能较小，流动状态较为稳定，未产生较强的湍流作用，这与多级泵刚启动时转速较低有关。随着启动过程的进行，多级泵内流道湍动能范围及强度逐渐增大，并在 $t=1.0$ s 时刻达到最大，这表明随着叶轮的持续加速，湍流作用逐渐加强，流动状况趋于紊乱，表现为湍动能不断增大，最终达到较高程度的湍流。湍动能主要分布在叶轮流道，不同级叶轮流道湍动能分布相似，而高湍动能区主要集中在靠近叶轮流道出口附近，这主要是由于叶轮和径向导叶之间存在周期性动静干涉，使得叶轮流道出口附近的内部流动更加紊乱。

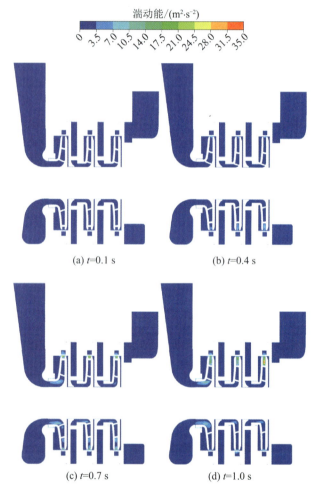

(a) $t=0.1$ s      (b) $t=0.4$ s

(c) $t=0.7$ s      (d) $t=1.0$ s

图 5-9　启动过程中泵体子午面湍动能分布

### 5.2.2.4　泵内涡结构分布

由上述分析可知，启动过程中多级泵叶轮内部流场比较紊乱，而启动过程的内部流动与流场中产生的漩涡密切相关。为了更好地探究启动过程中泵内涡结构的发展，采用新一代涡识别方法——Omega（$\Omega$）方法对涡结构进行分析。$\Omega$ 涡识别方法是由 Liu[87] 等提出的。与其他第二代涡识别方法相比，$\Omega$ 涡识别方法具有易于实现，归一化，能够同时捕捉强涡和弱涡，以及对阈值不敏感等优点。

$\Omega$ 涡识别方法是基于对速度梯度张量 $\nabla V$ 的分解，$\nabla V$ 可以被分解为对称张量 $A$ 和反对称张量 $B$ 两部分，分别表示流体的变形和转动部分，相关方程为

$$\nabla V = A + B \tag{5-4}$$

$$A = \begin{pmatrix} \dfrac{\partial u}{\partial x} & \dfrac{1}{2}\left(\dfrac{\partial u}{\partial y}+\dfrac{\partial v}{\partial x}\right) & \dfrac{1}{2}\left(\dfrac{\partial w}{\partial x}+\dfrac{\partial u}{\partial z}\right) \\[3mm] \dfrac{1}{2}\left(\dfrac{\partial u}{\partial y}+\dfrac{\partial v}{\partial x}\right) & \dfrac{\partial v}{\partial y} & \dfrac{1}{2}\left(\dfrac{\partial v}{\partial z}+\dfrac{\partial w}{\partial y}\right) \\[3mm] \dfrac{1}{2}\left(\dfrac{\partial w}{\partial x}+\dfrac{\partial u}{\partial z}\right) & \dfrac{1}{2}\left(\dfrac{\partial v}{\partial z}+\dfrac{\partial w}{\partial y}\right) & \dfrac{\partial w}{\partial z} \end{pmatrix} \tag{5-5}$$

$$B = \begin{pmatrix} 0 & -\dfrac{1}{2}\left(\dfrac{\partial v}{\partial x}-\dfrac{\partial u}{\partial y}\right) & \dfrac{1}{2}\left(\dfrac{\partial u}{\partial z}-\dfrac{\partial w}{\partial x}\right) \\[3mm] \dfrac{1}{2}\left(\dfrac{\partial v}{\partial x}-\dfrac{\partial u}{\partial y}\right) & 0 & -\dfrac{1}{2}\left(\dfrac{\partial w}{\partial y}-\dfrac{\partial v}{\partial z}\right) \\[3mm] -\dfrac{1}{2}\left(\dfrac{\partial u}{\partial z}-\dfrac{\partial w}{\partial x}\right) & \dfrac{1}{2}\left(\dfrac{\partial w}{\partial y}-\dfrac{\partial v}{\partial z}\right) & 0 \end{pmatrix} \tag{5-6}$$

Liu 等将涡量 $\omega$ 分为旋转部分和非旋转部分，并引入参数 $\Omega$ 来表示旋转涡量占总涡量大小的比例，相关方程描述为

$$\omega = R + S \tag{5-7}$$

$$\Omega = \frac{\parallel B \parallel_{\mathrm{F}}^{2}}{\parallel A \parallel_{\mathrm{F}}^{2}+\parallel B \parallel_{\mathrm{F}}^{2}} \tag{5-8}$$

式中：$R$ 表示旋转部分涡量；$S$ 表示非旋转部分涡量；$\parallel \cdot \parallel_{\mathrm{F}}$ 表示矩阵的 Frobenius 范数。

为了避免被除数为 0 的情况并消除不利因素的影响，在式（5-8）的分母项加上一个正无穷小数 $\varepsilon$，则有

$$\varepsilon = 0.001\ (\parallel A \parallel_{\mathrm{F}}^{2}+\parallel B \parallel_{\mathrm{F}}^{2})_{\max} \tag{5-9}$$

$$\Omega = \frac{\parallel B \parallel_{\mathrm{F}}^{2}}{\parallel A \parallel_{\mathrm{F}}^{2}+\parallel B \parallel_{\mathrm{F}}^{2}+\varepsilon} \tag{5-10}$$

由式（5-10）可知，$\Omega$ 的取值范围为 0~1。当 $\Omega=1$ 时，表示流体做刚体旋转；当 $\Omega>0.5$ 时，反对称张量 **B** 较对称张量 **A** 占优，因此可以采用 $\Omega$ 略大于 0.5 作为识别涡的判据。在实际应用中，一般采用 $\Omega=0.52$ 作为判断涡的阈值。

图 5-10 所示为在闭阀启动过程中不同时刻叶轮内涡结构分布的演变。

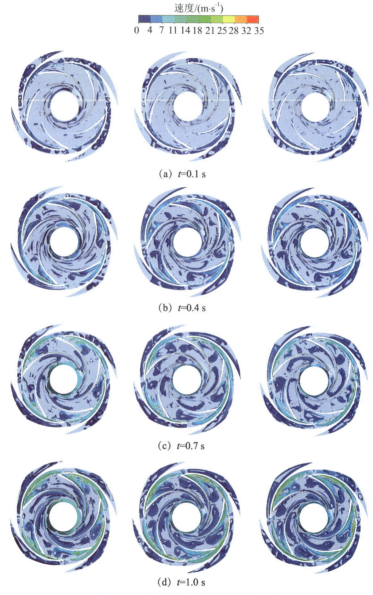

速度/(m·s⁻¹)

0  4  7  11 14 18 21 25 28 32 35

(a) $t=0.1$ s

(b) $t=0.4$ s

(c) $t=0.7$ s

(d) $t=1.0$ s

图 5-10　启动过程叶轮内涡结构分布

从图中可以观察到，叶轮内涡结构呈周期性分布，主要集中在叶片吸力面靠近进口、叶片压力面靠近出口以及导叶流道内，这是由叶轮内流体加速引起的叶片两侧压差增加导致的。整体上导叶流道内的涡结构变化较为微弱，导叶进口以长条状涡结构为主，导叶出口则表现为不连续的带状涡结构。在 $t=0.4$ s 时刻，叶轮内涡结构分布较稀疏，主要分布在叶轮流道出口附近，这是因为转速较低导致流体加速度较小。随着转速的增大，在 $t=0.7$ s 和 $t=1.0$ s 时刻，叶轮流道出口附近涡结构向上游扩展并发展为脱落涡流，在中部形成长条状内漩涡团，这是流体加速度增加和涡流规模扩展的结果。在 $t=1.0$ s 时刻，由于转速达到最大值，叶轮流道内涡结构达到最大扩展状态，几乎覆盖了整个叶轮流道。总体来说，随着叶轮转速的增加，涡结构范围不断扩大、发展，分布范围越来越大，最终几乎覆盖整个叶轮流道。涡结构演变过程反映了流体在叶轮内加速度的增加和涡流规模的扩展。

### 5.2.3　启动时间对多级泵瞬态特性的影响

为了更加全面地分析多级泵启动过程，探究启动时间对多级泵瞬态特性的影响，本节选取三个不同的启动时间，在三维模型及其他条件不变的情况下，分别对启动时间为 1 s，3 s 及 5 s 下的多级泵闭阀启动过程进行数值计算。图 5-11 所示为不同启动时间下的多级泵转速变化曲线。

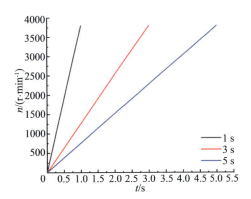

**图 5-11**　不同启动时间下的多级泵转速变化曲线

#### 5.2.3.1　外特性参数对比

图 5-12 所示为不同启动时间下的多级泵扬程变化曲线。从图中可以看出，不同启动时间下，多级泵的扬程变化曲线具有相似的变化规律，随着叶轮转速的增大，扬程呈先缓后快的上升趋势，在叶轮加速末期，扬程达

到峰值。启动时间对扬程变化曲线的影响主要体现在峰值上，不同启动时间对应不同的扬程峰值，当启动时间分别为 1 s，3 s 和 5 s 时，扬程的峰值分别为 379.42 m，375.35 m 和 373.08 m。扬程峰值随着启动时间的延长呈现下降趋势，差值分别为 4.07 m 和 2.27 m。这说明，在其他因素不变的条件下，较短的启动时间会导致扬程峰值较高。

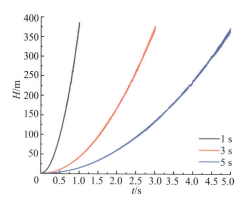

图 5-12　不同启动时间下的多级泵扬程变化曲线

为了更好地了解多级泵启动过程中不同启动时间下的扬程实时变化剧烈程度，对启动过程中的扬程进行微分数据统计，定义扬程变化率为

$$H_e = \frac{\Delta H}{\Delta t} \tag{5-11}$$

图 5-13 所示为不同启动时间下的多级泵扬程变化率随时间的变化。从图中可看出，不同启动时间下，多级泵扬程变化率的变化规律存在差异。启动时间为 1 s 时扬程变化率随启动过程的进行而逐渐增大，在叶轮加速结束时刻附近出现最大扬程变化率。当启动时间为 3 s 和 5 s 时，扬程变化率在启动前期呈现与启动时间为 1 s 时相似的变化趋势，在启动后期（图中红色标记区域）与启动时间为 1 s 时变化趋势有明显区别，扬程变化率先减后增，在叶轮加速结束时刻附近也出现扬程变化率的极值。整体来说，启动时间为 1 s 时相比 3 s 和 5 s，多级泵扬程变化率在启动过程中更为剧烈，最大扬程变化率也最大。这说明较短的启动时间会导致扬程变化率在变化过程中出现较大差异，多级泵的工作状态会有较大波动，而较长的启动时间可以稳定扬程变化，减小其变化幅度，有利于保证多级泵的运行稳定性。

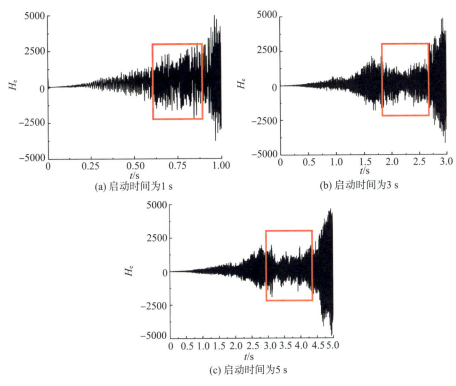

(a) 启动时间为1 s

(b) 启动时间为3 s

(c) 启动时间为5 s

**图 5-13　不同启动时间下的多级泵扬程变化率随时间的变化**

### 5.2.3.2　各级叶轮压力分布对比

为了研究启动时间对各级叶轮压力分布的影响，本节选取三种不同启动时间下叶轮转速达到 1100 r/min，2000 r/min，2900 r/min，3800 r/min 时的叶轮叶片 Span=0.5 截面。其中，Span 是叶轮出口自后盖板至前盖板的无量纲化距离。图 5-14 所示为不同启动时间下的叶轮压力分布变化历程，叶片处展开图从左到右依次为首级叶轮、次级叶轮、末级叶轮。从图中可以看出，叶轮内的压力从叶片进口向叶片出口存在一个明显的梯度增加，压力分布较为均匀。在转速较低（$n=1100$ r/min）时，级间的压力差异不明显。随着叶轮转速的提高，压力梯度加大，级间的压力差异增大，在 $n=2000$ r/min 时开始出现较大的压力梯度，并随着启动过程的进行而继续加大。$n=3800$ r/min 时，在每级叶轮出口形成局部高压区。不同启动时间下，当运行转速相同时，叶片压力的大小和分布存在较小差异，说明启动时间对叶轮压力分布的影响较小。

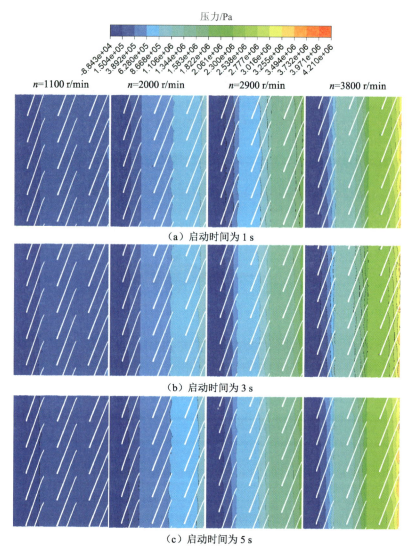

（a）启动时间为 1 s

（b）启动时间为 3 s

（c）启动时间为 5 s

图 5-14　不同启动时间下的叶轮压力分布变化历程

### 5.2.3.3　各级叶轮湍动能分布对比

图 5-15 所示为不同启动时间下叶轮叶片 Span=0.5 截面湍动能分布变化历程。从图中可以看出，叶轮转速对叶轮内湍动能的影响程度较高。随着叶轮转速的增大，叶轮内湍动能强度显著提高，局部高湍动能区面积扩展，高湍动能区主要分布于各级叶轮进口及叶轮出口周边区域。不同启动时间下，当转速相同时，叶轮内湍动能的强度存在一定差异。当启动时间为 1 s 时，叶轮内湍动能强度和范围明显高于其他两种启动时间，表明较短的启

动时间会增加叶轮内流动的复杂性和湍动能强度，从而降低多级泵的运行稳定性。不同启动时间下，当转速相同时，湍动能的分布特征基本相似，主要差异在于强度和范围，延长启动时间会使湍动能略微减弱，流动趋向稳定状态。

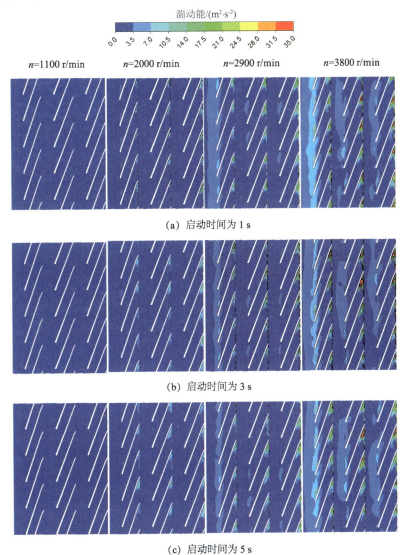

(a) 启动时间为 1 s

(b) 启动时间为 3 s

(c) 启动时间为 5 s

图 5-15　不同启动时间下叶轮湍动能分布

### 5.2.3.4　泵内熵产分布对比

熵产指的是多级泵工作介质的黏性及雷诺应力的存在，使得多级泵在运行过程中机械能不可逆地向内能转化，造成不可逆的能量损失。整个计

算域的局部熵产率主要分为由平均速度引起的直接耗散项以及由脉动速度引起的湍流耗散项，计算公式为

$$\dot{S}_D''' = \dot{S}_{\bar{D}}''' + \dot{S}_{D'}''' \tag{5-12}$$

$$\dot{S}_{\bar{D}}''' = \frac{\mu}{T}\left[\left(\frac{\partial \bar{u}}{\partial y} + \frac{\partial \bar{v}}{\partial x}\right)^2 + \left(\frac{\partial \bar{u}}{\partial z} + \frac{\partial \bar{w}}{\partial x}\right)^2 + \left(\frac{\partial \bar{v}}{\partial z} + \frac{\partial \bar{w}}{\partial y}\right)^2\right] + 2\frac{\mu}{T}\left[\left(\frac{\partial \bar{u}}{\partial x}\right)^2 + \left(\frac{\partial \bar{v}}{\partial y}\right)^2 + \left(\frac{\partial \bar{w}}{\partial z}\right)^2\right] \tag{5-13}$$

$$\dot{S}_{D'}''' = \frac{\mu}{T}\left[\left(\frac{\partial u'}{\partial y} + \frac{\partial v'}{\partial x}\right)^2 + \left(\frac{\partial u'}{\partial z} + \frac{\partial w'}{\partial x}\right)^2 + \left(\frac{\partial v'}{\partial z} + \frac{\partial w'}{\partial y}\right)^2\right] + 2\frac{\mu}{T}\left[\left(\frac{\partial u'}{\partial x}\right)^2 + \left(\frac{\partial v'}{\partial y}\right)^2 + \left(\frac{\partial w'}{\partial z}\right)^2\right] \tag{5-14}$$

式中：$\dot{S}_{\bar{D}}'''$ 为直接耗散熵产率，$W/(m^3 \cdot K)$；$\dot{S}_{D'}'''$ 为湍流耗散熵产率，$W/(m^3 \cdot K)$；$\mu$ 为流体动力黏度，$Pa \cdot s$；$T$ 为温度，$K$。

观察式（5-12）和式（5-13）发现，直接耗散熵产率 $\dot{S}_{\bar{D}}'''$ 可以通过数值计算直接获取，而湍流耗散熵产率 $\dot{S}_{D'}'''$ 由于湍流速度场无法直接获取而无法求解。根据 Kock 的理论，湍流耗散熵产率与湍流模型存在内在联系，由湍流耗散速率 $\varepsilon$ 体现。因此，在 $k$-$\omega$（SST）湍流模型中可得

$$\dot{S}_{D'}''' = \alpha\frac{\rho\omega k}{T} \tag{5-15}$$

式中：$\alpha$ 为经验系数，取值为 0.09；$\omega$ 为湍流脉动特征频率，$s^{-1}$；$k$ 为湍流强度，$m^2/s^2$。

然而，局部熵产率会存在较明显的壁面效应，且时均项较为明显，其计算公式为

$$\dot{S}_W'' = \frac{\boldsymbol{\tau} \cdot \boldsymbol{v}}{T} \tag{5-16}$$

式中：$\boldsymbol{\tau}$ 为壁面剪切应力，$Pa$；$\boldsymbol{v}$ 为靠近壁面第一层网格的速度，$m/s$。

分别对局部熵产率计算域的体积和壁面熵产率计算域的表面积进行积分可以得到

$$S_{pro,\bar{D}} = \int_V \dot{S}_{\bar{D}}'''dV \tag{5-17}$$

$$S_{pro,D'} = \int_V \dot{S}_{D'}'''dV \tag{5-18}$$

$$S_{pro,W} = \int_V \dot{S}_W''dS \tag{5-19}$$

式中：$S_{pro,\bar{D}}$ 为直接耗散熵产，$W/K$；$S_{pro,D'}$ 为湍流耗散熵产，$W/K$；$S_{pro,W}$ 为壁

面熵产，W/K。

因此，计算域的总熵产为

$$S_{\text{pro}} = S_{\text{pro,D}} + S_{\text{pro,D}'} + S_{\text{pro,W}} \tag{5-20}$$

图 5-16 所示为不同启动时间下多级泵内不同类型熵产变化以及对比情况。从图中可以看出，在启动过程中，湍流耗散熵产 $S_{\text{pro,D}'}$、壁面熵产 $S_{\text{pro,W}}$ 以及总熵产 $S_{\text{pro}}$ 变化趋势相似，都随着转速的增大而增大，这反映了随着叶轮速度的提高，流体在叶轮内的加速度增大，导致各种耗散损失增大。直接耗散熵产 $S_{\text{pro,\bar{D}}}$ 的大小及变化相对于其他两种熵产较小，其影响可以忽略不计，湍流耗散熵产始终大于壁面熵产，湍流耗散熵产占总熵产的比例大于 56%，说明湍流损失是多级泵内损失的主要部分，占据主导地位。不同启动时间下熵产的变化趋势相似，在达到运行转速后，总熵产值随着启动时间的增加而减小，启动时间为 1 s 时值为 70.02 W/K、启动时间为 3 s 时值为 67.7 W/K、启动时间为 5 s 时值为 66.94 W/K，说明启动时间越短，多级泵内损失越大，总熵产值越大。

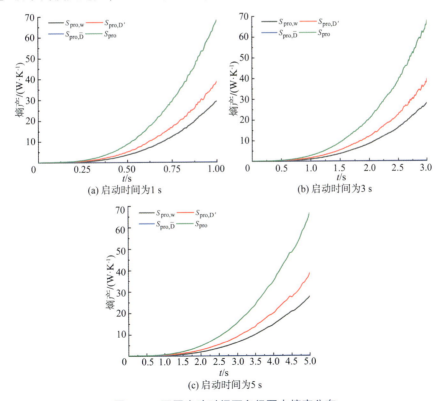

图 5-16　不同启动时间下多级泵内熵产分布

图 5-17 所示为不同启动时间下各个过流部件（包括吸水室、口环间隙、泵腔、叶轮、导叶、蜗壳）的总熵产比率变化以及对比情况。在启动过程中，不同启动时间下过流部件的总熵产比率变化趋势相似，表示无论启动时间长短，各个部件的熵产比率变化过程和规律都是相同的，只是具体数值有所不同。在启动前期，导叶的总熵产比率较大，其次为泵腔、叶轮，最后为口环、吸水室和蜗壳。随着启动过程的进行，导叶和泵腔的总熵产比率逐渐减小，而其他过流部件的总熵产比率逐渐增大，并在启动后期达到稳定值。叶轮总熵产比率较其他过流部件更早达到稳定值，且稳定后总熵产比率最大，表明启动过程中的损失主要发生在叶轮流道，其次为泵腔、导叶和口环，最后为吸水室和蜗壳。以叶轮流道总熵产比率为例，不同启动时间下的值分别为：启动时间为 1 s 时为 42.68%，启动时间为 3 s 时为 41.04%，启动时间为 5 s 时为 40.68%。较短的启动时间会导致叶轮总熵产比率较大。

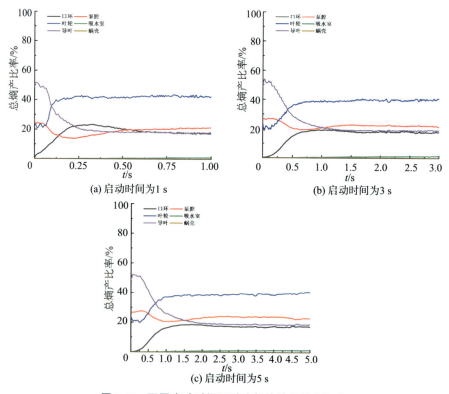

图 5-17  不同启动时间下过流部件的总熵产比率

### 5.2.4　启动过程多级泵压力脉动分析

#### 5.2.4.1　监测点设置

为了研究多级泵在启动过程中的压力脉动特性，选取启动时间为1 s这一工况，并在各级叶轮及导叶内设置压力脉动监测点，分别以字母 A、B、C 代表首级、次级和末级，并以字母和数字组合的方式表示各级不同区域压力脉动监测点。以首级压力脉动监测点布置为例（图 5-18），A1、A2、A3 分别表示叶轮流道内的三个压力脉动监测点，并随着叶轮旋转；A4、A5、

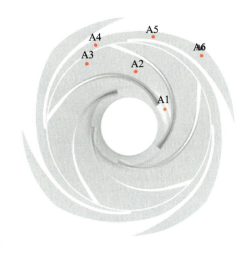

图 5-18　首级压力脉动监测点布置

A6 分别表示导叶流道内的三个压力脉动监测点，监测点位置固定不变。次级和末级的压力脉动监测点与首级布置相同，压力脉动监测点总计 18 个。

#### 5.2.4.2　压力脉动时域特性分析

由于多级离心泵内的压力会随着级数的增加而增大，为了更方便地分析各级内的流场压力脉动变化情况，可以对压力结果进行无量纲化处理，使用压力脉动系数 $C_p$ 来表征压力脉动的波动程度，其计算公式为

$$C_p = \frac{p - \bar{p}}{0.5\rho u_2^2} \tag{5-21}$$

式中：$p$ 为各监测点处的瞬时压力值，Pa；$\bar{p}$ 为各监测点的平均瞬时压力值，Pa；$\rho$ 为输送的流体密度，kg/m³；$u_2$ 为叶轮出口的圆周速度，m/s。

图 5-19 所示为多级泵在启动过程中的压力脉动时域特性图。从图中可以看出，多级泵不同级内部压力脉动时域特性具有一定差异。各级流道内压力脉动系数随着叶轮的加速呈现出不同的变化趋势。首级叶轮入口处的点 A1 由于处于较为稳定的静止流体状态，其压力脉动系数波动较小，在 0 附近波动。除 A1 外，其他监测点（A2～A6）以及次级和末级的监测点随着叶轮的加速而呈现相同的增大趋势。不同监测点波动幅值有所不同，叶轮流道出口附近的 A3、B3、C3 压力脉动波动幅值较大，这是由于在叶轮流道出口附近压力变化较为剧烈。在首级流道内，A2～A6 点的压力脉动系数峰

值差异较大；而在次级和末级流道中，各监测点的压力脉动系数有近似一致的趋势。随着级数的增加，各级监测点的压力脉动系数峰值呈增大趋势。

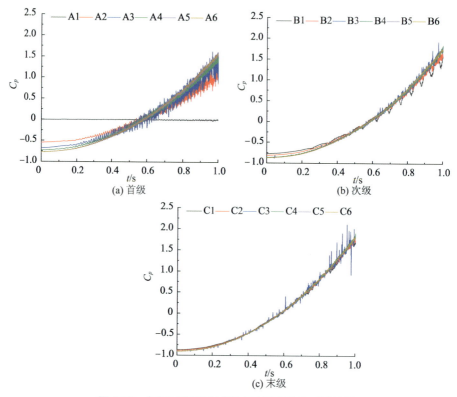

图 5-19　多级泵在启动过程中的压力脉动时域特性

### 5.2.4.3　压力脉动时频域特性分析

压力脉动特性不仅有时域特性，频域特性也较为明显，但以傅里叶变换为核心的频域信号分析过程中主要考虑频域信息，完全舍弃了时间信息，无法表示某个时刻信号频谱的分布情况。为了更准确地探究启动过程的压力脉动时频域特性，本书采用小波变换法对瞬态计算得到的压力数据进行分析。本书研究对象设计转速为 3800 r/min，对应的转动频率即轴频 $f_0$ 为 63.33 Hz。

图 5-20 所示为启动过程中多级泵首级各监测点的压力脉动时频域特性图。该图是根据启动时间和频率绘制的，并用不同颜色代表不同的频率振幅。从图中可以看出，随着转速的增大，压力脉动频率整体上有增大趋势，同时压力脉动振幅也逐渐增大。在叶轮流道内不同监测点，时频图中存在多个振幅占优的频率分量，其中主导分量与导叶叶片数相关，对应于转动频率的 4 倍，其他分量出现在转动频率的倍频处。从 A1 监测点到 A3 监测

点，压力脉动频率分量的振幅逐渐增大，且 A3 监测点时频图中还存在多个振幅不连续的频率分量，说明叶轮流道内的波动沿流动方向变得更加强烈。在导叶流道的时频图中也存在多个振幅占优的频率分量，其中主导分量对应于转动频率的 5 倍，即叶轮流道的叶片通过频率。从 A4 监测点到 A6 监测点，压力脉动频率分量的振幅逐渐减小，说明导叶流道内的波动沿流动方向变得更加平稳。此外，除了 A1，各监测点的时频图中还出现压力脉动振幅集中现象，连续存在于小于 1 倍轴频的低频范围，并随着叶轮加速低频范围有增大的趋势，这表明泵内还存在较强的低频脉动。

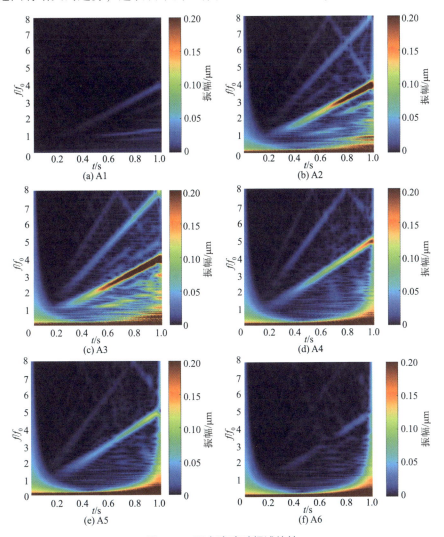

图 5-20　压力脉动时频域特性

## 5.3 多级泵开阀过程瞬态内流特性

多级泵闭阀启动程序完成后，为确保泵的正常运行，需要对出口阀门进行调节，使流量增大至所需流量。在开阀过程中，泵内流动呈现瞬态过渡状态，导致产生漩涡、回流、脱流等现象。为了深入探究多级泵开阀瞬态特性及内部流动演变机理，本节基于用户自定义函数控制开阀过程中的流量变化，对应急供水多级泵的开阀过程进行数值模拟，并对比分析不同流量变化方式下内部流动特性差异。

### 5.3.1 数值模拟边界条件设置

针对应急供水多级泵的开阀过程，将设计转速 $n_d = 3800$ r/min 下流量为零的定常流场作为开阀非定常计算的初始文件。假设流量变化规律与阀门开闭规律保持一致，为了控制出口流量变化，利用 CFX 软件提供的二次开发接口，编写用户自定义函数表达式，模拟阀门打开时的流量变化，并分别设置线性和指数型两种流量变化规律。其中流量变化时间为 1 s，其他边界条件设置与第 4 章一致。

线性流量变化规律的 CEL 函数表达式为

$$Q = Q_d \cdot (t/T) \tag{5-22}$$

式中：$Q$ 为相应时刻下的流量，$\mathrm{m^3/h}$；$Q_d$ 为多级泵的设计流量，$\mathrm{m^3/h}$；$T$ 为流量变化总时间，s。

指数型流量变化规律的 CEL 函数表达式为

$$Q = Q_d - Q_d \cdot \exp(-t/t_0) \tag{5-23}$$

式中：$t_0$ 为名义加速时间，是流量从静止开始上升到设计流量的 63.2% 时所需的时间，本次计算取 $t_0 = 0.2$ s。

### 5.3.2 开阀过程多级泵瞬态特性分析

#### 5.3.2.1 外特性参数变化

图 5-21 所示为开阀过程中不同流量变化规律下的外特性变化曲线。从图中可以看出，整个开阀过程呈现出明显的瞬态响应特性。在开阀过程初期流量突然变化，外特性发生显著的瞬变，扬程下降幅度明显。随着流量的逐渐增大，扬程开始逐渐回升，并在流量达到 21.6 $\mathrm{m^3/h}$ 左右后逐渐下降

并稳定在 345.79 m 附近。不同的流量变化规律下，扬程突变程度不同，指数型流量变化规律下的扬程波谷为 320.19 m，明显小于线性流量变化规律下的 329.01 m，表明线性流量变化规律下扬程下降幅度较小，具有较大的扬程波谷值。多级泵效率随着流量的不断增大，整体呈先快后缓的增大趋势，尽管不同流量变化规律下效率的最终值相似，但指数型流量变化规律下效率可以更快地达到较高水平。

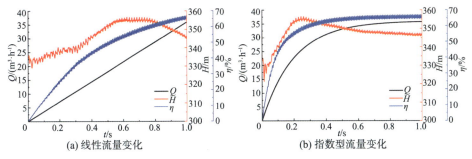

图 5-21　开阀过程外特性变化曲线

图 5-22 所示为开阀过程中不同流量变化规律下的扬程变化率。从图中可以看出，不同的流量变化规律（线性流量变化与指数型流量变化）会导致扬程变化率的变化规律不同。线性流量变化会导致扬程变化率具有较大的波动，特别是在开阀过程前期，而指数型流量变化会导致扬程变化率出现较大的极值，然后较快平稳。因为指数型流量变化速率在初始阶段非常快，使得扬程发生急速变化，扬程变化率波动剧烈。但是随着流量变化速率的减小，扬程变化率的波动特征会相对平稳下来。开阀后期，指数型流量变化仍会导致扬程变化率在较低水平内略有波动，但总体的变化特征仍为平稳下降。

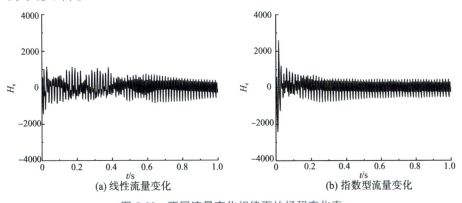

图 5-22　不同流量变化规律下的扬程变化率

图 5-23 所示为不同流量变化规律下瞬态流量-扬程曲线和稳态流量-扬程曲线的对比。从图中可以看出，总体上瞬态曲线明显处于稳态曲线的下方，除了开阀初期扬程有突变，瞬态曲线和稳态曲线随流量变化显示出相似的趋势。随着流量的增大，流体流速增大，部分能量用于加速流体，导致开阀过程中的扬程较小。而当流量增大到设计工况点附近时，叶轮内的分离脱流现象减少，从而导致瞬态曲线逐渐接近稳态曲线。指数型流量变化规律下扬程突变流量范围比线性流量变化规律下大，这与指数型流量变化规律下在开阀前期流量增加速率较大有关。除扬程突变外，不同流量变化规律下的流量-扬程曲线呈现良好的一致性。

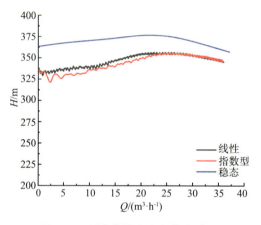

图 5-23    瞬态曲线和稳态曲线对比

### 5.3.2.2    各级叶轮压力分布

在多级泵的开阀过程中，受不同流量变化规律的影响，多级泵内部压力分布存在差异。考虑到多级泵过流部件较多且进口和出口压差较大，选取多级泵在开阀过程中 4 个时刻叶轮流道叶片 Span＝0.5 截面压力分布，此 4 个时刻分别为 $t=0.1\ s$，$t=0.4\ s$，$t=0.7\ s$，$t=1.0\ s$，叶高处展开图从左到右依次为首级叶轮、次级叶轮、末级叶轮，如图 5-24 所示。从图中可以看出，在叶轮流道内部从首级叶轮叶片进口到末级叶轮叶片出口的位置，沿着流动方向，压力梯度逐渐增加，压力分布呈现出相对均匀的特点。叶轮出口是局部高压区的主要发生区域，随着流量的增大，高压区域变化不明显。叶片的吸力面是局部低压的主要发生区域，随着流量的不断增大，叶片进口吸力面的压力逐步降低，低压区域的面积也随之扩大。这是因为当流量进一步增大时，由于叶轮进口面积是恒定的，流体流过叶轮时的速度增大，导致叶片进口吸力面上的压力降低，低压区域面积扩大。在不同流量变化规律下，多级泵内部压力分布具有相似的特点，主要差异在于每级叶轮进口处的局部低压区面积不同。在开阀过程前期，线性流量变化规律下首级低压区面积小于指数型流量变化规律下的面积，后两级低压区面积大于指数型流量变化规律下的面积。在开阀过程后期，线性流量变化规律下首级低压区面积变化不大，后两级低压区面积逐渐增大，而指数型流量变化规律下低压区面积变化相对较小。

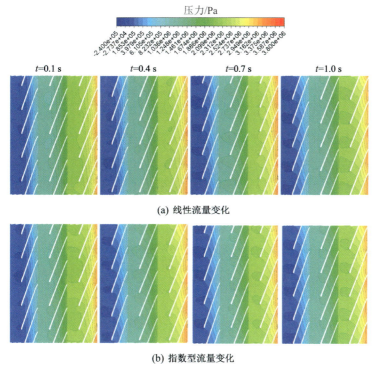

(a) 线性流量变化

(b) 指数型流量变化

**图 5-24　开阀过程中叶轮压力分布**

### 5.3.2.3　各级叶轮速度分布

图 5-25 所示为开阀过程中叶轮叶片 Span=0.5 截面速度分布情况。从图中可以看出，在开阀过程中，随着流量的不断增大，叶轮叶片对泵内流体的控制能力逐渐增强，液体流动分离现象逐渐减弱，叶轮流道内速度随之增大，其分布也变得更为均匀。在线性流量变化规律下，开阀过程前期会出现较大面积的低速区，并充满叶轮流道，同时在叶轮流道出口处形成较小范围的高速区。这是由于在较小的流量下，流体在靠近叶轮出口处的流

道中无法得到足够的加速，会产生大量的回流和漩涡，导致流体在叶轮流道中停滞或倒流，形成死水区。在开阀后期，随着流量的增大，叶轮流道出口的高压区逐渐消失，低速区面积也随之减小。低速区主要分布在首级叶片压力面和吸力面靠近中间流道附近以及后两级叶片压力面靠近中间流道的区域。在指数型流量变化规律下，开阀前期叶轮流道内速度增加的速率较大，相同时刻下叶轮流道内低速区面积更小且整体速度更大。随着流量的增大，开阀后期速度变化幅度逐渐减小，液体流动分离现象已经得到较好的抑制，速度分布与线性流量变化规律下具有相似性。

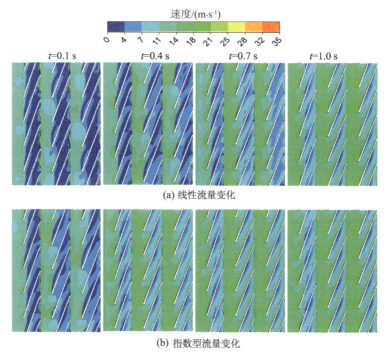

(a) 线性流量变化

(b) 指数型流量变化

图 5-25　开阀过程中叶轮速度分布

### 5.3.2.4　各级叶轮涡结构分布

多级泵内的涡结构与速度存在较为密切的关系，且涡结构对速度的变化十分敏感，当运行条件发生变化时，涡旋结构的稳定性可能会受到影响。基于 $\Omega$ 涡识别方法，选取多级泵在不同流量变化规律下两个时刻的叶轮涡结构变化，以研究开阀过程中叶轮涡结构的变化情况。这两个时刻分别为不同流量变化规律下泵内速度相差较大的 $t=0.4$ s 时刻和不同流量变化规律下泵内速度相差较小的 $t=1.0$ s 时刻，如图 5-26 所示。从图中可以得出，在

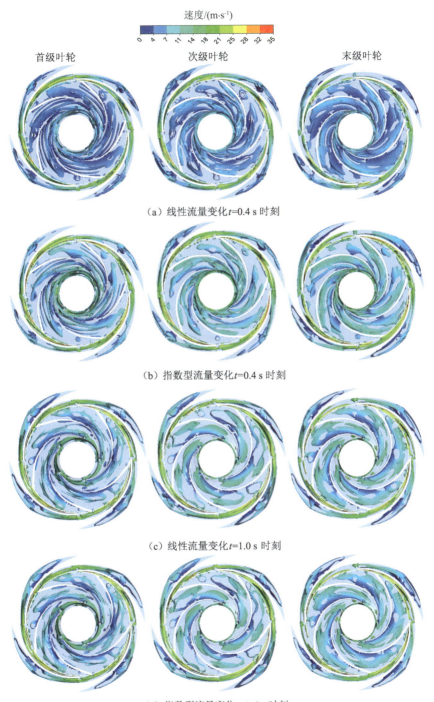

图 5-26　开阀过程中叶轮涡结构分布

$t=0.4$ s 时刻，线性流量变化规律下各级叶轮中的涡结构分布较为相似，主要表现为占据几乎整个叶轮流道的内旋通道涡。在不同级叶轮中，涡结构形状存在细微差别。首级叶轮中通道涡在靠近叶轮流道进口处呈长条状，而后两级叶轮中通道涡形状较为不规则，表明涡结构的形状受到流动条件和几何因素的影响，因此在不同级叶轮中涡结构形状存在差异。与线性流量变化规律相比，指数型流量变化规律下的流量更大，叶轮流道内涡结构分布范围明显缩小。在 $t=1.0$ s 时刻，流量达到设计流量，叶轮流道内涡团破碎导致涡结构范围进一步缩小，线性与指数型流量变化规律下的涡结构分布表现出相似性，表明在设计流量下，不同流量变化规律下的涡结构分布趋于相似。此外，随着级数的增加，流体在流道中的能量转换变得更加充分，涡结构的范围也相应增大。

### 5.3.3 多级泵内熵产分布

#### 5.3.3.1 过流部件的熵产

图 5-27 所示为开阀过程中不同流量变化规律下泵内熵产分布。从图中可以看出，在线性流量变化规律下，随着流量的增大，湍流耗散熵产逐渐减小，这是由于随着流量的增大，流体的平均速度增大，流体在泵内的停留时间减小，涡流和湍流现象减弱，湍流耗散熵产减小。当流量达到一定量级时，泵内的流动逐渐稳定，此时湍流耗散熵产趋于稳定，随流量变化较小。与之相反，壁面熵产随着流量的增大而增大。这是由于流体与泵壁之间存在边界层，由于黏性效应会产生摩擦阻力，导致流体的机械能转化为内能，随着流量的增大，边界层内的速度梯度增大，黏性阻力和摩擦损失增大，导致壁面熵产增大。壁面熵产的增大会抵消部分流体内耗散熵产的减小，影响泵的总熵产，使得在开阀过程中总熵产呈现先减后增的变化趋势，波谷值为 52.07 W/K。在指数型流量变化规律下，湍流耗散熵产、壁面熵产的变化趋势与线性流量变化规律下相似，但较线性流量变化规律下更早趋于稳定，同时也使得总熵产更早达到波谷，波谷值为 50.42 W/K。这是因为指数型流量变化规律下流量的增加更快，使流动更快进入稳定状态。

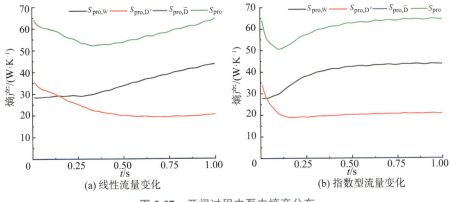

图 5-27　开阀过程中泵内熵产分布

图 5-28 所示为开阀过程中不同流量变化规律下过流部件的总熵产比率变化情况。从图中可以看出，线性流量变化规律下，不同过流部件的总熵产比率随着流量的变化而变化。具体而言，叶轮流道的总熵产比率随着流量的增大而减小，由原来的 42.12% 减小至 16.28%，导叶和泵腔的总熵产比率随着流量的增加而增加，分别由 22.23%、18.46% 增至 37.25%、29.02%，而口环、吸水室和蜗壳的总熵产比率变化较其他过流部件小。指数型流量变化规律下，在开阀前期与线性流量变化规律下各过流部件的总熵产率变化相似，但更早达到稳定值，各过流部件的总熵产比率稳定值与线性流量变化规律下开阀完成后的值差异较小。

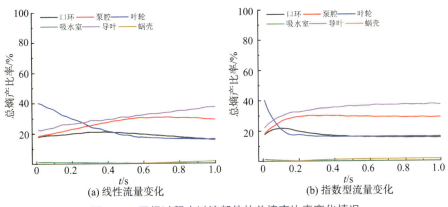

图 5-28　开阀过程中过流部件的总熵产比率变化情况

#### 5.3.3.2　熵产率分布

本小节对开阀这一过程结合叶轮与导叶的局部熵产率以及壁面熵产率分布情况进行分析。图 5-29 所示为开阀过程中的局部熵产率变化情况。从图中可以看出，在 $t=0.1$ s 时刻，局部熵产率主要分布在叶轮流道进口附近以及叶轮流道出口和导叶流道进口附近，叶轮流道进口附近局部熵产率值较小，而叶轮流道出口和导叶流道进口附近局部熵产率分布较为广泛且数值相对较大。在 $t=1.0$ s 时刻，叶轮和导叶内局部熵产率分布范围和数值均有所减小，叶轮流道出口附近的高局部熵产率区消失。这是由于流量刚开始增大时，流体在靠近叶轮出口处的流道中无法得到足够的加速，产生大量的回流和漩涡，当流量继续增大时，泵内部的压力差随之增大，泵内的平均流速增大，流体分离和湍流现象减弱，叶轮和导叶内局部熵产率减小。

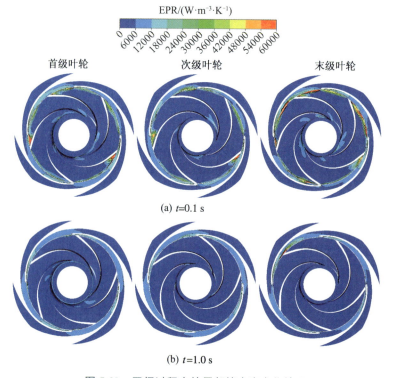

(a) $t=0.1$ s

(b) $t=1.0$ s

图 5-29 开阀过程中的局部熵产率变化情况

图 5-30 所示为开阀过程中的壁面熵产率变化情况。从图中可以看出，在 $t=0.1$ s 时刻，壁面熵产率分布与同时刻下的局部熵产率分布相似，主要分布在叶轮流道进口附近以及叶轮流道出口和导叶流道进口附近。在 $t=1.0$ s 时刻，叶轮和导叶内壁面熵产率分布范围和数值均有所增大，除叶轮流道进口附近以及叶轮流道出口和导叶流道进口附近，还在叶轮流道中部形成分布较为广泛但相对数值较小的壁面熵产区。这是因为随着流量的增

大，边界层内的速度梯度增大，黏性阻力和摩擦损失增大，使得叶轮和导叶内壁面熵产率分布范围和数值增大。

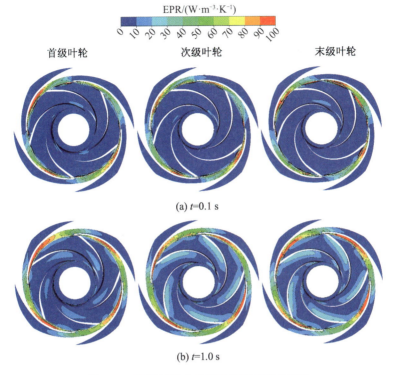

(a) *t*=0.1 s

(b) *t*=1.0 s

图 5-30 开阀过程中的壁面熵产率变化情况

总之，在开阀过程中，随着流量的增大叶轮和导叶流道中局部熵产率逐渐减小，壁面熵产率随着流量的增大而增大。由于局部熵产率和壁面熵产率在叶轮和导叶流道内变化量级不同，在两者的共同作用下，开阀过程中叶轮流道总熵产比率减小而导叶流道总熵产比率减小。

### 5.3.4 多级泵内压力脉动分析

#### 5.3.4.1 压力脉动时域特性分析

图 5-31 所示为开阀过程中的压力脉动时域特性图。从图中可以看出，多级泵不同级内部压力脉动特性具有一定差异。随着级数的增加，各级监测点的压力脉动系数波动幅值呈减小趋势，尤其是首级流道内监测点压力变化较为剧烈，波动幅值较大。各级流道内压力脉动系数随着流量的增大而变化，并呈现相同趋势，在开阀过程的初始阶段，压力脉动系数略有减

小，随着流量的增大逐渐增大并在 0 附近周期性振荡。叶轮流道内，压力脉动系数波动幅值随着流动方向逐渐增大，而导叶流道内压力脉动系数波动幅值随着流动方向逐渐减小。

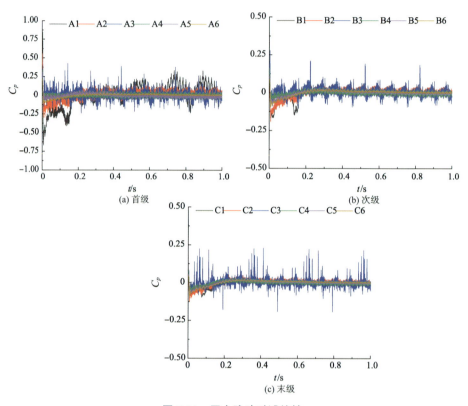

图 5-31　压力脉动时域特性

### 5.3.4.2　压力脉动时频域特性分析

图 5-32 所示为开阀过程中多级泵首级各监测点的压力脉动时频域特性图。从图中可以看出，开阀过程中随着流量变化，压力脉动频率基本保持不变，而压力脉动振幅随着流量的增大而减小。在叶轮流道内，时频图中存在多个振幅占优的频率分量，其中主导分量与导叶叶片数相关，对应于转动频率的 4 倍，其他分量出现在转动频率的倍频处。在 A1 监测点处出现压力脉动振幅集中现象，连续存在于小于 2 倍轴频的低频范围，并随着流量的增大低频范围有缩小的趋势。在 A3 监测点除 4 倍转动频率外，还存在较多振幅不连续的频率分量。在导叶流道内，时频图中存在多个振幅占优的频率分量，其中主导分量对应于转动频率的 5 倍，即叶轮流道的叶片通过频

率，其他分量出现在转动频率的倍频处。A4～A6 监测点的主导频率分量振幅随时间的变化较小，从 A4 至 A6 沿流动方向，主导频率分量振幅有减小的趋势。

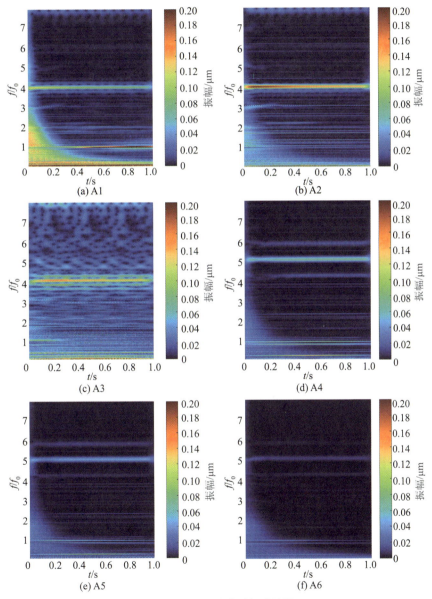

图 5-32　压力脉动时频域特性

## 5.4　多级泵意外停机过程瞬态内流特性

离心泵的非正常停机过渡过程是一种极为危险的过渡过程，应急供水多级泵因其工作环境恶劣更容易发生意外失去动力源而停机。在停机期间，截止阀若发生故障或断流操作不当，则容易导致管道内发生水锤事故以及泵反向转速过高发生飞逸，不但会引起整个供水系统包括机组与管路的强烈压力脉动和振动，还会对各个过流部件造成破坏。本节基于叶轮转动平衡方程，对意外停机过程中的转速进行预测，开展应急供水多级泵意外停机过程数值模拟，探究意外停机过程中内部流动特性及转速、流量、扭矩动态变化规律。

### 5.4.1　数值模拟边界条件设置

#### 5.4.1.1　变转速方法

CFX Rigid body 模块作为 CFD 软件 ANSYS CFX 的一个插件模块，可以与 ANSYS CFX 的流体模块进行耦合，以模拟流体-刚体相互作用。通过建立每个叶片的刚体受力平衡方程和整个叶轮的力矩平衡方程，用以求解叶轮的角加速度，进而计算该时刻和下一时刻的角速度，最终得到叶轮在旋转过程中角速度的真实波动。在流体-刚体耦合模拟中，流体模块模拟流体的运动，Rigid body 模块模拟刚体的旋转运动和相对运动，两个模块之间通过接口交换数据，从而实现流体-刚体相互作用的模拟。流体模块会计算流体的速度场和压力场，并通过流体-刚体接口将这些数据传递给 Rigid body 模块。Rigid body 模块根据接口提供的数据计算刚体所受的力和力矩，并更新刚体的位置、速度等参数。同时，Rigid body 模块将刚体的位置和速度等信息传递给流体模块，以更新流体模拟的运动边界条件。相比于 CFX User Fortran 方法不用编写 Fortran 控制方程，模拟刚体在流体中的运动状态更加准确，并且计算速度相对较快、更加高效。

在多级泵意外停机过程中基于叶轮转动平衡方程，应用 CFX Rigid body 模块对转速进行预测。该方法是将多级泵的叶轮旋转域定义为一个刚体，作为内部流场的子域，通过给定刚体的初始角速度、转动惯量、质量等信息自行计算刚体的运动情况。其计算流程如图 5-33 所示。旋转域转动平衡方程如下：

$$M_\mathrm{t} - M_\mathrm{g} = J \frac{\mathrm{d}\omega}{\mathrm{d}t} \tag{5-24}$$

式中：$M_t$ 为作用在叶轮上的合力矩，N·m；$M_g$ 为系统负载力矩，N·m；$J$ 为多级泵叶轮转动惯量，kg·m$^2$；$\omega$ 为叶轮旋转角速度，rad/s。

在多级泵意外停机后，负载力矩为零，对式（5-24）进行差分离散可以得到

$$\omega^{i+1} = \omega^i + \frac{M_t^i}{J}\Delta t \tag{5-25}$$

式中：$\omega^{i+1}$ 为 $i+1$ 时刻的叶轮旋转角速度，rad/s；$M_t^i$ 为 $i$ 时刻作用在叶轮上的合力矩，N·m；$\Delta t$ 为计算时间步长，s。

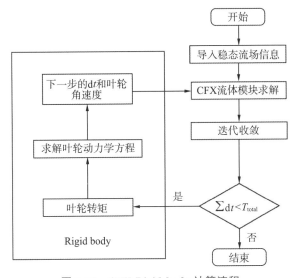

图 5-33　CFX Rigid body 计算流程

#### 5.4.1.2　边界条件设置

在应急供水多级泵意外停机过程中，多级泵内流体流动方向是由动态压力的变化决定的。当流体流进计算域边界时，将输入的相对压力视为总压；当流体流出计算域边界时，将相对压力视为相对静压值。有鉴于此，设置进出口的边界条件类型均为开放压力及方向，即 Opening 边界条件类型。在进行瞬态计算时将对应的稳态工况下的定常计算结果作为初始边界条件，其中进水段计算域的边界条件为对应稳态工况下的定常计算的进口静压值 101325 Pa，出水段计算域的边界条件为对应稳态工况下的定常计算的出口总压值。在瞬态计算中，设置叶轮水体为 Rigid body，$XX$ 方向转动惯量为 0.0507 kg·m$^2$，并设置其 $X$ 方向初始角速度为 397.94 rad/s；整个瞬态计算时间为 1 s，其他边界条件设置与前文一致。

### 5.4.2　意外停机过程多级泵瞬态特性分析

#### 5.4.2.1　外特性参数变化

图 5-34 所示为意外停机过程外特性变化曲线。从图中可以看出，多级泵在意外停机过程中依次经历了 a，b，c，d 四个阶段。a 阶段（$t=0\sim0.036$ s）多级泵处于水泵工况，在意外停机后外部负载为 0，各参数值开始减小，转速从 3800 r/min 减小至 3282 r/min，减小约 13.6%；流量迅速减小并在 $t=0.036$ s 时刻减小为 0，此时扭矩也达到波谷，其值为 65.15 N·m。b 阶段（$t=0.036\sim0.254$ s）多级泵处于制动工况，流量由正向流量向反向流量转变且值逐渐增大，在反向流量的冲击下转速迅速减小，而扭矩在此阶段从波谷振荡上升；在 $t=0.254$ s 时刻转速减小为 0，此时 $Q=-18.63$ kg/s，$M=186.91$ N·m。c 阶段（$t=0.254\sim0.669$ s）多级泵处于反转工况，叶轮开始反向旋转并逐渐增大，反向流量增大到 19.3 kg/s 后，由于叶轮径向流道较长会对流体的轴向流动产生一定影响，出现反向流量随反向转速的增大而减小的现象；在此阶段扭矩上升到峰值 196.05 N·m 后迅速下降。d 阶段（$t=0.669\sim1.0$ s）多级泵处于飞逸工况，扭矩在 0 附近振荡，此时转速达到飞逸转速 -4210 r/min，其绝对值为初始转速的 1.11 倍，流量达到飞逸流量 -14.32 kg/s，其绝对值为初始流量的 1.43 倍。

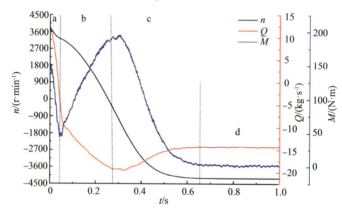

图 5-34　意外停机过程外特性变化曲线

图 5-35 所示为不同初始流量下的外特性变化曲线，对比了设计流量 $Q_d$ 和大流量 $1.2Q_d$ 两种初始流量工况下的外特性变化。从图中可以看出，设计流量下转速、流量、扭矩变化趋势与大流量工况下相似，但设计流量下整体变化更剧烈。当 $t<0.2$ s 时两种工况下的转速变化差异不大，在 $t>0.2$ s 后差异较为明显，在到达飞逸工况时设计流量工况下飞逸转速为 1.11 倍的

设计转速，而大流量工况下飞逸转速则为 1.08 倍的设计转速；由于初始流量不同，所以整体流量的大小始终存在一定差值，仅在 $t=0.41$ s 至 $t=0.5$ s 具有一定的重合，到达飞逸工况时设计流量工况下飞逸流量为 1.43 倍的设计流量，而大流量工况下飞逸流量则为 1.38 倍的设计流量；虽然设计流量工况的初始扭矩数值小于大流量工况的初始扭矩数值，且扭矩的变化峰值略大于大流量工况下的扭矩数值峰值，但是两种工况下的水泵工况与制动工况的临界工况点的扭矩在波谷处大小相等。

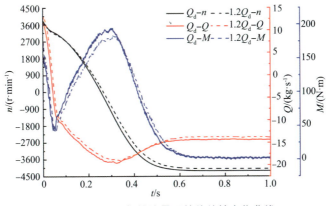

图 5-35　不同初始流量下的外特性变化曲线

### 5.4.2.2　各级叶轮压力分布

图 5-36 所示为意外停机过程中，初始流量为设计流量 $Q_d$ 下的各级叶轮中间截面压力分布。考虑到意外停机过程的复杂性，选取其中 4 个时刻对各级叶轮压力分布做主要分析，4 个时刻分别代表多级泵意外停机的 $t=0$ 初始工况点、流量 $Q=0$ 的工况点、转速 $n=0$ 的工况点以及扭矩 $M=0$ 的工况点。可以看出，在意外停机过程中，多级泵各级叶轮压力分布呈现出相似性，并随着叶轮级数的增加，压力逐渐升高。在 $t=0$ 时刻，多级泵虽然失去外部负载，但叶轮流道内压力仍处于相对稳定状态，此时叶轮流道内压力分布均匀，并沿着转动半径的增大而增加。在 $Q=0$ 时刻，反向流量和正向流量数值相等，叶轮流道整体上压力较 $t=0$ 时刻小，压力仍沿着转动半径的增大而增加。在 $n=0$ 时刻，叶轮流道在反向流量的冲击下，在叶片压力面靠近叶轮出口附近产生相对高压，低压区从叶轮进口沿叶片旋转方向向出口发展，并在叶片吸力面产生较大的负压值。在 $M=0$ 时刻，多级泵进入飞逸工况，在飞逸转速的旋转作用下，叶轮流道内整体压力上升，低压区范围缩小，只存在于叶轮流道进口附近，并在叶片吸力面靠近叶轮出口附近由 $n=0$ 时刻的低压区变为高压区。

图 5-36　意外停机过程中各级叶轮压力分布

### 5.4.2.3　各级叶轮速度分布

图 5-37 所示为意外停机过程中，初始流量为设计流量 $Q_d$ 下的各级叶轮速度分布情况。从图中可以看出，在 $t=0$ 时刻各级叶轮内速度分布较均匀，沿着转动半径的增大而增加，在叶轮流道的进口处，由于流体需要克服惯性和静压力，速度较小，而在叶轮流道的出口处，由于流体被加速并需要克服动压力，速度较大。在 $Q=0$ 时刻，流量和转速减小，在叶轮流道的进口处低速区范围缩小，并在叶片压力面靠近出口附近形成高速区，导叶内整体速度减小，这是由流量和转速减小使运动能量减小所致。在 $n=0$ 时刻，叶轮流道在反向流量的冲击下，叶轮流道内速度分布逐渐不均匀，在叶片压力面和吸力面靠近叶轮流道出口附近形成范围较大的低压区，这是由于惯性使流体继续流动，并形成反向流量，影响了速度分布。在 $M=0$ 时刻，多级泵进入飞逸工况，叶片压力面和吸力面靠近叶轮流道出口附近的低速区在反向转速的作用下逐渐向高速转变，整体速度分布逐渐均匀，这是因为多级泵在飞逸状态下，低速区内流体受反向旋转和离心力增大的加速作用，改变了原有的速度分布特征。

### 5.4.2.4　各级叶轮涡结构分布

图 5-38 所示为基于 $\Omega$ 涡识别方法，意外停机过程中初始流量为设计流量 $Q_d$ 下的各级叶轮涡结构分布情况。从图中可以看出，在 $t=0$ 时刻，流动分离明显，以叶轮流道出口附近的分离涡和贯穿整个通道附着在叶片吸力面的长条形涡团为主。分离涡是流体克服动压力产生的，长条形涡团是流体在叶片吸力面上的附着涡。随着流量的减小，叶轮流道出口附近的分离涡破碎成长条形涡团并向叶轮流道进口发展，在 $Q=0$ 时刻形成占据大部分叶轮流道的通道涡，这是因为流量减小使流动能量下降，难以产生足够分离涡，形成通道涡。在 $n=0$ 时刻，随着反向流量的冲击，通道涡破碎成长条形涡团，并在叶片吸力面靠近叶轮出口附近形成不规则低速和高速涡团；在 $M=0$ 时刻，涡结构主要集中在叶片吸力面靠近叶轮流道进口、叶片压力面靠近叶轮流道出口附近，叶片吸力面靠近叶轮流道进口附近，表现为内旋的通道涡，叶片压力面靠近叶轮流道出口附近则表现为长条形分离涡。这是因为叶轮反转使得流体加速，改变了原有涡结构特征，形成新的涡结构。整个意外停机过程中，首级叶轮涡结构范围和后两级略有差异，可能与其进口直径不同有关。

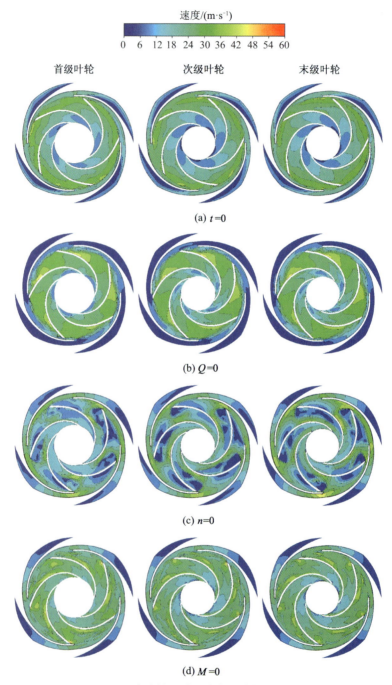

图 5-37　意外停机过程中各级叶轮速度分布

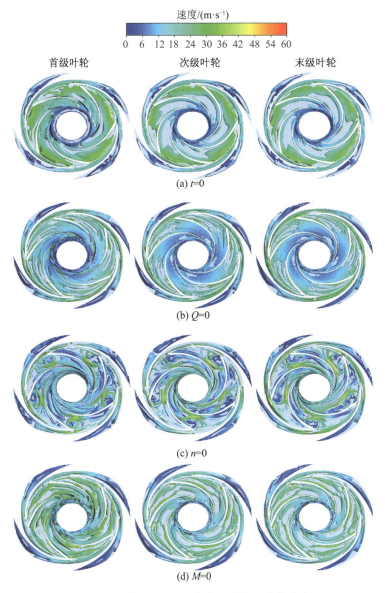

图 5-38　意外停机过程中各级叶轮涡结构分布

## 5.4.3　多级泵内熵产分布

### 5.4.3.1　过流部件的熵产

图 5-39 所示为意外停机过程中，初始流量为设计流量 $Q_d$ 下的泵内熵产分布。从图中可以看出，在意外停机过程中，随着流量和转速大小及方向

的不断变化，多级泵内总熵产 $S_{\mathrm{pro}}$ 也随之不断变化，在失去外部负载后随着流量和转速的减小，总熵产快速减小至第一个波谷 26.02 W/K。在反向流量逐渐增大后，总熵产也逐渐增大，并在制动工况内达到峰值 146.23 W/K。随着反向流量增大和叶轮转速进一步减小，总熵产也随之减小，在达到第二个波谷 48.13 W/K 后又随着反向转速的增大而增大，在到达飞逸工况后趋于稳定。湍流耗散熵产 $S_{\mathrm{pro,D'}}$、壁面熵产 $S_{\mathrm{pro,W}}$ 与总熵产 $S_{\mathrm{pro}}$ 变化趋势相似，而直接耗散熵产 $S_{\mathrm{pro,D}}$ 的大小及变化相对于其他两种熵产较小，其影响可以忽略不计。在意外停机过程中，流量和速度的大小、方向变化是导致各种熵产波动的主要原因，湍流耗散熵产变化幅度较大，由湍流耗散所带来的损失影响占主导地位，在达到飞逸工况后湍流耗散熵产占比约为 65.2%。

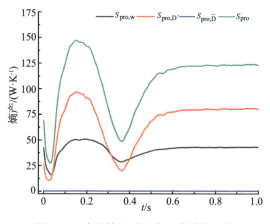

图 5-39　意外停机过程中泵内熵产分布

图 5-40 所示为意外停机过程中初始流量为设计流量 $Q_{\mathrm{d}}$ 下的泵内主要过流部件的总熵产比率变化。从图中可以看出，在意外停机过程中，叶轮流道的总熵产值比率数值以及变化幅度较大，并且其变化趋势与泵内总熵产值变化趋势相似，说明意外停机过程中能量损失主要发生在叶轮流道，这是由于意外停机过程中，叶轮流道内流动不稳定，存在漩涡、流动分离、回流等不良流动现象，速度梯度也在不断变化。相比之下，其他过流部件总熵产值比率的大小及变化幅度相对较小。在进入飞逸工况后可以看出，总熵产比率最大的过流部件为叶轮，其值为 76.33%，其次为导叶、泵腔、口环和吸水室，最后为蜗壳。

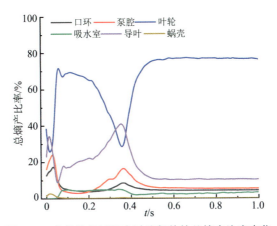

**图 5-40　意外停机过程中过流部件的总熵产比率变化**

### 5.4.3.2　熵产率分布

由于在意外停机过程中，湍流耗散所带来的损失影响较为严重，且能量损失主要发生在叶轮流道，因此本小节对叶轮流道意外停机过程中的能量损失进行分析。图 5-41 所示为初始流量为设计流量 $Q_d$ 下的叶轮流道局部熵产率分布。从图中可以看出，在 $t=0$ 时刻各级叶轮内局部熵产率分布范围较小，此时损失相对较少。叶轮出口附近的流动分离，使得局部熵产率主要集中在叶片压力面靠近叶轮出口附近。随着转速和正向流量的减小，局部熵产率的分布范围有所增大，在 $Q=0$ 时刻可以观察到明显的局部熵产率分布。这是由于当流量和转速减小时，流动变得不稳定导致能量损失增大，但增幅较小。在 $n=0$ 时刻，随着反向流量的冲击，局部熵产率的分布范围及强度均有所增大，局部熵产率区域几乎充满整个流道，并在叶轮流道中间区域形成高熵产率区，说明此处水力损失较大。当转速减小达到停机状态时，主要由于叶轮停止旋转导致流动急剧变化，产生较大的能量损失。在 $M=0$ 时刻，叶轮的反转使得局部熵产率的分布范围及大小发生改变。具体而言，高局部熵产率区由叶轮流道中间区域向叶轮流道出口发展，并且叶片压力面靠近叶轮出口附近形成条状高局部熵产率区，总体上局部熵产率的分布范围较 $Q=0$ 时刻小，但强度较 $Q=0$ 时刻大。

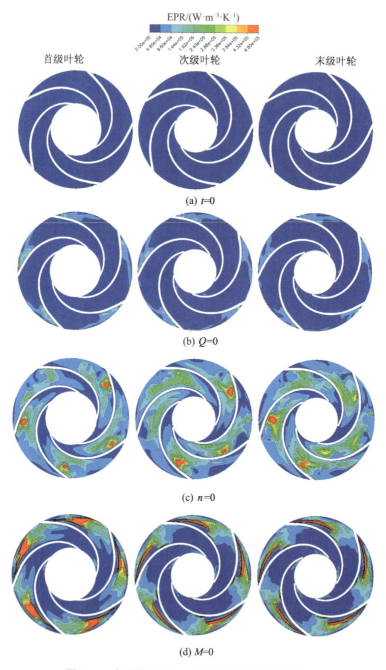

图 5-41　意外停机过程中叶轮流道局部熵产率分布

## 5.4.4　多级泵内压力脉动分析

### 5.4.4.1　压力脉动时域特性分析

图 5-42 所示为意外停机过程中的压力脉动时域特性图。从图中可以看出，多级泵不同级内部压力脉动时域特性存在差异。各级流道内压力脉动系数随着转速和流量的变化而变化，呈现出相似的变化趋势。在多级泵失去外部负载后，各级流道内监测点压力脉动系数开始减小，在 $t = 0.036$ s 后略有增大并再次减小，在 $t = 0.254$ s 后开始逐渐增大，最后趋于周期性振荡。不同监测点的压力脉动系数波动幅值有所不同。首级叶轮流道内 A1 监测点的波动幅值较大，其次为 A3，最后为 A2；导叶流道中 A4 监测点波动幅值较大，其次为 A5，最后为 A6。而次级和末级叶轮流道出口附近的 B3、C3 监测点波动幅值较大，其次为 B2、C2，最后为 B1、C1；导叶流道则与首级叶轮流道相似。随着级数的增加，各级监测点的压力脉动系数波动幅值呈减小趋势，表明首级叶轮流道内监测点压力变化较为剧烈。

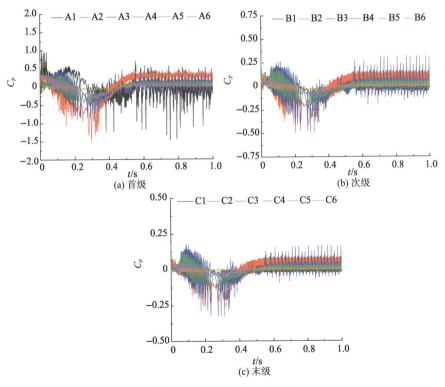

图 5-42　压力脉动时域特性

### 5.4.4.2 压力脉动时频域特性分析

图 5-43 所示为意外停机过程中多级泵首级各监测点的压力脉动时频域特性图。多级泵飞逸工况下的转速为 -4210 r/min，对应的转动频率即轴频

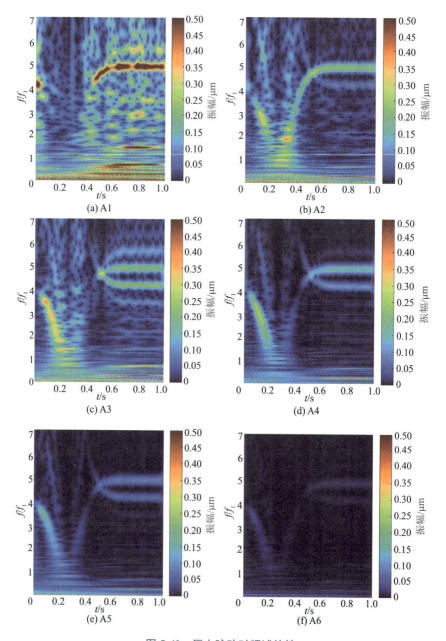

**图 5-43** 压力脉动时频域特性

$f_1$ 为 70.17 Hz。从图中可以看出，随着停机过程的进行，压力脉动振幅占优的频率整体上呈先减小再增加最后稳定的趋势。叶轮流道内各监测点频率及其振幅变化较为复杂，这是由于意外停机过程中流量、转速的大小和方向会不断变化，叶轮流道内的流动呈现不稳定的状态。各监测点存在多个不连续的振幅占优的频率分量，其中主导分量对应于转动频率的 5 倍，即叶轮流道的叶片通过频率。A1 监测点频率分量振幅大于 A2、A3 监测点，这是由于意外停机过程中叶轮进口在经历流量倒灌和叶轮反转后，由流体进口变成流体出口，流动更加不稳定且存在许多低频流动紊乱。而 A2、A3 监测点受到叶轮和导叶动静干涉的影响还出现 4 倍的转动频率，导叶内 A4～A6 监测点频率变化趋势与 A2、A3 相似，且频率分量振幅沿流动方向逐渐增大。

# 第6章 移动式车载泵送系统设计分析

本章介绍移动式应急供水系统车载系统的相关设计理论和分析方法，阐述专用汽车结构与设计内容。从汽车底盘选型、副车架改装和校核、附属件配备等方面，介绍应急供水系统的主要部分，并进行提水泵车行驶和提水作业工况下的振动和强度分析，为应急供水系统可靠运行提供保障。

## 6.1 移动式应急供水系统设计及性能评价

### 6.1.1 山区移动式应急供水系统设计

应急智慧供水车将成套泵送设备安装在自行走式汽车底盘上，用于执行高压供水作业，它由底盘车和上装设备两部分组成。其工作原理是通过底盘车柴油机动力驱动车台液压系统调平车身；移动式智能高压泵送系统启动，车台柴油机启动所产生的动力通过离合齿轮箱和联轴器传到提水泵，驱动提水泵工作；喂水泵供给的喂水由吸入管路经过滤器进入提水泵，经过提水泵增压后由高压排出管排出，实现应急高压供水作业。

应急智慧供水车作为一款集成移动泵车，在满足山区和边远灾区救灾和生活供水保障需求的同时，也可作为超高层建筑用应急消防车、油气田开采用压裂泵车、消除放射性和消毒的洗消车等。它可以单机进行施工作业，也可以多套设备组成机组实现联机作业。每台设备通过数据线连接，设备之间相互串联形成环形网络，各台设备的柴油机、齿轮箱、提水泵等信号和数据通过网络双向传递，从而实现数据共享。联机作业过程中可以对单车和多车编组，通过事先对作业流程进行编组并设置各阶段流程，实现各组设备自动流量和自动扬程控制流程。施工作业参数可以通过远控箱进行集中采集和打印，也可以使用笔记本电脑通过任何一台控制箱上的采集数据口采集。

### 6.1.1.1　整体方案

应急智慧供水车主要由汽车底盘、副车架、车厢、保障附件、液压调平系统、随车吊臂、移动式智能高压泵送系统组成。底盘车除具有整车移运功能外还为车身调平液压系统提供动力，车辆外形和部件说明如图 6-1 所示。

(a) 应急智慧供水车外形

(b) 部件说明

图 6-1　应急智慧供水车

### 6.1.1.2　底盘选择及副车架改装

上汽依维柯红岩 CQ3257EL4 底盘主要尺寸如图 6-2 所示。

副车架作为整车大部分上装设备的安装、支承平台，在结构强度、刚性、制作精度方面均有较高要求。通过对上装设备模拟工况进行核查，底架在承重的同时，对其抗扭、抗弯能力有极高要求。为提高该区域结构、刚性、强度与抗弯、抗扭能力，设计过程中提高了副车架中心高度，并将该区域设计为整体厢式结构。如图 6-3 所示，副车架外形和主体框架主要由安装底座和底架组成，安装底座与底架通过焊接连接。安装底座用于柴油机、变速箱、离心泵的安装固定，整体采用厢式结构设计，使用高强度钢板焊接成形，具有刚性强、强度大、抗振动性优良、抗弯扭能力强的特点。底架用于车厢及上装设备、附件的安装，采用钢板折弯焊接成形，底架上方布置防滑花纹铝板，用于人员维修时踩踏。

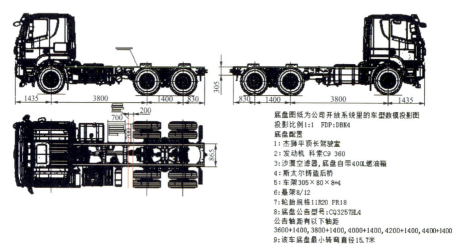

图 6-2　CQ3257EL4 底盘图纸

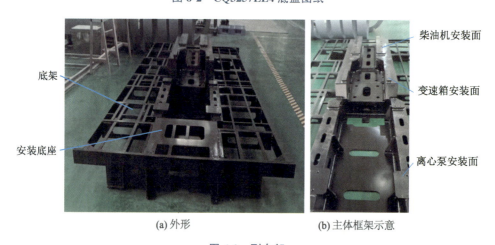

(a) 外形 　　　　　　　　　 (b) 主体框架示意

图 6-3　副车架

### 6.1.1.3　保障附件

保障附件由照明灯具、反光标识、灭火器、自救绞盘、防撞机构、备胎支架、支腿垫木、登舱梯、副油箱、附件箱、随车吊臂等组成。

根据国家相关车辆法规，在车厢两侧设计有侧标志灯，在车厢顶部四周设计有示廓灯，车厢顶部设计顶置轮廓灯用于标示车辆高度。在车厢内的顶部设计有 24 V LED 顶灯，用于车厢内部照明。在车厢四周设计有反光标识，便于在夜间勾勒出车厢轮廓。在驾驶室配备有灭火器，用于车辆紧急情况下使用。如图 6-4 所示。

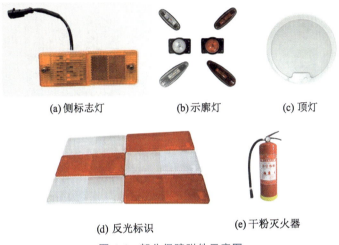

(a)侧标志灯　　　　(b)示廓灯　　　　(c) 顶灯

(d) 反光标识　　　　(e) 干粉灭火器

图 6-4　部分保障附件示意图

自救绞盘适用于整车在野外工作时陷入泥泞之中无法驶出而对整车进行自救，使车辆脱险的情形。自救绞盘使用底盘的 24 V 电源，具备足够拉力，能将车辆拉出。其外观实物如图 6-5 所示。

图 6-5　自救绞盘实物图

防撞机构应满足国家相关标准的安全性要求，在整车的两侧及后部装有防撞梁，用于保护车辆安全行驶。

副油箱是为增加整车持续工作时间、增大整车油箱容量而设计的一款高强度铝合金油箱，设计容积约为 200 L。

附件箱分布于下围，用于存放深井泵、水带、支腿垫木等物品。

保障附件在整车中的位置如图 6-6 所示。

图6-6　部分保障附件位置图

随车吊臂可用于上装设备的维修及搬运。随车吊臂选用成熟的机械吊臂加电动绞盘，起重质量最大可达500 kg，使用底盘自带的24 V电源供电。随车吊臂可靠固定于车厢左右两侧，可供两侧同时使用，配备有控制器，闲置时通过花篮螺栓（又称"松紧螺栓"）固定。随车吊臂外观及位置如图6-7所示。

(a) 机械吊臂及控制器外观图

(b) 位置

图6-7　随车吊臂外观及位置图

#### 6.1.1.4 车载一键调平液压支腿系统设计

为满足车载工作装置平面的水平要求，设计开发一键调平液压支腿系统。该系统有左前、左后、右前、右后四个液压支腿。支腿可以在垂直方向进行伸缩，可一键自动调平。液压支腿在车架上的安装布局如图 6-8 所示。一键调平液压支腿系统主要由控制器、自动展收按键、倾角传感器、支腿受力检测开关组成。

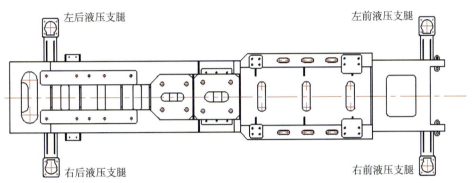

**图 6-8 车载底盘液压支撑结构示意图**

一键调平功能实现的原理及流程如下：

在液压支腿未展开状态下，按下"自动展"按键之后，控制四个支腿垂直向下伸出，直至支腿受力。此时四个支腿受力检测开关触发，给控制器输入 24 V 电压信号，控制器 DI 端口收到 24 V 电压信号之后，控制左前、右前两个支腿同时垂直向下伸。根据底盘倾角传感器反馈，使车辆底盘与地面形成一定角度，然后控制左后、右后两个支腿同时垂直向下伸，在车轮完全离地的同时，根据车辆倾角状态对支腿进行微调，保证底盘倾角传感器的角度≤0.5°，此时即完成整个一键调平过程。

收车时，按下"自动收"按键，四个支腿同时垂直缩回，然后水平缩回，四个支腿的水平全缩检测开关触发，给控制器输入 24 V 电压信号，控制器 DI 端口收到 24 V 电压信号之后，即完成整个收车过程。

一键调平液压支腿系统集液压传动技术、自动控制技术于一体。其运行原理（图 6-9）如下：汽车底盘的发动机提供系统总动能。发动机上配置取力器，将功率传输至液压泵。液压泵将机械能转换为液压能，经电控液压阀组模块，分别为四只油缸提供驱动力。

系统控制原理：以 0.5 s 为周期，液压控制器采集水平倾角传感器反馈的车架水平数据。当数据超过±0.5°时，液压控制器进行数据运算，采用

PID算法，输出相应电流信号，发送至相应的液压阀组单元。各阀组单元收到信号后，执行液压油的输出控制，分别驱动各油缸。

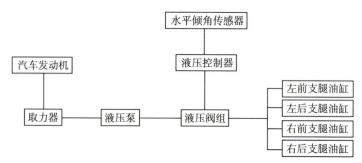

**图 6-9　一键调平液压支腿系统运行原理**

油缸运行，水平倾角传感器数据相应变化，逐渐趋于 0°，达到水平状态。控制器在检测到水平倾角传感器的反馈数据在±0.3°范围内时，系统保持平衡状态，锁紧油缸，并进行下一个检测周期。

基于可编程逻辑控制器的控制方式，控制器接收从安装在支腿油缸上的压力传感器和安装在车身上的角度传感器发出的信号，经 FSLC 同步控制系统处理这些信号并发送控制信号到各支腿油缸比例换向阀，比例换向阀工作驱动支腿油缸活塞杆伸出或缩回，使车辆状态调平到要求的调平精度范围。

一键调平液压系统主要部件参数如表 6-1 所示。

**表 6-1　主要部件参数**

| 序号 | 部件 | 参数 | |
|---|---|---|---|
| 1 | 发动机 | 怠速/(r·min⁻¹) | 600~800 |
| 2 | 取力器 | 速比 | 0.8 |
| 3 | 轴向柱塞泵 | 型号 | A2F28L2Z4 |
| | | 额定排量/(mL·r⁻¹) | 28 |
| | | 最高工作压力/MPa | 40 |
| 4 | 油缸 | 型号 | JG6738-100/70-600 |
| | | 缸径/mm | 100 |
| | | 杆径/mm | 70 |
| | | 行程/mm | 600 |
| | | 安装距/mm | 594 |
| | | 额定工作压力/MPa | 20 |

续表

| 序号 | 部件 | 参数 | |
|------|------|------|------|
| 5 | 比例换向阀 | 型号 | HLPSL3C1C/200-3 -32H6/6NN/EA -E1-G24 |
| | | 最大工作压力/MPa | 42 |
| | | 溢流阀设定压力/MPa | 16 |
| | | A，B 口流量/(L·min$^{-1}$) | 6 |
| 6 | 安全阀 | 型号 | DBDS10P10-315 |
| | | 额定工作压力/MPa | 31.5 |
| | | 最大流量/(L·min$^{-1}$) | 90 |
| 7 | 双向液压锁 | 型号 | LUD-1319-M0 |
| | | 额定工作压力/MPa | 31.5 |
| | | 最大流量/(L·min$^{-1}$) | 30 |
| 8 | 油箱 | 型号 | ZTYX-JL270-00 |
| | | 容积/L | 70 |
| 9 | 压力传感器 | 型号 | PR4 420G B05/10 |
| | | 量程/bar | 0~250 |
| | | 线性度 | ±0.3%F.S. |
| | | 精度 | +25 ℃时：±0.5%F.S. |
| | | 零点及满度偏移 | ±0.03%F.S./K |
| 10 | 水平传感器 | 型号 | MSS-322 |
| | | 测量范围/(°) | ±15 |
| | | 分辨率/(°) | 0.0005 |
| | | 零点温漂/(°·℃$^{-1}$) | ±0.0003 |
| | | 波特率/(bit·s$^{-1}$) | 2400~115200 |
| | | 防护等级 | IP67 |
| 11 | 调平控制器 （含程序） | 型号 | FEQP 100 |
| | | 工作温度/℃ | -40~85 |
| | | 防护等级 | IP67 |
| | | 工作电压/V | 8~32 |
| | | 输出最大电流/A | 3 |
| 12 | 调平系统 | 调平精度/(°) | ±0.5 |
| 13 | | 调平时间加垂直展开时间/min | ≤3 |

一键调平液压支腿系统布置如图 6-10 所示。

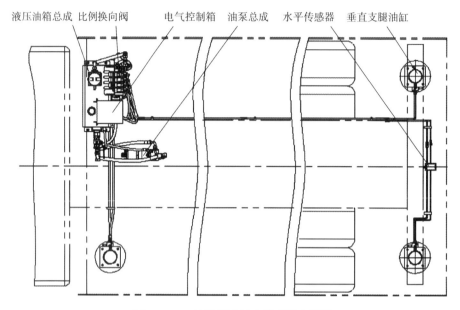

图 6-10 一键调平液压支腿系统布置图

一键调平液压支腿系统电气原理如图 6-11 所示。

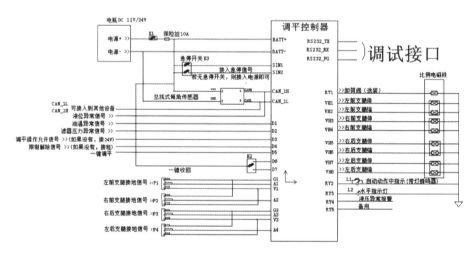

图 6-11 一键调平液压支腿系统电气原理图

## 6.1.2 静态稳定性计算

提水泵车整车采用成熟的汽车底盘加装提水泵车系统而成，因此加装的部件系统只要确保整车系统的重心处于合理范围、总质量不超过底盘的允许承载能力，就可以保证整车行驶过程中的稳定性。整车质心位置分析和总质量校核分析所涉及的相关零部件参数如表 6-2 所示。

表 6-2　提水泵车主要零部件参数

| 序号 | 名称 | 质量/<br>kg | 距前桥 X/<br>mm | 计算力矩/<br>(N·m) | 距中心线 Y/<br>mm | 计算力矩/<br>(N·m) | 距地面 Z/<br>mm | 计算力矩/<br>(N·m) |
|---|---|---|---|---|---|---|---|---|
| 1 | 柴油机 | 2400 | 2980 | 7152000 | 0 | 0 | 1950 | 4680000 |
| 2 | 齿轮箱 | 475 | 4040 | 1919000 | 0 | 0 | 1910 | 907250 |
| 3 | 提水泵 | 1600 | 5430 | 8688000 | 0 | 0 | 1910 | 3056000 |
| 4 | 联轴器 | 50 | 4440 | 222000 | 0 | 0 | 1910 | 95500 |
| 5 | 副车架 | 2500 | 3810 | 9525000 | 0 | 0 | 1350 | 3375000 |
| 6 | 备胎支架 | 180 | 6000 | 1080000 | 0 | 0 | 1000 | 180000 |
| 7 | 过滤器 | 400 | 2800 | 1120000 | 850 | 340000 | 1855 | 742000 |
| 8 | 进出管 | 350 | 4950 | 1732500 | 750 | 262500 | 1910 | 668500 |
| 9 | 柴油 | 340 | 2140 | 727600 | 830 | 282200 | 1980 | 673200 |
| 10 | 电控箱 | 80 | 1450 | 116000 | −950 | −76000 | 1850 | 148000 |
| 11 | 空气滤清<br>消声器 | 100 | 2200 | 220000 | 100 | 10000 | 2950 | 295000 |
| 12 | 外罩 | 1100 | 3950 | 4345000 | 0 | 0 | 2500 | 2750000 |
| 13 | 井泵 | 100 | 4050 | 405000 | 950 | 95000 | 1635 | 163500 |
| 14 | 潜水泵 | 120 | 3270 | 392400 | 850 | 102000 | 1535 | 184200 |
| 15 | 其他 | 1600 | 4130 | 6608000 | −700 | −1120000 | 1600 | 2560000 |
| 16 | 底盘 | 10200 | 1900 | 19380000 | 0 | 0 | 1027 | 10475400 |
| 17 | 驾驶员 | 150 | −100 | −15000 | 0 | 0 | 1850 | 277500 |
| | 总计 | 21745 | | 63617500 | | −104300 | | 31231050 |

根据提水泵车的初步设计结构布置方案，整车总质量、重心位置、轴荷计算结果等如下：

整车总质量：21.745 t（<25 t）；

重心 X 向坐标：2925.6 mm；

重心 Y 向坐标：−4.8 mm；

重心 Z 向坐标：1436.2 mm；

前轴轴荷：6.95 t（<7 t，占总质量的32%）；

后双轴轴荷：14.795 t（<18 t，占总质量的68%）。

上述计算结果表明，汽车底盘整体改装方案所设计提水泵车总质量未超过底盘允许总质量，重心位置合理且轴荷分配满足汽车行驶稳定性要求，汽车底盘轴距、前后悬结构和大小在设计方案中未改变，提水泵车整车通过性和越野性能保持不变，总体结构布置方案合理。

### 6.1.3 提水泵车振动和强度分析

主要采用多体动力学仿真分析技术对提水泵车行驶过程中和作业状态下主要部件的强度和振动情况进行数值计算，进而展开分析。

#### 6.1.3.1 提水泵车行驶工况下振动和强度分析

为保证提水泵车行驶工况下主要部件的振动可靠性，根据提水泵车整车结构建立了基于行驶工况下多体动力学仿真分析技术的动力学分析有限元计算模型，如图6-12所示。

(a) 三维建模      (b) 边界条件设置

**图6-12　整车结构的动力学分析有限元计算模型**

提水泵车系统布置方案下结构振动固有频率仿真结果如表6-3所示，特征频率分布在31 Hz以下的低频区。各频率下的振动模态如图6-13至图6-18所示。

**表6-3　行驶状态下整车结构振动主要频率**

| 特征频率/Hz | 1.324 | 3.921 | 4.204 | 10.519 | 11.078 | 20.106 | 30.225 |
|---|---|---|---|---|---|---|---|
| 角频率/(rad·s⁻¹) | 8.320 | 24.639 | 26.414 | 66.092 | 69.603 | 126.330 | 189.910 |

特征频率＝1.3237 Hz

图 6-13　提水泵车整体振动模态（1.3 Hz）

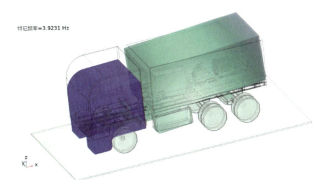

特征频率＝3.9231 Hz

图 6-14　驾驶室振动模态（3.9 Hz）

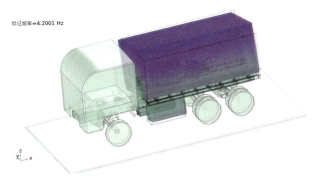

特征频率＝4.2001 Hz

图 6-15　提水泵组系统的左右摇摆模态（4.2 Hz）

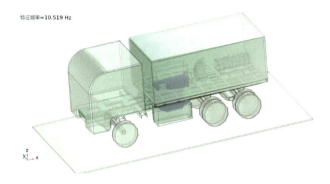

(a) 发动机上振动模态

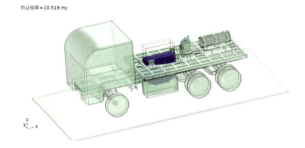

(b) 发动机下振动模态

图 6-16　发动机上、下振动模态（10.5 Hz）

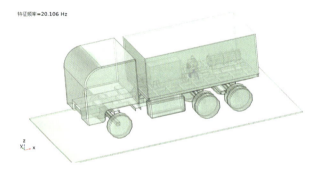

(a) 增速器上振动模态

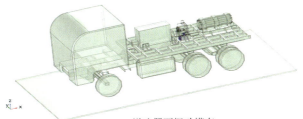

特征频率=20.106 Hz

(b) 增速器下振动模态

图 6-17 增速器上、下振动模态（20.1 Hz）

表面：von Mises 应力(Pa)

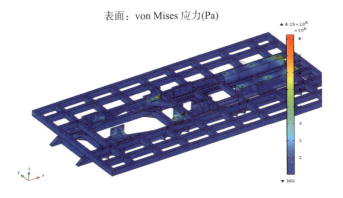

(a) 恒定静载荷

表面：von Mises 应力(Pa)

freq(3)=3 Hz

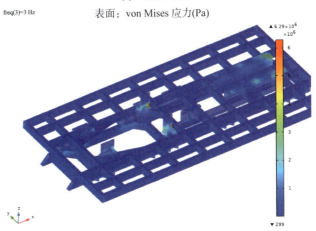

(b) 激励频率 3 Hz

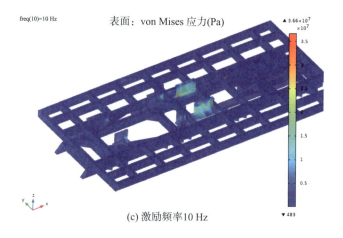

(c) 激励频率10 Hz

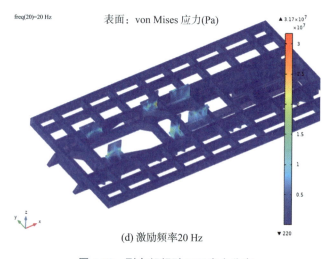

(d) 激励频率20 Hz

图 6-18  副车架行驶工况应力分布

图 6-18 的分析结果表明，恒定载荷下副车架表面最大应力为 36.6 MPa，小于车架材料的许用应力，现有车架结构设计满足强度需要；行驶工况下主要受路面不平低频（1~20 Hz）激励，结构的表面动态应力小于材料的疲劳寿命应力，表明结构的疲劳寿命满足行驶工况下的结构强度需要。

### 6.1.3.2  提水泵车提水作业工况下的振动和强度分析

为保证提水泵车提水工作过程中主要部件的振动和结构强度，根据提水泵车整车结构建立了基于提水工况下多体动力学仿真分析技术的动力学分析模型，如图 6-19 所示。

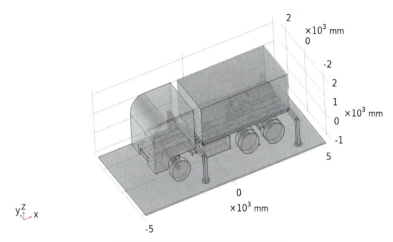

图 6-19　整车结构动力学分析模型

提水泵车系统布置方案下结构振动固有频率仿真结果如表 6-4 所示。固有频率大多集中在 30 Hz 以下的低频区。各频率下的振动模态如图 6-20 至图 6-23 所示。

表 6-4　提水状态下整车结构振动主要频率

| 特征频率/Hz | 4.997 | 9.171 | 9.353 | 10.354 | 14.190 | 14.478 | 19.965 | 28.692 | 28.920 |
| --- | --- | --- | --- | --- | --- | --- | --- | --- | --- |
| 角频率/(rad·s$^{-1}$) | 31.398 | 57.625 | 58.765 | 65.055 | 89.156 | 90.971 | 125.440 | 180.280 | 181.710 |

特征频率=4.9971 Hz　　　　　　振型 (mbd)

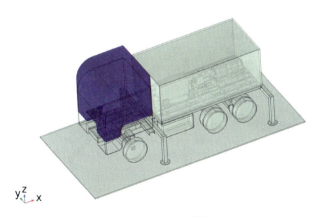

图 6-20　提水泵车驾驶室振动模态（4.99 Hz）

特征频率=9.1713 Hz　　　　　　　　　　振型 (mbd)

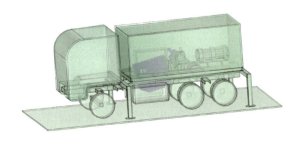

图 6-21　发动机振动模态（**9.17 Hz**）

特征频率=9.3527 Hz　　　　　　　　　　振型 (mbd)

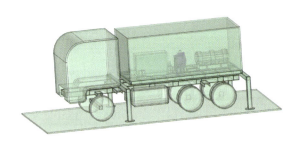

图 6-22　提水泵组系统的左右摇摆模态（**9.35 Hz**）

表面：von Mises 应力(Pa)　　　　　　　freq(1)=60 Hz 表面：von Mises 应力(Pa)

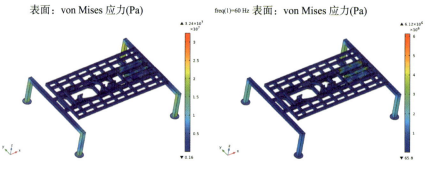

(a) 恒定载荷　　　　　　　　　　　　(b) 激励频率 60 Hz

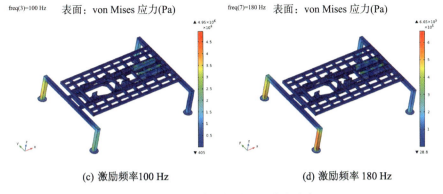

(c) 激励频率100 Hz　　　　　　　　(d) 激励频率 180 Hz

图 6-23　副车架提水工况应力分布

　　提水工况下的动态激励载荷仿真分析结果表明，所设计的副车架结构在提水工作主要激励源基频及以上的动态工作载荷激励下，结构的表面动态应力小于材料的疲劳寿命应力，表明结构的疲劳寿命满足实际需要。

## 6.2　提水泵车环境友好型厢体设计

### 6.2.1　提水泵车车厢设计

　　提水泵车车厢为整车外观部件，呈左右对称布局，外形尺寸为 5600 mm× 2500 mm×2100 mm。车厢左、右两侧各设计有两面手动卷帘门，尾部设计有一面手动卷帘门，侧卷帘门尺寸为 2000 mm×2500 mm，后卷帘门尺寸为 1640 mm×1680 mm。车厢内部高度约为 2000 mm，便于供水车上装设备的操作、维修及柴油发动机的散热等。后卷帘门右侧设有一小型翻门，方便操作人员连接离心泵管路。此外，车厢还设计有蒙皮、骨架、活动天窗等，其结构如图 6-24 所示。

　　车厢骨架主要由 50 mm×30 mm×2 mm 的矩形管焊接而成，外表面为 2 mm 厚的铝板，使用铆接及胶粘工艺完成，顶部两侧设有倒角。

后卷帘门　　　　　　　　　　　　侧卷帘门

蒙皮

翻门

(a) 左视图

活动天窗　　　　　　　　　　　　侧卷帘门

(b) 右视图

骨架

(c) 框架视图

图 6-24　车厢结构图

活动天窗用于辅助柴油机散热，主要由天窗、铰链、丝杆机构、电机等组成（图 6-25）。其中，天窗尺寸为 2070 mm×1840 mm，天窗下设有四对铰链，铰链连接滚珠丝杆，通过电机带动丝杆旋转，推动铰链运动，使天窗垂直升降运行。活动天窗设有限位装置，可防止运行过程超限而导致故障。

**图 6-25　活动天窗结构图**

　　活动天窗控制按钮位于车厢左侧前端，打开车厢左侧卷帘门，在车厢左侧前端对天窗进行操作。控制按钮如图 6-26 所示。

　　下面对应急智慧供水车活动天窗的动力进行设计计算。天窗质量 $m_1 = 50$ kg，天窗所需初始推力的计算公式为

$$F = m_2 g \sin \alpha \qquad (6\text{-}1)$$

式中：$m_2$ 为支撑端所承受的质量

**图 6-26　活动天窗控制按钮**

（天窗共有两个支撑端，$m_2 = m_1/2 = 25$ kg）；$g$ 为重力加速度，取 $g = 9.8$ m/s$^2$；$\alpha$ 为铰链初始角度，$\alpha = 5°$。

　　可得出天窗所需初始推力 $F = 25 \times 9.8 \times \sin 5° = 21.35$ N。

　　丝杆所需扭矩的计算公式为

$$T = F \mu R \qquad (6\text{-}2)$$

式中：$F$ 为天窗所需初始推力；$\mu$ 为丝杆滚动摩擦系数，取 $\mu = 0.1$；$R$ 为丝杆半径，$R = 10$ mm。

　　可得出丝杆所需扭矩 $T = 21.35 \times 0.1 \times 0.01 = 0.02135$ N·m。所选电机的输出扭矩为 1.2 N·m，减速比为 30，终端输出扭矩为 36 N·m（> 0.02135 N·m），满足使用要求。

## 6.2.2　噪声危害及减振降噪措施

噪声污染是仅次于大气污染与水污染的世界第三大环境污染。机械运行过程中产生的大量噪声，可危害操作人员的身心健康并对周围环境造成影响，严重时可造成检测仪器仪表失灵。噪声特性主要通过声压和频率来衡量，声压主要采用 A，B，C 计权声压级表示，以分贝为声学计量单位。在评定噪声时，通常使用 A 声级。计量噪声的声压和强弱时，噪声分贝数越高，噪声声压就越强，噪声污染的危害就越大。

有关部门研究表明：噪声声压大于 50 分贝时，就会对人们的睡眠或日常休息造成影响。噪声达到 70~90 分贝的强度时，就会使人们产生烦躁情绪，从而对工作和学习造成不良影响。噪声达到 90~110 分贝时，被称为强噪声，可使人们感到强烈不适。人们长时间处于强噪声的环境中，听觉系统会受到危害，甚至可能引发高血压、消化不良、心脑血管疾病等。噪声达到 120~130 分贝时，人们会感觉难以忍受，耳朵会感到疼痛，即达到痛阈。噪声达到 130~140 分贝时，只需很短的时间人们就会出现呕吐、头晕、恶心现象，甚至出现鼓膜破裂、双耳失聪等外伤。噪声达到 150 分贝或者更高时，造成的影响将更加严重，如胎儿发育不良、儿童发育受损，甚至人或动物死亡。

由噪声产生原理和传播方式等特点可知，噪声污染的特点是以弹性波的方式从声源向周围辐射。与其他环境污染不同，噪声污染并不会堆积或持久存在于环境中，也不会扩散到很远的地方。一旦声源停止作用，噪声也会随之消失。因此，噪声污染只有在声源产生作用，同时具有声音的传播途径，并且在有效范围内有接受者时，才会造成危害。根据上述特点，控制噪声危害的有效方法是控制噪声源，阻隔噪声传播途径，并为噪声影响范围内的接受者提供防护。

① 控制噪声源。工业噪声从产生方式上主要分为气流噪声和机械噪声。机械噪声产生的原因主要是设备的高速旋转部件在进行往复运动时，部件之间产生振动或摩擦。对这类噪声进行治理，可从改善设备材料、完善设备设计、加强生产管理入手，对声源进行控制，达到减小噪声的目的。气流噪声主要由生产运行中的风动工具，如风机、高压风管、空压机等产生的。在对其进行控制时，不但需要对这些风动设备的结构和性能方面进行改善，还要采取相应的减振措施。比如在设计这类设备时，在振动发声部

位装配橡胶、软木、毡板、相关涂料等，或使用阻尼器控制声源振动。

②阻隔噪声传播途径。可以对作业装备进行合理布局，将工作人员休息区分隔，并采用隔声材料阻隔。同时，将厢体内产生噪声过大的设备与其他设备分开，避免产生共振，从而更有效地对噪声进行控制。还可以利用声屏障，或者在厢体上布置隔声板以起到阻隔噪声传播的作用。

③加强对噪声接受者的保护。根据工作现场具体情况和噪声特性，为工作人员提供耳塞等保护设备，以减少工业噪声对工作人员的危害。

### 6.2.3　环境友好型车厢设计

供水系统中的柴油机、泵体振动及管路流动诱导等因素会产生大量的噪声污染，严重影响工人作业及周边环境，采用隔声罩可以有效解决噪声辐射问题。然而，由于传统隔声罩的密闭性与空间局限性，机组运行产生的热量无法有效地扩散，从而严重影响设备的使用寿命。本书介绍一种开放型全方位隔声窗，它在隔声降噪的基础上，保证车厢内其他介质（如热量、空气、光等）与外界正常流通，从而实现提水系统的低噪可靠运行。

隔声窗基本设计方案如下：设计图 6-27a 所示的钩状、超薄、宽频、带声超表面的单元，保持单元长度 $l$ 和厚度 $h$ 不变，变化参数 $d$ 与 $b$，可以获得整个 $2\pi$ 区间的相位延迟，单元厚度 $h$ 仅为波长的 $1/12$。将其安装在车厢卷帘门打开后的百叶窗上（图 6-27b）。

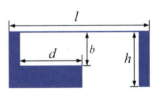

(a) 钩状、超薄、宽频、带声超表面的单元

根据广义斯涅耳定律，基于钩状单元的声超表面可对声传播路径进行任意操控，且具有超薄结构与易集成等优点。设声波掠入射到（入射度 90°）超构表面，反射角为 45°，则超表面相位梯度分布为 $\mathrm{d}\varphi/\mathrm{d}x = -0.293k$，式中 $k = 2\pi/\lambda$ 为波数。

图 6-28a 中蓝色实线为声超表面相位分布的理论值。在理论相位分布曲线上，以图 6-27a 中钩状单元的长度 $l$ 为间隔，选取

(b) 车厢百叶窗

图 6-27　隔声窗

7 个非连续的相位（红色空心点），采用相应参数的钩状单元进行排列，可以得到所设计的声超表面，当声波从左侧掠入射到声超表面时，声波的反

射角 $\theta_r$ 为 45°（图 6-28b）。图 6-28c 显示声波掠入射到声超表面产生的声压场分布，声波的反射方向与其理论值方向一致。

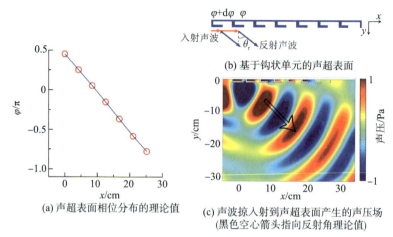

(a) 声超表面相位分布的理论值

(b) 基于钩状单元的声超表面

(c) 声波掠入射到声超表面产生的声压场
(黑色空心箭头指向反射角理论值)

**图 6-28　声超表面**

基于钩状单元的超薄声超表面较容易集成到窗户叶片表面，用于调控声波传输路径，实现全方位隔声效果，同时不影响窗户两侧空气、光及热量等其他介质的流通。图 6-29 显示了基于钩状单元声超表面设计的全方位隔声窗结构，其中隔声窗包含 8 个叶片通道。由图可以看出，当平面声波与柱面声波分别从窗户两侧入射时，均无法通过窗户而实现较好的全方位隔声效应，且工作频率与中心频率之比达到 0.36。

此外，开放型全方位隔声窗的性能调控是可行的。图 6-30 显示了开放型窗户的单双向隔声性能的调控。与图 6-29 所示隔声窗的结构参数相比，首先将叶片通道间距增大 2 cm（图 6-30a～b），其他参数相同。可以看出，叶片通道间距增大后，左侧入射声波可以通过，而右侧入射声波无法通过。由此可知，增大叶片通道间距，双向隔声可以转变为单向隔声。在此基础上，将图中叶片旋转 40°（图 6-30c～d），右侧入射声波仍然无法通过，而左侧入射的声能量同样又被窗户隔离，单向隔声又转变为双向隔声。

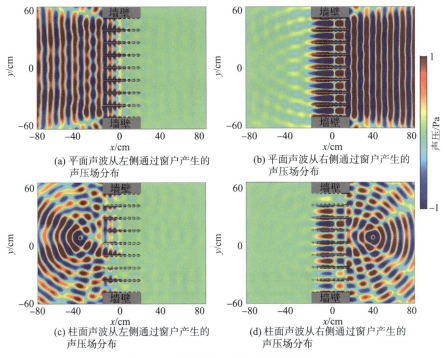

(a) 平面声波从左侧通过窗户产生的
声压场分布

(b) 平面声波从右侧通过窗户产生的
声压场分布

(c) 柱面声波从左侧通过窗户产生的
声压场分布

(d) 柱面声波从右侧通过窗户产生的
声压场分布

图 6-29　开放型窗户的全方位隔声效应

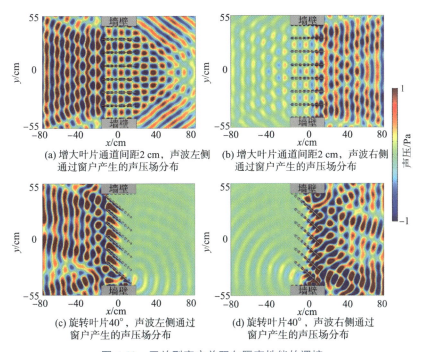

(a) 增大叶片通道间距 2 cm，声波左侧
通过窗户产生的声压场分布

(b) 增大叶片通道间距 2 cm，声波右侧
通过窗户产生的声压场分布

(c) 旋转叶片 40°，声波左侧通过
窗户产生的声压场分布

(d) 旋转叶片 40°，声波右侧通过
窗户产生的声压场分布

图 6-30　开放型窗户单双向隔声性能的调控

基于上述方案进行隔声窗设计。根据工程经验，在本书的项目中，隔声窗只需单向隔声，且旋转机械设备发出的 2000 ~ 3000 Hz 频率范围内的噪声对环境影响最大，因此提出一种新型钩状结构（图 6-31），并进行理论计算得到 $a = 20$ mm，$w = 2.5$ mm，$b = 10$ mm，$e = 1$ mm。

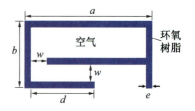

图 6-31　车载通风隔声壁单元结构

结合上述百叶窗设计方案，设计单个叶片长度和高度分别为 12 cm 和 2 cm。叶片上、下两侧的结构相同，由 6 个不同参数 $d$ 的相控单元组成（图 6-32）。从左向右，6 个单元的参数 $d$ 分别为 9.7 mm，7.9 mm，6.7 mm，6 mm，4.2 mm 与 10.4 mm。

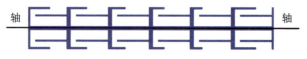

图 6-32　车载通风隔声壁叶片单元结构

将其组装成如图 6-33 所示的车载通风隔声壁（以 7 个叶片通道为例），其中叶片间距 $l = 40$ mm，$O$ 表示左侧入射点声源，$O'$ 表示右侧入射点声源。

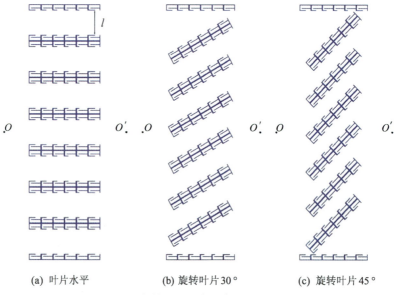

(a) 叶片水平　　　　　(b) 旋转叶片 30°　　　　　(c) 旋转叶片 45°

图 6-33　车载通风隔声壁百叶窗模块结构

图 6-34 为声波通过叶片水平、旋转叶片 30°、旋转叶片 45°时通风隔声壁产生的声透射谱。可以看出，叶片在水平位置时，在 2154~2997 Hz 频率范围，左、右两侧点声源入射均可以实现很好的全方位隔声效果（声透射率低于 0.1）。当叶片旋转 30°时，在 2120~3020 Hz 频率范围，左、右两侧点声源入射，均可实现很好的全方位隔声效果（声透射率低于 0.1）。当叶片旋转 45°时，在 2110~3140 Hz 频率范围，左、右两侧点声源入射，同样可实现很好的全方位隔声效果（声透射率低于 0.1）。旋转角度越大，声透射抑制的频率范围越宽，总体声透射率越低。

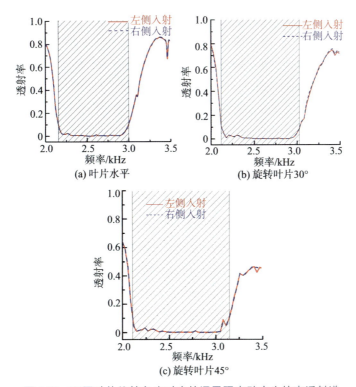

图 6-34  不同叶片旋转角度对应的通风隔声壁产生的声透射谱

设车厢内噪声源频率为 2700 Hz，分别对三种构型车载通风隔声壁进行声场数值模拟。图 6-35 为对应的透射声压场分布。可以看出，三种构型下隔声窗的隔声效果都很好，能满足车厢环境友好的目标。

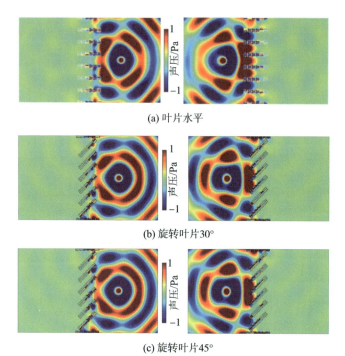

(a) 叶片水平

(b) 旋转叶片30°

(c) 旋转叶片45°

**图 6-35** 频率为 2700 Hz 的两侧点声源通过三种构型车载通风隔声壁的透射声压场分布

# 第 7 章 应急智慧供水系统控制技术

本章主要介绍应急智慧供水系统供水控制方案,从面向控制的柴油机建模、故障诊断流程及底层布置、电控系统智能化开发等方面阐述移动式应急智慧供水系统的运行技术。

## 7.1 智慧供水控制系统技术方案及面向控制的柴油机建模

智慧供水控制系统主要实现喂水泵、提水泵等的启动、停止、调速、换挡、压力预测、压力(流量)调整、高压报警、发动机、齿轮箱、泵的故障报警、超压报警灯等基本功能。其工作范围为:井泵/漂浮泵—前置水箱;前置水箱—车载泵送系统—课题四水箱。其原理图如图 7-1 所示。柴油发动机采用电控调速模式,提供与泵机组控制系统的 CAN 接口,采用运行安全功能和按需调速功能设计。当出口压力超过安全值或故障信号系统报警时,输出信号至柴油机电控系统进行降速或停机;根据前置水池和后置水池需水、供水量变化及泵出口压力值信号,结合泵试验数据,输出指令信号至柴油机电控调速机构,在怠速和额定转速之间实现柴油机输出转速的线性调节。

智慧供水控制系统主要由车台控制箱、车台仪表箱、传感器和插接件等组成。车台控制箱是整个控制系统的心脏所在,其中容纳了核心的控制器件,如各种端子及继电器、开关电源、控制逻辑器、看门狗、网管、放大器,以及各种信号处理器等。各种信号的输入和控制指令的输出都在控制箱内完成。

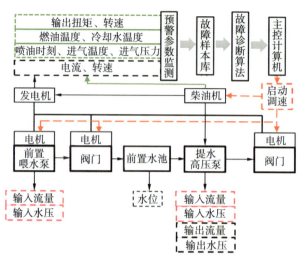

图 7-1  智慧供水控制系统技术方案原理图

车台控制箱为实现上述功能，保证车载泵机组安全可靠运行，可配套相关的在线监测连锁仪表。在线监测内容主要包括：上下游蓄水池水位信号；提水泵转速、出口压力、流量、轴承温度及振动等；增速箱轴承温度、振动；柴油机动力系统各种压力、温度、液位、振动和转速等。将所有监测仪表引入车台控制箱并配置自动连锁系统，确保泵组稳定运行。车台控制箱集中在驾驶室内控制台或远程便携式控制箱上，由一人完成，操作方便可靠，自动化程度高。全车采用 24 V 供电，电路系统由发动机电控系统、仪表显示及控制系统、照明系统等组成。全车配备工业计算机和 1 套数据采集软件，数据采集间隔可设定，最小间隔 30 ms。电气仪表等控制系统及其他相关装置具有良好的密封性，具有防雨水、防风沙和防振动等能力，可在环境温度为–35~45 ℃、湿度≤95%、海拔 2000 m 以下全天候正常工作。电气控制系统的防护等级依据 IP56 设计。配套完整的照明系统用于保证机组在夜间正常作业。车台仪表箱主要用于发动机、齿轮箱、泵和发电机等设备的参数状态显示，以便现场巡视人员直接观察各主要设备的参数，包括发动机（转速表、油压表、油温表、水温表等）、电源电压、齿轮箱（油压表、油温表）、提水泵（油压表、油温表）、进口过滤器压差及发电机（电压表、功率表）等的各主要状态参数表及指示灯，尽早发现提水泵组出现的问题。泵组的性能信息和运行情况可在线查看。

柴油机的基本特性如表 7-1 所示。为了使柴油机模型在硬件在环测试平台上运行，为柴油机 PID 控制策略的设计和测试提供支持，根据柴油机的工作原理，将柴油机模型分为 6 个模块。柴油机模型的结构如图 7-2 所示。其中气路模块包含空气状态的非线性和动态变化。油路模块包含表征柴油机的喷油过程的喷射模块，该喷射模块为电控单体泵喷油器喷油模型。由于这种模块化的设计，该模块可以很容易地被替换成如高压共轨喷射系统等其他喷射模块。作用在曲轴上的力矩都可以用扭矩来表示；如柴油机气缸做功产生的扭矩，忽略了气缸内复杂的燃烧过程，根据气路和油路模型可以计算出柴油机的平均扭矩；起动机在柴油机启动时运行，产生扭矩拖拽柴油机启动；测功机则模拟了台架试验中测功机产生的扭矩。最后在硬件在环测试时还需要对柴油机的冷却系统和润滑系统进行仿真，模拟冷却液温度和机油压力，用以测试柴油机某些保护控制器。

表 7-1　柴油机的基本特性

| 项目 | 主要参数 | 项目 | 主要参数 |
|---|---|---|---|
| 柴油机型号 | JC15D | 额定转速 | 1500 r/min |
| 额定功率 | 457 kW | 转速调节 | ECU 全程调速 |
| 小时功率 | 503 kW | 启动方式 | 电启动 |
| 缸径 | 140 mm | 润滑方式 | 压力和飞溅润滑 |
| 行程 | 165 mm | 额定燃油消耗率 | 195 g/(kW·h) |
| 压缩比 | 16.5:1 | 机油消耗率 | 0.35 g/(kW·h) |
| 燃油系统 | 共轨电喷 | 排气温度 | 640 ℃ |

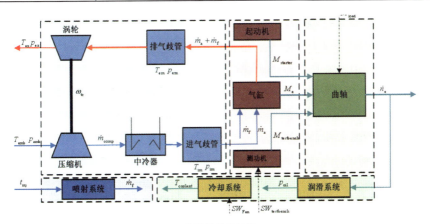

(a) 柴油机整体结构

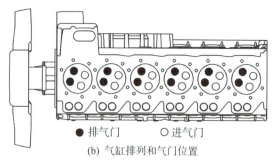

● 排气门 ○ 进气门

(b) 气缸排列和气门位置

图 7-2 柴油机模型的结构

## 7.2 应急供水系统 PID 控制器

### 7.2.1 可调增压柴油机控制模型

利用 GT-POWER 建立涡轮旁通阀可调增压柴油机稳态工作过程模型。模型主要包括气缸模型、喷油器模型、曲轴箱模型、配气机构模型、高压与低压级增压器和进排气管路模型等。图 7-3 为可调增压柴油机工作过程示意图。采用韦伯模型来模拟缸内燃烧，涡轮增压器采用图谱离散数据形式输入。其中，两级可调涡轮增压系统包括 3 个旁通阀，即高压级涡轮旁通阀、低压级涡轮旁通阀和高压级压气机旁通阀；高、低压级涡轮旁通阀开度可自由调节，高压级压气机旁通阀只有开和关两种状态。

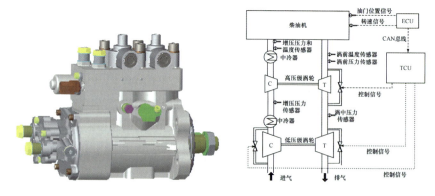

(a) 高压共轨泵      (b) 增压柴油机工作过程示意图

图 7-3 可调增压柴油机工作过程示意图

可调增压柴油机性能试验系统由柴油机监控系统、进/排气压力模拟系统和冷却恒温系统等组成（图 7-4）。该系统能够模拟 0~2000 m 高处的大气压力和温度，实现柴油机冷却水流量、冷却水温度、转速和负荷的实时控制。

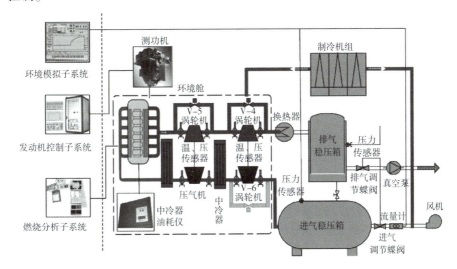

图 7-4　可调增压柴油机性能试验系统示意图

## 7.2.2　基于增压压力的 PID 闭环反馈控制

PID 闭环反馈控制策略如图 7-5 所示。柴油机同时接收油门位置信号和转速信号，查询最佳增压压力 MAP，根据环境大气压力对 MAP 修正得到目标增压压力，PID 控制算法根据实际增压压力和目标增压压力差值，得到控制涡轮旁通阀的控制信号。

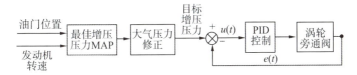

图 7-5　PID 闭环反馈控制策略

结合 PID 闭环控制和开环控制的优缺点，提出开环与 PID 闭环相结合的控制算法，其控制原理如图 7-6 所示。在稳态工况下，以 PID 闭环控制为主，实现增压压力控制的准确性和鲁棒性；在瞬态工况下，首先采用涡轮旁通阀开环控制实现阀门快速到达指定开度，再利用 PID 闭环控制实现增压压力精确控制。

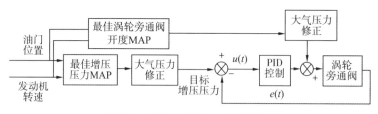

图 7-6　开环+闭环 PID 控制原理

### 7.2.3　模糊 PID 控制器

常规 PID 控制无法对参数进行实时在线整定，但可以与模糊 PID 控制相结合来实现。模糊 PID 控制框图如图 7-7 所示，系统采用 2 输入、3 输出的模糊控制方法，将误差 $e(t)$ 和误差变化率 $e_c(t)$ 作为模糊控制的输入变量，PID 控制器的控制参数 $k_p$、$k_i$、$k_d$ 的实时增量 $\Delta k_p$、$\Delta k_i$、$\Delta k_d$ 作为输出变量。利用模糊控制规则对 PID 参数进行实时整定，以满足不同时刻的$e(t)$和 $e_c(t)$ 对 PID 参数自整定的要求。

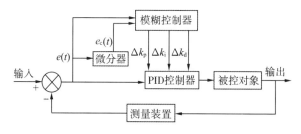

图 7-7　模糊 PID 控制框图

图中每一个输入和输出变量的隶属度函数分别包含 7 个模糊子集：负值最大（NB）、负值中度（NM）、负值最小（NS）、零（ZO）、正值最小（PS）、正值中度（PM）及正值最大（PB）。设定输入变量误差 $e(t)$ 和误差变化率 $e_c(t)$ 的模糊论域为 $[-3,3]$，输出变量 $\Delta k_p$ 的模糊论域为 $[-0.3,0.3]$，$\Delta k_i$ 的模糊论域为 $[-0.06,0.06]$，$\Delta k_d$ 的模糊论域为 $[-3,3]$。变量全部采用三角形隶属度函数。输入变量 $e(t)$ 和 $e_c(t)$ 进入模糊控制器后，先被模糊化接口模块模糊化，变换成一个以隶属度函数表示的模糊语言值，再依据知识库模块进行模糊推理，最后由解模糊接口模块转变成精确值输出。模糊控制器结构如图 7-8 所示。

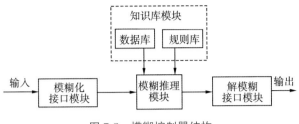

图 7-8　模糊控制器结构

根据模糊规则表，选择适当的模糊化和去模糊化方法，可以对 $k_p$，$k_i$，$k_d$ 进行动态整定，设 $k_{p0}$，$k_{i0}$，$k_{d0}$ 为常规 PID 的预定值，则模糊 PID 控制器的计算公式为

$$\begin{cases} k_p = k_{p0} + \Delta k_p \\ k_i = k_{i0} + \Delta k_i \\ k_d = k_{d0} + \Delta k_d \end{cases} \tag{7-1}$$

# 7.3　柴油机智能调速系统及故障诊断系统

相关设备布置好以后，井泵下井并向前置水箱供水，待前置水箱水位到达预设数值后，通过智能控制系统启动柴油机并同时驱动喂水泵从前置水箱取水至柴油机的冷却系统，抽取的水经过柴油机的水冷系统后由高压提水泵向课题四水箱供水。

智能控制箱直接控制喂水泵、柴油机和高压提水泵等设备的工作状态，控制箱内设变速供水模式、系统一键启动、柴油机延时启动及控制供水阀门开度等功能。内设智能决策系统，可以根据前置水箱液面高度和课题四水箱液面高度自动设置设备的运行状态，配合设备故障诊断系统实现应急供水系统的智能化诊断、控制与决策。

## 7.3.1　变速供水系统

为降低设备能耗和延长柴油机及相关供水设备的使用寿命，设计变速供水模式。该变速供水模式的控制对象是滞后的、非线性的。它以柴油机转速和高压水泵阀门开度为控制对象，以供水出口管网水压为控制目标。根据高位水箱用水程度与前置水箱集水状况，自动调节柴油机转速与高压水泵阀门开度。该变速供水模式能够可靠地实现水源的运输和灾区的正常用水，在不影响正常供水的前提下，通过对柴油机的智能控制而节油。应急智慧供水系统采用 JC15D 型柴油机，其额定燃油消耗率为 195 g/（kW · h），当柴油机处于额定状态时油耗极大。在满足供水要求的前提下，为最大限度地节约设备能耗，通过控制柴油机转速和调节高压供水泵阀门开度，协同控制供水流量和扬程。通过绘制扬程-流量特性曲线，选取两点计算柴油机机轴的输出功率并进行比对，经计算该模式可节约能耗 20%~30%。

该模式的节能原理是将原需通过消耗能源方式达到的供水要求，通过调节柴油机转速和高压水泵阀门开度的方式满足同样的供水要求，进而降低能耗。即通过控制柴油机转速和调节高压供水泵阀门开度，协同实现对供水网口水压和扬程的控制。节能效果与实际供水水压及负载率有关，若同一台柴油机负载变化大，负载率低，则节能率相对高一些。负载类型包括恒转矩负载、恒功率负载、二次方律转矩负载等。

应急供水系统采用济柴 JC15D 型柴油机，配套的三级泵模型样机的性能结果为：流量 36 m³/h，扬程 360 m，效率 52.5%，NPSH$_r$ = 2.15 m。

根据实际运行数据绘制扬程-流量特性曲线，这里仅估算流量在 36 m³/h 时，使用变速供水模式与不使用变速供水模式两种情况的能耗。水泵转速为额定转速 3800 r/min 时，水的流量为 36 m³/h。根据实际运行数据表可画出实际转速（压力）-流量特性曲线（图 7-9）。

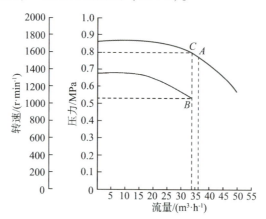

图 7-9　实际转速（压力）-流量特性曲线

点 A 转移到点 C 时，流量减小为 34 m³/h，压力上升为 0.8 MPa。变速控制时，若想获得点 C 的流量，应减小转速，工作点由点 A 变成点 B，其流

量与点 $C$ 的相等，压力比 $A$，$C$ 两点降低了。对于柴油机，节能的前提是降低了某个工况参数值，即压力，降低以后的数值通过阀门开度的补偿使供水网口水压仍然满足供水要求。

该变速供水系统主要由离心泵、DRP 系统、PID 控制器、压力传感器等组成，通过压力传感器的反馈和 PID 控制器的运算，由 DRP 系统控制柴油机的转速来改变出水流量和扬程。其控制原理如图 7-10 所示。

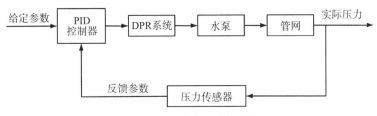

图 7-10　变速供水模式控制原理

DRP 系统主要由柴油机、调速系统、同步发电机、励磁系统、整流器及脉冲负载组成，调速系统和励磁系统分别控制柴油发电机组的转速和同步发电机的输出电压。柴油机给同步发电机提供机械转矩，同步发电机通过整流器整流向脉冲负载供电，实现系统的机电能量转换。DRP 系统工作原理如图 7-11 所示。

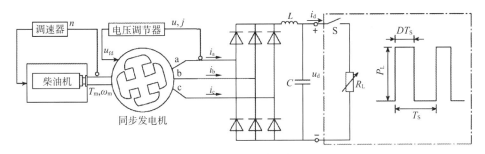

图 7-11　DRP 系统工作原理

柴油发电机组输出交流电经过三相桥式整流器为直流脉冲负载供电，系统建立的整流器后端包括滤波器的脉冲功率负载数学模型。三相不可控整流器及脉冲负载电路原理如图 7-12 所示。

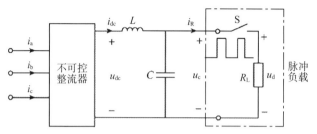

图 7-12　三相不可控整流器及脉冲负载电路原理

## 7.3.2　变速控制原理

以大型柴油机系统中冷却水的恒压控制为例进行说明。

冷却水泵大多采用离心泵，具有结构紧凑、流量和扬程范围大，运行平稳，振动小等优点。当离心泵运行时，在阀门开度保持不变的情况下，其运行工况特性曲线由扬程特性和管阻特性两条曲线组成，其中横坐标 $Q$ 表示流量，纵坐标 $H$ 表示扬程(图 7-13)。

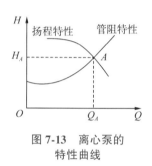

图 7-13　离心泵的
特性曲线

离心泵的扬程特性曲线反映的是扬程与需要流量之间的关系。从图中可以看出，在离心泵的转速和管路中阀门开度均保持不变的情况下，需要流量越小则扬程越大，即当冷却水需求量较小时，泵产生的压力较大。而离心泵的管阻特性曲线反映的是冷却水系统管道的阻力。同样可以看出，在离心泵的转速和管路中阀门开度保持不变的情况下，供给流量小则管道阻力小，供给流量大则管道阻力大。图中点 $A$ 一般被称为供水系统的工作点，因为其是扬程特性和管阻特性这两条曲线的交点，在工作点泵提供的扬程刚好等于系统所需要的扬程，整个泵系统需要输出的流量刚好等于需求流量，系统处于平衡状态，此时的流量记为 $Q_A$。

在整个泵系统运行过程中，由于用水情况（即需要流量）会发生变化，为了保持系统的平衡，控制供给流量使其等于需要流量。控制方法有三种：阀门控制法、转速控制法和变速控制法。

（1）阀门控制法

在离心泵的转速保持不变的情况下，通过控制管路中阀门的开度来控制流量 Q。其实质是当阀门的开度改变后整个泵系统管路中的阻力也随之改变了，也就是说管阻特性发生了变化，但由于离心泵的转速没有变化，因此扬程特性不变。

如图 7-14 所示，假定初始时刻离心泵工作点在点 $A_1$，此时供给流量与需要流量相等，为 $Q_{A1}$，扬程为 $H_{A1}$。当流量从 $Q_{A1}$ 减小到 $Q_{A2}$ 时，为了保持系统的平衡，必须减小阀门的开度。根据前面的分析，当阀门的开度减小后，其摩擦阻力增大，整个泵系统的管阻特性从 $\beta_1$ 变为 $\beta_2$，而扬程特性不变。这时，管阻特性曲线和扬程特性曲线相交于点 $A_2$，即离心泵的工作点由点 $A_1$ 移到点 $A_2$，扬程由 $H_{A1}$ 增大到 $H_{A2}$。

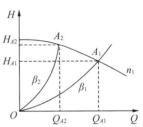

图 7-14　阀门控制时
离心泵的特性曲线

虽然通过阀门开度的变化改变了流量 Q，但由于在整个泵系统运行过程中，流量 $Q_1$ 随时发生着变化，阀门开度若在一定时间内保持不变或没有跟上流量 $Q_1$ 的变化速度，系统中就会出现超压（供水过多）或欠压（供水不足）的情况。

（2）转速控制法

转速控制法与阀门控制法相反，转速变化而开度不变。离心泵的转速变化时，扬程特性随之发生变化，但由于管路中阀门的开度没有变化，因此管阻特性不变。由于大多数离心泵均由柴油机拖动，因此控制离心泵的转速实际上就是控制柴油机的转速。

如图 7-15 所示，假定初始时刻离心泵工作点在点 $A_1$，此时供给流量与需要流量均为 $Q_{A1}$，扬程为 $H_{A1}$。当流量从 $Q_{A1}$ 减小到 $Q_{A2}$ 时，为了保持系统的平衡，必须降低离心泵的转速。根据前面的分析，当离心泵的转速降低后，整个泵的扬程特性从 $n_1$ 变为 $n_2$，而阀门的开度不变，管阻特性不变。这时，扬程特性曲线和管阻特性曲线相交于点 $A_2$，即离心泵的工作点由点 $A_1$ 移到点 $A_2$，扬程由 $H_{A1}$ 减小到 $H_{A2}$。

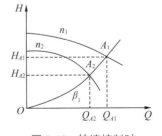

图 7-15　转速控制时
离心泵的特性曲线

（3）变速控制法

变速控制法结合了转速控制法和阀门控制法的优点。其工作原理如下：

由智能控制算法判断所需流量和扬程情况。当需要供水流量变化时，系统通过控制柴油机的喷油量来调节柴油机转速，流量随着柴油机转速变化而变化。当需要供水流量增大到某一个值时，增大转速则能耗必然升高，为达到降低能耗的目的，可增大阀门开度，利用扬程特性来补偿增大的流量。当需要提高供水扬程时，若提高柴油机转速，同样也会增大能耗，此时控制高压水泵阀门开度减小，利用流量特性来补偿增大的扬程。

JC15D 型柴油机转速范围为 650～1500 r/min，高压水泵最高转速为 3800 r/min，水泵单级比为 41.6，二者为等比关系，比例系数 $K = 2.53$。当柴油机转速提高时，高压水泵转速随之上升，供水网口输水量增大。柴油机转速为最大转速 1500 r/min 时，高压水泵转速为 3800 r/min，置供水网口阀门为最大开度，此时为最大供水量工作状态，设备处于高能耗状态。当柴油机转速为最小转速 650 r/min 时，高压水泵转速为 1647 r/min，此时供水量最小。若山上水箱位置太高，则供水网口水压达不到预设供水压力，而智能控制系统反馈的供水网口水压小于预设供水水压，柴油机报警并通过系统自动调节阀门开度，使阀门开度减小来实现增大供水压力的目的。该模式根据压力反馈作用来控制柴油机转速和高压水泵阀门开度。预设的供水压力值既可以是常数，也可以是分段函数（在不同的时段内是一个常数）。因此，供水压力可以根据灾区实际用水情况来调节。

状态 1：前置水箱通过多台井泵抽取井水供水，当前置水箱液位达最大深度的 1/2 时柴油机启动，设备开始向山上水箱供水，为保护柴油机，此时转速为额定转速的 1/3，对应的高压水泵转速为 1265 r/min，供水网口水压小于预设水压，此时减小阀门开度，通过减小流量来补偿水压，使扬程满足要求。

状态 2：由于供水流量小于前置水箱的集水流量，前置水箱液位继续上升。当液位达最大深度的 2/3 时，控制系统提高柴油机转速至 1000 r/min，此时高压提水泵转速为 2330 r/min，为状态 1 的两倍，故可增大供水阀门开度，加大供水流量，提高向山上水箱的蓄水速度。此状态可保证灾区的正常用水。

状态 3：控制系统根据山上水箱液位的变化速度判断灾区用水程度。当液位变化为负值且数值较大时，说明灾区处于用水高峰时段。此时柴油机转速提升至额定转速，高压水泵转速达 3800 r/min。该状态的供水流量达到最大值。

根据灾区不同时段的用水程度，通过控制系统的智能决策，在不影响正常供水的前提下，有针对性地调节柴油机转速以达到节能目的。

### 7.3.3　自适应故障诊断及故障自愈系统

应急智慧供水系统设有自适应故障诊断及故障自愈系统。该系统内嵌于运行状态监测系统中，可以实时采集各关键设备的振动信号。通过深度学习算法，计算出故障类型，针对部分故障完成系统的自动修复并给出解决方案。该系统的流程如图 7-16 所示。

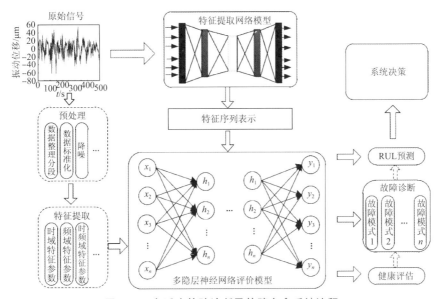

图 7-16　自适应故障诊断及故障自愈系统流程

柴油机的整体结构较为复杂，故障概率较大，故障类型也相对较多，具有代表性的故障有燃油系统故障、滑油系统故障、涡轮增压故障、曲轴连杆机构故障等。柴油机等设备长期在恶劣环境下运行，其各个零部件不可避免地会出现磨损现象，当磨损达到一定程度时，部件间隙过大，进而机械性能大幅度下降，由此出现故障。润滑油缺失或其中混有细微颗粒等，是引起部件磨损的原因。机械变形是引起设备故障的主要原因之一，缸盖在受热的情况下会发生变形，活塞在外力的作用下也会发生变形。设备腐蚀以穴蚀为主，会对机械表面造成破坏，在柴油机中最容易出现穴蚀的部位是气缸套。

由于应急智慧供水系统的工作环境恶劣且系统极其复杂，而柴油机作为整个系统的核心设备，一旦发生故障将造成不可挽回的损失，因此针对柴油机健康状况的自动、准确识别十分必要。本书充分利用深度学习和集成学习的优点，设计一种基于卷积神经网络的自适应故障诊断算法。首先，利用多个独立的卷积神经网络构造系统的网络结构，该网络结构通过卷积运算和汇聚运算自动提取振动信号的特征参数。其次，优化算法利用在线机器学习来加速网络训练，避免陷入局部最优。最后，使用一个组合规则将几个单独的网络结构的诊断结果进行融合。

不同部件产生的振动信号是随机、非平稳信号，频率范围广且受发动机角速度和结构的影响。柴油机零部件的缺陷和故障会对特定频率产生影响，因此不同频率范围对应不同的柴油机故障类型。振动信号的采集比较方便，因此，振动信号是进行柴油机健康监测和及时维修的重要状态监测信息。

由于采集到的振动信号的复杂性，使用单个网络结构模型进行柴油机健康监测仍然存在一些缺陷。在这项工作中，受到集成学习和卷积神经网络的启发，为柴油机的智能健康监测设计了一种随机卷积神经网络的集成深度学习结构。该深度学习结构是基于几个卷积神经网络模块的集合设计，每个模块由卷积层、汇聚层和全连接层组成。除此之外，该结构还有随机输入层和融合输出层。随机输入层从原始振动信号中提取随机部分数据，融合输出层合并每个卷积神经网络模块生成的诊断结果。柴油机的故障状态可对柴油机造成极大的损坏，故障概率较高，在长时间的故障运行下，无法搜集到大量的故障数据。因此，采集到的振动信号是特征数与样本数的高比值数据集。这种数据集容易使模型过度拟合。为了避免过度拟合的问题，对每个单独的卷积神经网络模型都采用优化算法。该优化算法结合动态学习的优点，实现了从在线机器学习到固定学习的平稳过渡，不仅提高了模型拟合过程的收敛速度，而且解决了陷入局部最优的问题。

系统采用逐层训练的方法进行学习，分为预训练和微调两个阶段。在预训练阶段，可以采用自下而上的逐层无监督学习方式，在每层都需要参数的初始化和样本数据特征的提取；在微调阶段，可以根据预训练阶段所提取的特征，采用优化算法对初始参数进行微调。

柴油机的故障诊断流程如图 7-17 所示，具体步骤如下：

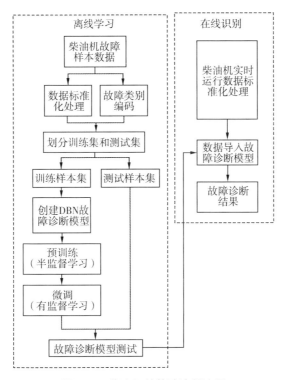

图 7-17　柴油机的故障诊断流程

步骤 1：传感器采集柴油机的振动信号。在不进行特征预设和特征选择的情况下，利用图像变换方法将原始数据集映射为特征映射图，然后分为训练样本和测试样本。

步骤 2：创建基于 DBN 的故障诊断模型，设置 RBM 层数和每层 RBM 的节点数，并从原始训练数据中随机抽取训练集，利用优化算法对传统模型训练方法进行改进。

步骤 3：模型预训练。将训练样本集导入模型，从下而上逐层训练各层 RBM，获得各层 RBM 的初始化参数。

步骤 4：利用多个卷积神经网络模型构造网络结构，并根据 D-S 组合策略得到最终的分类结果。利用不同的训练数据集对卷积神经网络模型进行训练。

步骤 5：测试柴油机故障诊断模型的性能。将测试样本集传入诊断模型，进行故障预测和实际工况对比，从而评估该故障诊断模型的性能。

步骤 6：在线故障识别。将柴油机实时运行数据进行预处理，导入故障诊断模型，进行故障识别。

通过自适应故障诊断系统得到柴油机设备的具体故障类型后，智能决策系统运行，并根据设备的故障类型自行修复设备。例如，当柴油机运行在状态 3 时，柴油机转速为额定转速，柴油机的高速运行会产生较为严重的空化，进而使阀门在垂直和水平方向产生剧烈的振动，加速了管道和阀门的机械磨损，同时振动造成紧固件松动，直接威胁供水设备的正常运行。空化引起的振动信号被管内的振动传感器测得，经控制系统判断后，根据灾区实际用水情况调节柴油机运行状态，降低柴油机转速。当设备发生故障时，首先通过自适应故障诊断系统判断故障类型，再由智能决策系统判断是否调用自愈功能。

## 7.4  应急供水系统电路设计

表 7-2 提供了柴油机运行过程中各启动部件的明细，表中提供的信息包括部件的缩写、全称、位置，以及在设备运行过程中的功能。

表 7-2  柴油机启动部件

| 部件 | 名称 | 位置 | 功能 |
|---|---|---|---|
| BATT | 蓄电池 | BATT | 启动电源 64 V，1000 A |
| BJ+ | 蓄电池移车正极接触器 | CA4 | 连接蓄电池到总线的正极 |
| BS | 蓄电池开关 | CA1 | 连接蓄电池到机车系统 |
| C5R，C6R | 启动逆变器 5、6 继电器 | CA5 | 为 CTS 供电以完成启动选择 |
| CIO | 集成输入/输出控制板 | CA1 | 为 SDIS-3 提供输入/输出 |
| CRBL | 启动告警铃 | ALT1 | 柴油机警铃表示启动 |
| CTS | 启动转换开关 | ALT2 | 主/辅启动选择器 |
| DS3 | 智能显示器#3 | HCN | 控制启动的计算机 |
| EC | 柴油机控制开关 | ECP1 | 为机车选择柴油机启动模式 |
| ECU | 柴油机控制单元 | CA2 | 检测/控制柴油机转速 |
| EC1S，EC2S | 柴油机曲轴传感器 | ENL | 柴油机转速传感器 |

续表

| 部件 | 名称 | 位置 | 功能 |
|------|------|------|------|
| EST | 柴油机启动开关 | ECP2 | 单钮柴油机启动开关 |
| ESP1 | 柴油机停机开关 1 | ECP3 | 柴油机停机按钮 |
| ESP2 | 柴油机停机开关 2 | RAD1 | 柴油机停机按钮 |
| FCOLS&FCORS | 左侧/右侧燃油切断开关 | UPL/R | 地面燃油切断开关 |
| FPB | 燃油泵电路断路器 | ECP4 | 为燃油泵和启动控制供电 |
| FPC | 燃油泵接触器 | CA4 | 启动燃油泵电动机 |
| FPM | 燃油泵电动机 | RAD2 | 提供低压燃油供应 |
| FPR | 燃油泵继电器 | CA1 | 使燃油泵运行 |
| GSS | 柴油机启动程序接触器 | CA4 | 保持 1000 A 的启动电流 |
| P5AP-P5CN | 逆变器 5 | CA3 | 辅启动逆变器 |
| P6AP-P6CN | 逆变器 6 | CA3 | 主启动逆变器 |
| PLC | 预润滑接触器 | ALT3 | 启动预润滑电动机 |
| PLCB | 预润滑电路断路器 | CA4 | 为预润滑电路/电动机供电 |
| PLM | 预润滑电机 | ALT4 | 给 GEVO 提供预润滑操作 |
| R3 | 启动电阻 | CA4 | 将启动电流限制在 1000 A |
| TA | 牵引交流发电机 | ALT5 | 用作启动电动机的交流发电机 |

## 7.4.1　CCA 电路

集中控制体系结构（CCA）中的智能显示器（DS3）是机车的大脑，其他设备如集成式输入/输出（CIO）控制板、牵引电动机控制器（TMC）和柴油机控制单元均受其控制。图 7-18 给出了负责柴油机启动的 CCA 电路中的装置。DS3 控制启动过程，通过 CIO 控制各个启动接触器和启动转换开关（CTS）动作。TMC 为 DS3 提供方法以便控制主、辅启动逆变器的运行，同时监视逆变器的功能是否出现问题。DS3 还控制着柴油机的燃油供给，并在启动过程中通过柴油机控制单元（ECU）监视它的性能。

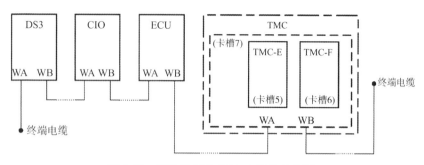

图 7-18　柴油机启动 CCA 电路及各装置

## 7.4.2　牵引系统电路

使用牵引逆变器启动柴油机时，选择两个逆变器，一个为主，另一个为辅，以便提供一定的故障冗余。选择逆变器 6 作为主启动逆变器、逆变器 5 作为辅助启动逆变器或备用逆变器。牵引电路中增加一个装置用来选择主或辅助启动转换开关，即 CTS。图 7-19 中显示了与柴油机启动有关的牵引电路配置。

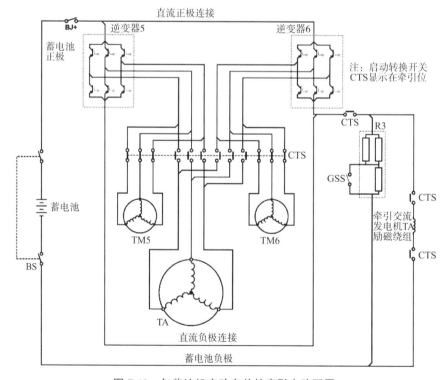

图 7-19　与柴油机启动有关的牵引电路配置

### 7.4.3 启动控制电路

在图 7-20 中，有几个部件是启动电路的一部分，其必须在 CCA 的调节和控制下执行柴油机的启动任务。它们包括 CTS 和启动接触器：BJ+和 GSS。用来控制和配置这些装置的电路如图 7-20 所示。所有这些装置均由 DS3 通过 CIO 板来控制。GSS 和 BJ+是由 CIO 的输出信号直接驱动的。然而，CIO 却间接控制着 CTS。CIO 的输出被连接到两个继电器（C5R 和 C6R）上，这两个继电器用来控制 CTS 中的直流电动机的运行。这使得 CTS 将牵引系统设置为三种工作模式中的一种：牵引、主启动或辅助启动。

CRBL 是位于交流电动机室的 CA2 中的一个警铃。它在 CCA 启动柴油机之前响铃 30 s。RCBL 是一个备用启动警铃，也位于交流电动机室。

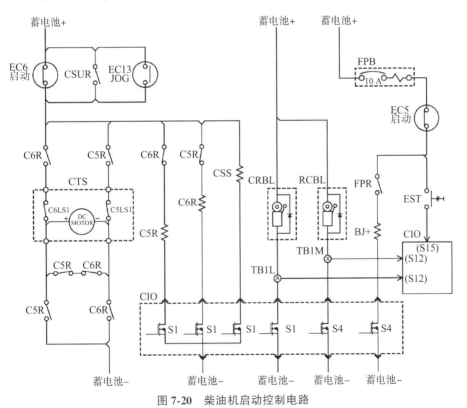

图 7-20 柴油机启动控制电路

### 7.4.4 燃油控制电路

柴油机的启动和停机都是通过燃油泵控制低压燃油系统的燃油供给来

完成的。图 7-21 所示为该系统的燃油供给原理图。通过 CIO 和 ECU 控制板的联合操作，DS3 根据操作人员发出的柴油机启动指令接通燃油泵。DS3 通过控制网络给 ECU 发送一个指令来实行柴油机停机操作。ECU 通过 FPC 的直接控制使柴油机停机。操作人员可以通过启动其中一个柴油机停机按钮或其中一个燃油切断开关来使柴油机停机。

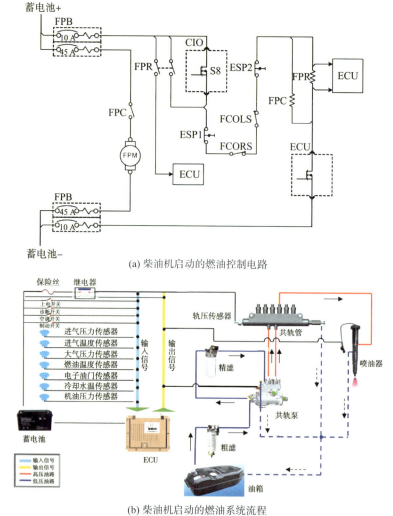

(a) 柴油机启动的燃油控制电路

(b) 柴油机启动的燃油系统流程

**图 7-21  燃油泵控制低压燃油系统的燃油供给原理图**

## 7.4.5  润滑控制电路

柴油机启动前必须经过润滑，预润滑是通过一台由接触器启动的电动机进行的。CIO 中的一个输出驱动器启动该接触器。图 7-22 所示为预润滑泵电机的供电电路和预润滑接触器启动电路。

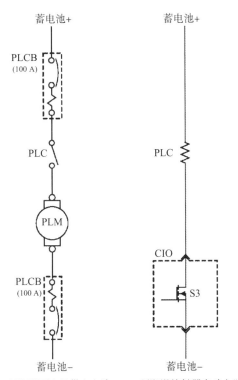

(a) 预润滑泵电机供电电路    (b) 预润滑接触器启动电路

**图 7-22  柴油机预润滑泵电机的供电电路和启动电路**

## 7.4.6  ECU 检测电路

CCA 必须能检测出曲轴的位置，并能够测量柴油机的转速，从而正确地控制柴油机的启动过程。启动柴油机时，燃油到达每个气缸的时间和燃油量必须精确。根据曲轴的转速，对启动电路的操作进行更改。图 7-23 所示为 ECU 输入传感器信号的路径，其中曲轴转速传感器 EC1S 和 EC2S 给 ECU 提供了曲轴的位置和转速。ECU 把这些数据通过控制网络传递给 CCA 中采用它的其他装置，如 DS3。

ECU 还有三个传感器，用于确定支持柴油机启动所存在的其他条件。它们是柴油机燃油压力传感器 EFP、柴油机润滑油进口温度传感器 ELIT，以及柴油机润滑油进口压力传感器 ELIP。这三个传感器中每一个都在柴油机启动过程中扮演着特殊的角色。EFP 指示供压供油管路中已经排尽空气并且压力正常。来自 ELIT 的信息为柴油机提供合理的预润滑。ELIP 则指示柴油机已经正确预润滑完毕。

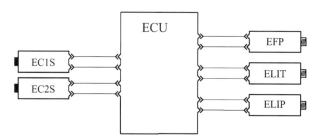

图 7-23　ECU 输入传感器信号的路径

### 7.4.7　CTS 位置反馈电路

DS3 必须配置并重新配置牵引系统，以完成柴油机启动必需的步骤，且必须采用交流电源启动，该交流电是通过一台牵引逆变器经牵引交流发电机发送的。即使主启动逆变器出故障而不得不采用辅启动逆变器时，智能显示器也必须能够完成这些操作。柴油机成功启动后，DS3 将牵引系统返回至牵引模式。这就需要提供一些反馈模式，在完成连接后发出信号，表明是进行主启动、辅启动还是主牵引的状态。图 7-24 所示的电路图显示了CTS 到 CIO 的反馈能力。CIO 沿着 DS3 传递信息。图中显示了将牵引系统配置成牵引时的开关设置。当 C6LS2 闭合时，SPPS 和 C5LS2 断开，牵引系统配置成逆变器 6 进行主启动。当 C5LS2 闭合时，SPPS 和 C6LS2 断开，牵引系统将以逆变器 5 进行辅启动。

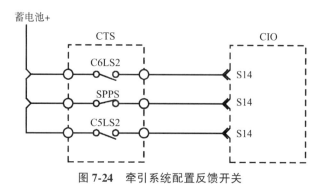

图 7-24　牵引系统配置反馈开关

## 7.5　应急供水系统柴油机启动程序

### 7.5.1　电路的动作

启动柴油机的第一步是命令 CCA 开始过程处理。通过按下 EST（柴油机启动按钮），一个蓄电池电平输入信号指示 CIO 向 CCA 发出启动命令。图 7-25 所示为柴油机启动信号的传送电路。

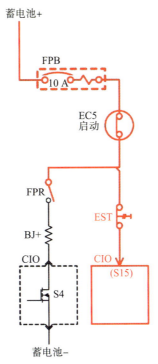

**图 7-25　传送给柴油机控制单元 ECU 的启动信号**

如图 7-26 所示，当 CIO 接收到启动信号时，它通过控制网络将信号传递给 DS3，在这里信号被处理，DS3 根据其程序作出响应。

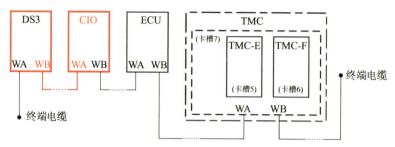

**图 7-26　启动信号通过控制网络从 CIO 传递给 DS3**

## 7.5.2　CCA 的运行

在程序控制下，DS3 通过 CIO 作出响应，使启动警铃（CRBL）和备用启动警铃同时响起，DS3 核实两个警铃都在工作后，启动燃油泵，如图 7-27 所示。

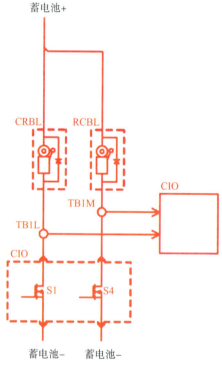

**图 7-27　激活警铃电路并反馈给 CIO**

最初，DS3 通过控制网络发送信息给 CIO（图 7-28），命令 CIO 激活两个警铃电路，因此两个警铃都响。闭合 CIO 上卡槽 1 中卡上的开关（接通场效应晶体管，FET），从蓄电池的正极通过启动警铃和 FET，与蓄电池的负极连接成一个回路。这样，CRBL 响，警告操作人员，柴油机将被启动。同时发送一个反馈信号给 CIO 卡槽 12 中的卡，指示 CRBL 正在鸣响。

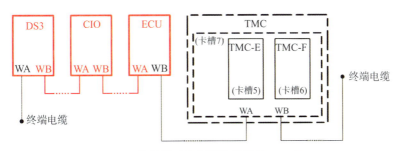

**图 7-28　DS3 信号通过控制网络传送给 CIO 和 ECU**

接通 CIO 卡槽 4 中卡上的 FET，从蓄电池正极，通过备用启动警铃和 FET，与蓄电池负极形成一个回路。这时 RCBL 鸣响，再次警告操作人员，柴油机将要启动。也会有一个反馈信号发送到 CIO 卡槽 12 中的卡上，指示 RCBL 正在鸣响。如果 CIO 两种反馈信号都接收到了，那么 CCA 继续进行柴油机启动的下一步骤。如果一个信号也没接收到，表明两个警铃一个也没响，CIO 通过控制网络向 DS3 发送信号，DS3 发出命令终止启动程序。在使燃油泵动作的情况下，智能显示器命令 CIO 和 ECU 执行此功能。DS3 通过控制网络向 CIO 和 ECU 发出信息，通过接通内部的 FET，命令它们接通 FPR 和 FPC 电路。

闭合 CIO 和 ECU 中的 FET 将接通一条电路，即从蓄电池的正极，经过 FPB 的 10 A 极、CIO 卡槽 8 中卡上的 FET、柴油机停机按钮及燃油切断开关 ESP2、FCORS 和 FCOLS 以及 ESP1，经过 FPC 和 FPR 的线圈（二者并联）、ECU，再经过 FPB 的负极——10 A 极，再次回到蓄电池负极。当电流流过 FPR 和 FPC 的线圈时，图 7-29 中所示的电路布置将发生微小的变化。新的电路布置如图 7-30 所示。FPR 触头的闭合将形成一个保持电路，使 FPR 线圈中的电流维持流通，直到下列三种情形之一发生：① 有人按下柴油机停机开关；② 有人启动安装在燃油箱左右两侧的燃油切断开关；③ EGU 通过断开其内部 FET 而断开电路，对柴油机进行保护。在其他情况下，有一个信号送至 EGU，即证实 FPR 接通。FPC 接通后，燃油泵电机通过 FPB 的 45 A 两极与蓄电池相连接。

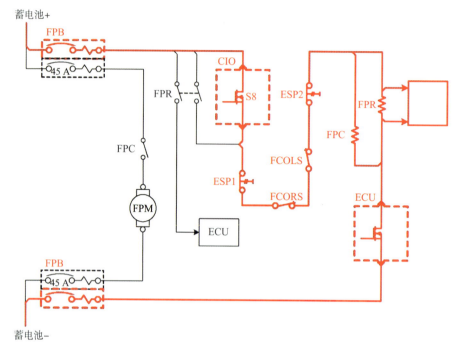

图 7-29　驱动 **FPC** 和 **FPR** 的电路

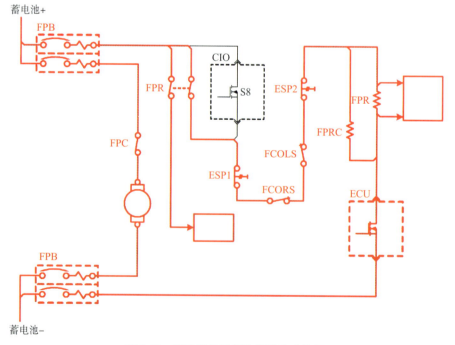

图 7-30　燃油泵的运行和保持电路接通

　　燃油泵继电器 FPR 的吸合还将致使 FPR 的第三个触头闭合。该触头的闭合将启动一个电路使 DS3 通过 CIO 卡槽 4 内的卡控制 BJ+的动作，如图 7-31 所示。

### 7.5.3　柴油机润滑

　　柴油机启动前 CCA 必须对其进行润滑，目的是减少柴油机部件的摩擦和磨损。DS3 必须先确定采用两种预润滑措施中的哪一种，然后才能进行润滑。而润滑方案的选择依据是 ELIT 检测到的润滑油温度。使用控制网络通信，DS3 从 ECU 上请求数据，FPB 接通时，从 ECU 第一次通电起，它就以每秒一次的速率更新来自 ELIT 的温度数据。ECU 检测数据的路径如图 7-32 所示。来自 DS3 的数据请求发送到 ECU，以及数据返回路径如图 7-33 所示。

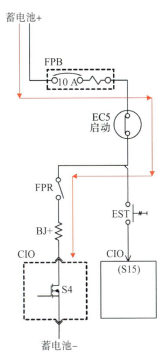

图 7-31　通过 CIO 使 FPR
吸合来启动 BJ+

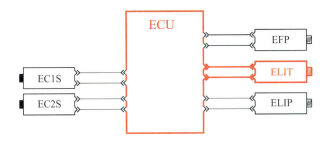

图 7-32　ECU 检测 ELIT 测量值的路径

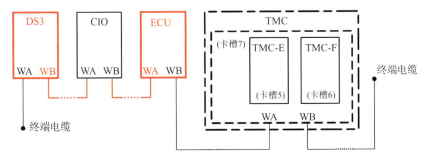

图 7-33　ELIT 数据的信号请求和数据返回路径

如果 ELIT 的读数大于 65.5 ℃（150 ℉），那么 DS3 会发出预润滑 2 min 的指令，然后启动柴油机的实际过程就开始了。如果 ELIT 的输入数据小于 65.5 ℃，那么 DS3 就会发出预润滑 4 分钟的指令，在此期间，DS3 检查来自 ECU 的数据，确定润滑油是否在 10 s 内压力上升3.5 kPa（0.5 psi），该压力由 ELIP 测量，持续 10 s。检测过程如图 7-34 所示。

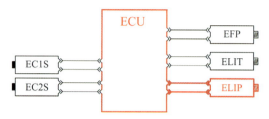

图 7-34　ECU 检测 ELIP 测量值

若润滑油压力上升，则启动正常进行。若压力并未上升，启动将不进行，但是非限制性事件将被发送到 CCA 的记录中。当 DS3 发出命令给 CIO 吸合预润滑接触器（PLC）时，开始进行预润滑。这一动作通过接通卡槽 3 中卡上的 FET 输出驱动器进行，同时闭合 PLC 中的一个触点，而 PLC 通过预润滑电路（PLCB）将预润滑电动机（PLM）与蓄电池连接在一起，激活电路如图 7-35 所示。

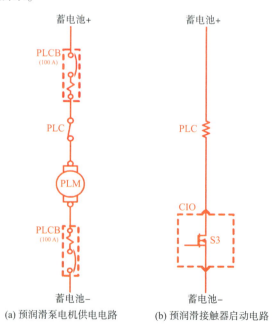

(a) 预润滑泵电机供电电路　　　(b) 预润滑接触器启动电路

图 7-35　预润滑电路被激活

虽然前面没有提及，但是 DS3 自从接通燃油泵以后，就一直监测燃油压力，确定是否提供适当的低压燃油。DS3 通过从 ECU 请求 EFP 数据来完成监测。DS3 中的软件就是要确保压力适度，大约为 620 kPa（90 psi），并保证燃油系统中的空气已经排尽。ECU 至 DS3 的数据路径如图 7-36 所示。

图 7-36　ECU 检测 EFP 测量值的路径

### 7.5.4　启动逆变器

一旦启动了低压燃油系统，预润滑就开始了。DS3 必须选择一个牵引逆变器并把它与牵引发电机连接起来。在柴油机启动的时刻，牵引系统被设置为如图 7-37 所示的牵引模式。此时 DS3 将执行一个检查，以确认逆变器 5 和 6 的状态。如果逆变器 5 和 6 接通，那么 DS3 将使牵引系统执行主逆变器启动操作。它通过控制网络发送一个信息给 CIO 并命令吸合 C6R 来实现这一控制。

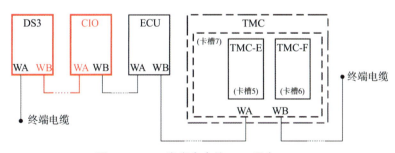

图 7-37　DS3 发出命令给 CIO 吸合 C6R

当 CIO 使启动逆变器继电器 6（C6R）吸合时，继电器的触头动作完成两个功能：禁止启动逆变器继电器 5（C5R）的动作和连接启动转换开关电路 CTS 中的一台电动机到蓄电池。图 7-38a 为 CIO 控制板中的开关动作后 C6R 电路的状态，图 7-38b 为这一动作所引起的结果。C6R 的常闭触头打开，使 C5R 的线圈不能得电。C6R 的常开触头闭合，将 CTS 中的直电动机和机车蓄电池接通。这一电路是通过 EC 中的触头 6、C6R 的闭合触头以及设在 CTS 中的限位开关 C6LS1 而实现的。

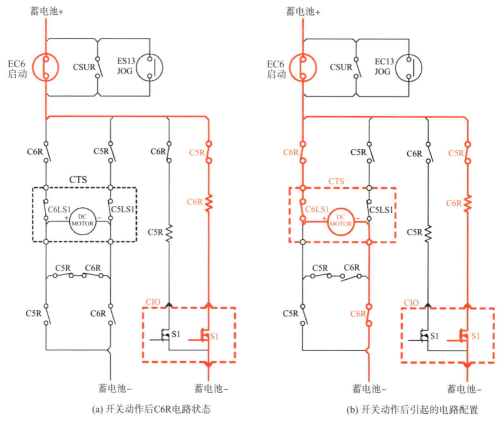

(a) 开关动作后C6R电路状态　　　　　　　　(b) 开关动作后引起的电路配置

**图 7-38　启动逆变器继电器 6（C6R）的动作及引起的电路配置**

当该直流电动机开始转动时，驱动 CTS 中的主触头使其接通逆变器 6 和牵引发电机 TA 的励磁绕组，如图 7-39 中红色粗实线电路所示。CTS 中的另外三个触头闭合，这将使设置在电路中的一个直流通路导通使直流电流流过 TA 的励磁绕组，如图 7-39 中最右边的蓝色虚线所示。当 CTS 中的主触头移动到主启动位置时，CTS 中的限位开关自动执行停止 CTS。当 CTS 到达主启动位置时，限位开关 C6LS1 将自动打开。

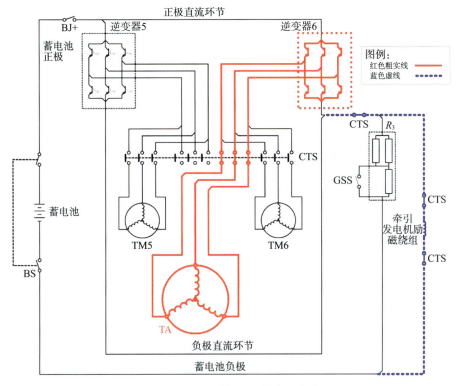

图例：
红色粗实线 ————
蓝色虚线 ▪▪▪▪▪▪

图 7-39　主启动模式下的牵引电路

图 7-40 所示为 CTS 中的驱动电动机提供电源的电路，它将 CTS 设置为主启动模式。当 CTS 中的触头移动到主启动位置时，限位开关 C6LS1 打开，中断了流过驱动电机的电流通路，停止了重新设置过程。在 C6LS1 打开的同时，另一个限位开关 C6LS2 闭合。这将给 CIO 发送一个蓄电池正极信号，CIO 再把这些信息传递给 DS3。反馈到 CCA 的 CTS 主电路图如 7-41 所示，CIO 通过控制网络将信号传递给 DS3 的电路图如 7-42 所示。

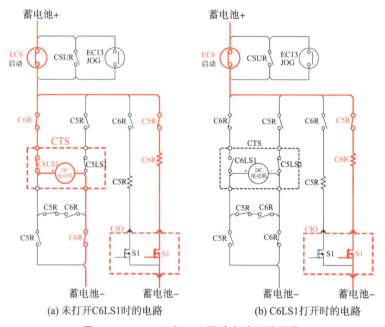

(a) 未打开C6LS1时的电路　　　　　　　　　(b) C6LS1打开时的电路

图 7-40　C6LS1 对 CTS 驱动电动机的作用

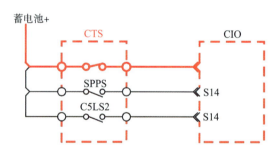

图 7-41　反馈到 CCA 的 CTS 主启动限位开关

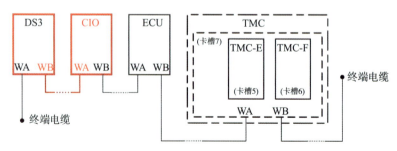

图 7-42　CIO 通过控制网络将信号传递给 DS3

当电路被设置为主启动模式时，DS3 必须使蓄电池电源与逆变器 6 和牵引发电机励磁绕组接通来上电激活启动电路。它向 CIO 发出一系列命令，这些命令使启动电路进行必要的连接。CIO 通过使 BJ+吸合来完成这一设置。这样，逆变器 6 将使用蓄电池电源使牵引发电机作为启动电动机运行。图 7-43 所示为给 BJ+的线圈提供电流的上电激活电路，以及将蓄电池与启动电路相连的电路。

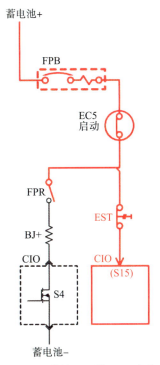

图 7-43　激活 BJ+的 CIO 电路

图 7-44 所示为由蓄电池上电激活的柴油机启动电路，包括逆变器 6、TA 绕组和 $R_3$，它们都用来使逆变器 6 动作以接通启动电路。

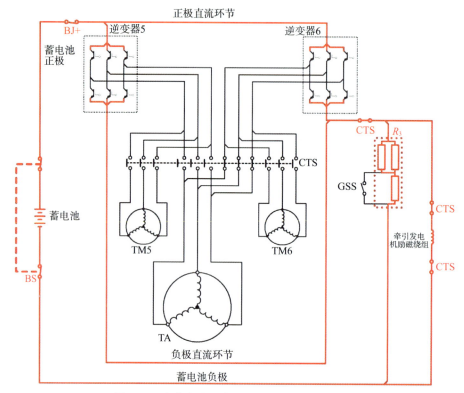

图 7-44 由蓄电池上电激活的柴油机启动电路

如图 7-45 所示，牵引电动机控制器（TMC）卡槽 6 中的卡从 DS3 中接收操作命令，并开始产生蓄电池交流电压（~64 V AC）。

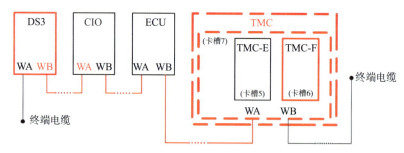

图 7-45 DS3 向牵引电动机控制器（TMC）发出信号使逆变器 6 工作

电路中所产生的电流施加到牵引发电机（TA）的输出绕组上，同时直流电流流进 TA 的励磁绕组。这些操作将使 TA 作为交流启动电机来运行，如图 7-46 所示。

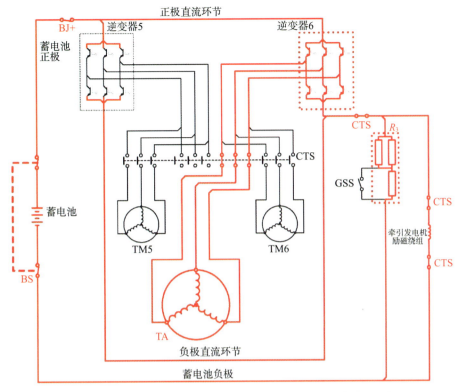

图 7-46　逆变器 6 使牵引发电机（TA）作为交流启动电动机运行

当逆变器 6 开始向牵引发电机（TA）提供交流电流时，蓄电池提供的电流约为 1000 A。当柴油机曲轴开始转动 3 s 后，曲轴的速度在 $30\sim35$ r/min 之间，这时启动电流将减小为约 700 A。DS3 通过监视由曲轴速度传感器 EC1S 和 EC2S 检测到而通过柴油机控制单元（ECU）提供的数据来获得 GEVO 柴油机的曲轴转速。图 7-47 所示为 ECU 通过 EC1S（主速度传感器）或 EC2S（备用传感器）检测到的曲轴转速。

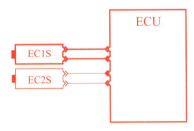

图 7-47　ECU 通过传感器 EC1S 或 EC2S 检测到曲轴转速

当曲轴转速为 $30\sim35$ r/min 时，DS3 要求 CIO 控制板向柴油机启动程序接触器（GSS）的线圈提供电能。图 7-48 所示为 ECU 与 DS3 之间以及 DS3

与 CIO 之间的通信。来自 DS3 的命令让 CIO 动作以使 GSS 吸合，闭合它的触头，将短路掉限流电阻 $R_3$ 的一部分。

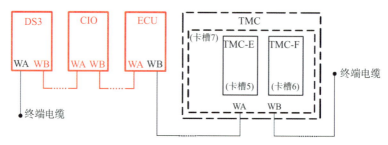

**图 7-48　DS3 从 ECU 中获得柴油机转速信息并命令 CIO 吸合 GSS**

图 7-49 所示为在 CIO 的控制下柴油机启动程序接触器（GSS）线圈的动作。GSS 线圈吸合将闭合一组触头而短路掉电阻 $R_3$ 的一部分，$R_3$ 的阻值大约为其原值的 40%。减小电流流回蓄电池负极通路的电阻值，将使流向牵引交流发电机的输出绕组的启动电流增大。

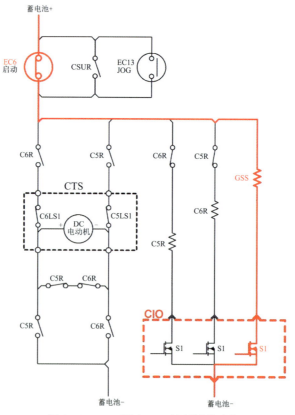

**图 7-49　GSS 通过 CIO 控制板的动作**

TA 的输出绕组中的电流回升到 1000 A，将增大施加到曲轴上的转矩，使启动电路获得高达 120 r/min 的曲轴转速，虽然柴油机在转速为 60 ~ 90 r/min 时已经点火。启动电路的这种设置，即 GSS 已吸合，$R_3$ 的一部分被短路，如图 7-50 所示。

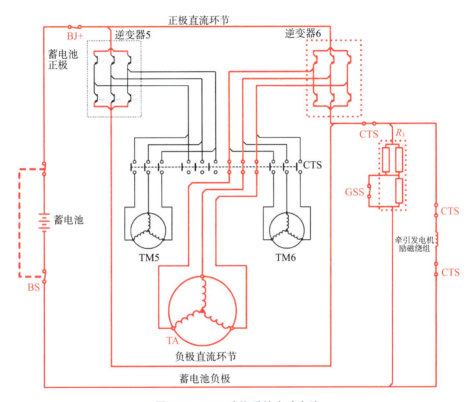

**图 7-50　GSS 动作后的启动电路**

当柴油机点火后，它的转速将从启动速度迅速增大，即从约 120 r/min 到最大转速约 200 r/min，这一转速是由柴油机控制单元（ECU）通过启动燃油供给程序来设置的。如图 7-51 所示，ECU 监视曲轴转速，并通过控制网络将这些数据传送给 DS3。当柴油机转速达到 200 r/min 时，DS3 作出响应，终止柴油机启动程序。

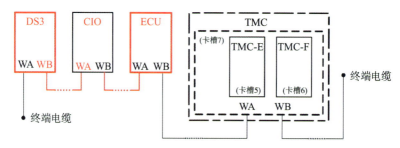

**图 7-51 ECU 指示 DS3 终止柴油机的启动程序**

## 7.5.5 终止启动操作

一旦确定柴油机在用自己的动力运行，DS3 即终止启动 GEVO 柴油机。DS3 首先关闭逆变器 6，然后通过向牵引电动机控制器（TMC）中卡槽 6 的 CPU–I/O 卡发出信号使逆变器停止运行，如图 7-52 所示。

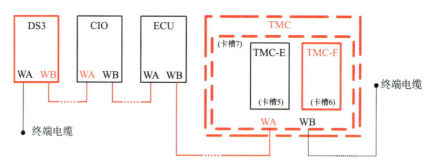

**图 7-52 DS3 向 TMC 发出信号使逆变器 6 停止运行**

随后，DS3 向 CIO 控制板发出命令使先前用来启动柴油机的 BJ+ 和 GSS 接触器断开，如图 7-53 所示。

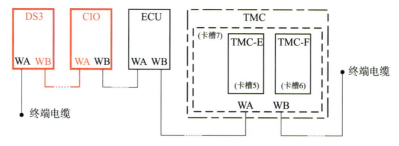

**图 7-53 DS3 命令 CIO 控制板断开 BJ+ 和 GSS**

## 7.6 车载应急供水远程运维在线监测及诊断系统

### 7.6.1 车载应急供水远程运维在线监测系统

远程运维在线监测系统根据车载泵的运行特征数据库进行数据特征识别，根据产品特征分析该类型泵的故障模式并确定典型故障种类，通过正常运行和典型故障状态下的运行数据进行状态数据的搜集与处理，形成数据库，实现在线监测和故障预警。该系统还具备一定的健康评估。

车载泵用远程运维在线监测系统基于工业互联网平台的泛在连接和海量数据，如振动位移、振动加速度、温度、压力、流量等参数，应用机器学习技术，构建数据驱动、不依赖外部专家先验知识的预警模型和性能退化状态评价模型，实现基于振动参数、工艺参数协同的多参数数据驱动的车载泵性能退化超前预警方法，以及改进的支持向量数据描述和趋势滤波协同的多维度数据驱动的车载泵性能退化超前预警方法，解决车载泵缺乏性能退化早期检测、性能退化评价和由超前预警技术手段造成的意外停机问题，从而起到降低设备突发事故频率、减少非计划停工、缩短故障停机时间、降低维修费用等作用。

该系统关键技术如下：

① 在线监测数据以振动数据及工艺数据为基础，整合设备参数信息、巡检数据等信息资料，对车载泵进行在线监测、预警及诊断，控制中心通过人机结合对车载泵运维策略进行控制，全面掌握设备的状态信息，降低设备突发事故频率、减少非计划停工、缩短故障停机时间、降低维修费用。

② 车载泵故障预警及诊断系统包括：在线监测振动传感器、数据采集器、上位机服务器等硬件和故障预警及诊断系统软件。

③ 车载泵故障预警及诊断系统上位机服务器具备 MODBUS TCP/RTU 或 OPC DA/UA 或 HTTP 或电力规约通信协议通信接口。

④ 将监测数据传输至中心服务器，与生产运营数据中心进行通信，同时支持车载泵的故障预警及诊断系统软件通过容器化/虚拟化形式部署在生产运营数据中心，实现现场监测系统的数据采集汇聚与即时分析。

#### 7.6.1.1 硬件部分

数据直接通过内部网络传输到中心服务器，远程用户端的数据通过工业 4G（5G）卡传输到中心服务器。数据存储策略采用"集中+分布式"架构，即分于各个现场的用户和公司试车台的监测系统的各级服务器、数采器做好数据存储；中心服务器集中进行报警状态统计，同时将机组的启停机、报警等关键数据上传至中心进行集中存储。采用上述"集中+分布式"架构，充分将集中与分布式相结合，重要数据集中存储，实时数据快速分布调取，在存储重要数据的同时还能有效避免数据拥堵，架构合理优化，扩展性好。在增大系统容量时，无须改动系统整体架构。

在线监测振动数据采集时，在机组上安装 8 个加速度传感器，配置一台数据采集器，安装于 PLC 柜内，将 220 V 电源从 PLC 柜引入。传感器配置 30 m 延长线，直接引入 PLC 柜内数据采集器。

工艺参数采集时，配置一台西门子 ST-1500 PLC，采集 20 个工艺参数信号，并通过 MODBUS RTU 通信协议将工艺参数引入数据采集器。

将数据采集器接入 4G 路由器，通过 4G 物联网将振动和工艺参数信号回传到重泵物联网中心服务器。整体方案设计网络拓扑图如图 7-54 所示。

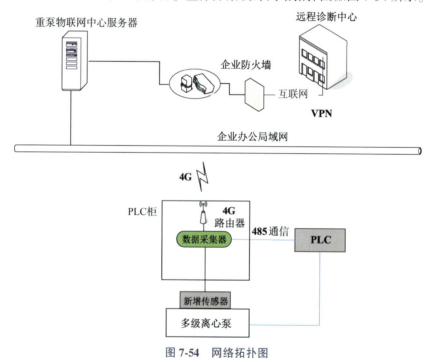

图 7-54　网络拓扑图

车载泵在线监测系统由可靠性数据采集（运行信息、故障维修信息、维修保养信息）、设备异常状态管理（设备状态、测点状态、状态监测）、全生命周期的设备档案、数据库（材料数据库、装配数据库、试验站数据库、振动数据库）、运行管理、检修记录、保养记录、点检管理、绩效管理（管理报表）等模块组成。其主要功能如下：

① 具有实时在线监测诊断分析、远程协助、报警分级发送、诊断建议即时发布、设备异常报警分级确认和诊断决策知识库生成功能；

② 基于运维系统和状态监测系统判别设备运行状态，通过对设备运行状态变更信息的采集和记录，实现设备运行状态与相应记录一一对应，保证数据采集的客观性和准确性；

③ 基于运行信息和检修信息数据量化、自动生成设备管理绩效报表，可实现设备连续运行时间、剩余工作寿命统计分析，优化设备预防性维修周期，确定最佳维修时间；

④ 基于设备预警信息、诊断结论、剩余工作寿命和设备重要度参数进行维修任务优化，确定最佳维修内容和维修时间，在保证设备运行安全的前提下确定最小的维修任务需求，合理分配维修资源，保证设备运转的可靠性、可用性和安全性，同时大幅度降低维修成本，为日常的设备维修、保养等提供维修决策支持；

⑤ 诊断报告和检修信息可生成故障案例知识库，为监测诊断分析和维修建议提供决策支持；

⑥ 采用模块化设计、扩展性强、接口开放，能够与 DCS、MES、SCADA 等控制系统，NI、BK、Bently 等状态监测系统，ERP、Maximo、Datastream 等 EAM 系统实现无缝对接。

### 7.6.1.2 系统电源和传感器选型

系统数据采集器和西门子 ST-1500 PLC 需要 24 V 直流供电，电源型号：西门子 1334-2BA20，输出功率 480 W。

加速度传感器参数：

① 灵敏度：100 mV/g；

② 频响范围：0.4~14000 kHz；

③ 量程范围：$(-80~80)g$；

④ 抗冲击：5000g pk；

⑤ 非线性：±1%；

⑥ 温度范围：-54~121 ℃；

⑦ 防护等级：IP68。

数据采集器是在线监测系统的关键硬件之一（图 7-55）。数据采集器用于接收传感器测量并传输来的数据，经过专门的针对各种类型的信号调理系统再经 A/D 转换后实现数字信号的同步采集。利用嵌入式技术，数据采集软件嵌入数据采集器，实现对各路信号的特征提取功能。数据采集器的特点如下：

图 7-55    数据采集器

① 由主控模块、加速度模块、电涡流模块、环路供电模块、键相模块、温度模块、电压采集模块等组成，齐全的模块种类可以适应各种场合的特殊需求；

② 支持连续采集、同步采集、间隔采集三种模式；

③ A/D 转换特性：24 bit；

④ 采样速率（单通道）：2.56 kHz，5.12 kHz，10.24 kHz，12.8 kHz，25.6 kHz，51.2 kHz，64 kHz，128 kHz，256 kHz 可定义，并能实现 50 通道在 128 kHz 采样速率下同步连续采集；

⑤ 通道类型：支持加速度、位移、4~20 mA、温度等不同类型信号自由组合；通道数量：支持 4~80 通道；

⑥ EMC 认证；

⑦ 位移信号输入范围：−21~0 V；

⑧ 供电方式：24 V DC；

⑨ 支持 RS485 RTU 通信方式；

⑩ 导轨式安装；

⑪ 网络连接端口：RJ45；

⑫ 配置传感器状态指示灯。

### 7.6.1.3    应急供水系统输出信号分类

应急供水系统在线监测输出信号分为现场采集的振动分析信号和工艺参数信号。需要安装和检测的点位有 28 个/台，包括振动分析点位 8 个和工艺参数点位 20 个。其中振动分析点位为专用振动数据采集系统采集，工艺参数点位由 PLC 采集然后通过通信协议传输到振动数据采集系统，并通过 4G 物联网络传输到重泵物联网状态监测云服务器。8 个振动分析点位清单如表 7-3 所示，20 个工艺参数点位清单如表 7-4 所示。

表 7-3　8 个振动分析点位清单

| 序号 | 名称 | 信号类型 |
| --- | --- | --- |
| 1 | 发动机机体曲轴箱振动测点 | 原始电压信号 |
| 2 | 发动机输出端曲轴箱振动测点 | 原始电压信号 |
| 3 | 离合器振动测点 | 原始电压信号 |
| 4 | 离心泵驱动端径向水平方向振动测点 | 原始电压信号 |
| 5 | 离心泵驱动端径向垂直方向振动测点 | 原始电压信号 |
| 6 | 离心泵非驱动端径向水平方向振动测点 | 原始电压信号 |
| 7 | 离心泵非驱动端径向垂直方向振动测点 | 原始电压信号 |
| 8 | 离心泵非驱动端轴向振动测点 | 原始电压信号 |

表 7-4　20 个工艺参数点位清单

| 序号 | 名称 | 信号类型 |
| --- | --- | --- |
| 1 | 井用潜水泵液位 | 4~20 mA 电流信号 |
| 2 | 提水泵进水流量 | 4~20 mA 电流信号 |
| 3 | 提水泵进水压力 | 4~20 mA 电流信号 |
| 4 | 提水泵出口压力 | 4~20 mA 电流信号 |
| 5 | 提水泵电动截止阀位置（反馈） | 4~20 mA 电流信号 |
| 6 | 提水泵前轴承温度 | 4~20 mA 电流信号 |
| 7 | 提水泵后轴承温度 1 | 4~20 mA 电流信号 |
| 8 | 提水泵后轴承温度 2 | 4~20 mA 电流信号 |
| 9 | 提水泵前轴承箱体 $X$ 方向振动 | 4~20 mA 电流信号 |
| 10 | 提水泵前轴承箱体 $Y$ 方向振动 | 4~20 mA 电流信号 |
| 11 | 提水泵后轴承箱体 $X$ 方向振动 | 4~20 mA 电流信号 |
| 12 | 提水泵后轴承箱体 $Y$ 方向振动 | 4~20 mA 电流信号 |
| 13 | 离合齿输出轴温度 | 4~20 mA 电流信号 |
| 14 | 离合齿振动 | 4~20 mA 电流信号 |
| 15 | 离合齿转速 | 4~20 mA 电流信号 |
| 16 | 电动截止阀（输入） | 4~20 mA 电流信号 |
| 17 | 柴油机调速（0~5 V） | 电压信号 |
| 18 | 离合齿温度报警 | 布尔量信号 |

| 序号 | 名称 | 信号类型 |
|------|------|----------|
| 19 | 离合齿压力报警 | 布尔量信号 |
| 20 | 柴油机故障报警 | 布尔量信号 |

#### 7.6.1.4 软件部分

平台软件由三层架构组成，即数据采集层、数据处理层和数据应用层（图7-56）。系统软件采用三层结构应用体系，其中，业务逻辑放在应用服务层，应用服务层接受客户端的业务请求并根据请求访问数据库，做相关处理，并将处理结果返回客户机。应用服务层从物理上和逻辑上都可以独立出来，客户端不直接访问数据库服务器（层），而是访问应用服务层（图7-57）。

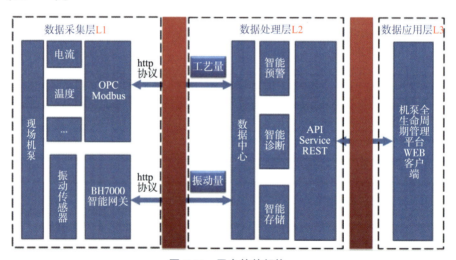

图 7-56　平台软件架构

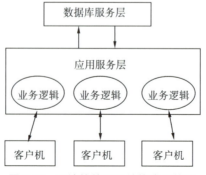

图 7-57　系统软件三层结构应用体系

根据部分用户现场拥有完备的数据中心或监控管理中心，需要在用户数据中心或管理中心部署远程运维系统软件，实现设备运行状态数据展示，满足机组设备预警和故障信息同时在数据中台显示。重泵远程运维中心成立二次接口开发项目组，以解决用户数据同步和服务部署问题，实现运维数据中心和设备现场同时展示，以更好地服务客户，满足客户需求。

### 7.6.1.5　软件功能

（1）诊断图谱功能

① 阶次分析功能；

② 数字积分：可由加速度积分求出速度，即同一个采集测点，显示加速度和速度两种信号，且两种信号波形为同一时刻；

③ 滤波器：支持任意频率高低通、带通、带阻数字滤波；

④ 阶次跟踪：能够自动跟踪转速变化，实时计算指定阶次的幅值、相位；

⑤ 解调分析：支持 Hilbert 包络解调分析，可选频段（至少 5 个频段）滤波共振解调功能（包络解调波形、包络解调谱，解调谱能够显示滚动轴承故障特征频率）；

⑥ 倒谱分析；

⑦ 系统可同时显示速度有效值、加速度低频、加速度高频三种振动信号；

⑧ 滚动轴承故障特征频率专用信息库：滚动轴承故障诊断需要滚珠数、内外圈直径等专用信息，以计算滚动轴承四大特征频率，设置该滚动轴承故障库，内置国内外十万余种标准滚动轴承的信息，直接输入型号即可查询滚动轴承的尺寸信息，配置转速后可自动实现故障特征频率计算；

⑨ 任意组合图谱分析功能。

（2）智能报警功能

支持高报、高高报、分段报警等多种报警方式。报警数据判断类型支持转速、幅值快速变化；报警时数据可自动进行加密，加密后数据最小保存间隔可达 5 ms，以保证捕捉和保存短时、快变报警事件；数据保存间隔可配，支持密集保存、半密集保存。

（3）报表、报告自动生成功能

在该监测系统内能够自动生成各类诊断报告和报表，实现任意图谱的自动添加和编辑，从而为设备人员出具设备故障诊断报告和日常报告提供便利。

（4）提供开放式数据接口功能

支持 TCP/IP（RJ45、光纤）、MODBUS、OPC 等接口通信。

（5）高级监测诊断功能——专家系统、检维修建议、自动报告

支持自动、半自动诊断，可依据诊断结果直接给出检维修建议，并将结果自动导入诊断报告。

（6）诊断报告

用户可以直接将诊断用图谱拖动到内置规范的诊断报告模板中，并可在线交互修改图谱、加标注，添加诊断结论等，最终可导出 Word 文档保存到本机。

（7）数据存储

数据存储时间可达 5 年以上，包括车载泵稳态、暂态过程数据。设备故障数据和类似设备故障数据可保存长达 15 年，覆盖整个设备使用周期，可用于评估车载泵运行状态。数据库数据若需清理，现场工程师可根据操作说明书自行清理非关键数据。

## 7.6.2 车载应急供水远程运维诊断系统

为了保证车载泵等关键设备在灾情发生时能稳定运行，课题组研发了一套基于大数据的自学习全生命周期诊断系统，用来监控车载泵的运行状态和预测未来泵可能会出现的问题。该系统通过采集泵的运行数据，包括流量、压力、温度、电流、电压、振动等参数，并结合泵的使用环境数据生成频谱、趋势等，对泵的健康状态进行实时监测。该系统采用机器学习算法，通过大量历史运行数据训练模型，实现对泵故障模式的自动识别。一旦检测到异常，系统便可以预警可能出现的故障，指导运维人员进行维护保养。

该系统可以预测泵轴承、活塞、膜片等关键部件的剩余寿命，从而安排合理的维保时间，实现预测性维护。课题组甚至打通了数字工厂的"信息孤岛"问题，通过多个平台的数据协同，以及与仓储及备品管理系统连接，在线识别所需备件，提前进行备品调配，缩短停机时间。

该系统具有自学习、自适应的能力。它可以根据实际运行数据持续优化诊断模型，使故障检测更加准确，也可以针对不同用户的使用环境和维护规范自定义诊断策略。

### 7.6.2.1 基于多维参数的设备运行工况识别

利用一种成熟可靠的 BP 神经网络模型,通过输入状态参数来进行设备工况的识别,从而为设备的故障预警做准备(图 7-58、图 7-59)。

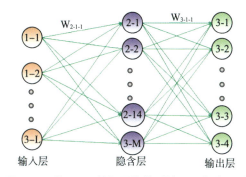

**图 7-58 基于 BP 神经网络模型的工况自动识别**

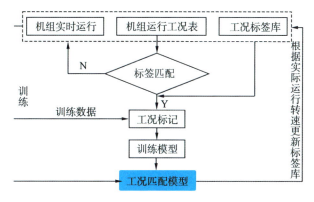

**图 7-59 变工况设备运行工况识别**

通过设计实验,采集双转子实验台转速,验证工况识别方法的准确性。实验台为双转子结构,转速数据由接近开关测取。采集 1#轴和 2#轴转速数据,按照不同运行转速建立工况标签库,根据标签库自动为训练数据添加标签。表 7-5 所示为测试数据,由于变频器控制存在误差,实测转速与给定转速存在一定偏差。表中选取的训练数据的转速变化,共有 31 个工况,按图 7-60 中顺序标签依次为 1~31。

表 7-5    测试数据

| 标签 | 1 | ... | 6 | 7 | ... | 12 | 13 | ... | 17 | 18 | ... | 31 |
|---|---|---|---|---|---|---|---|---|---|---|---|---|
| 1#轴转速/<br>$(r \cdot min^{-1})$ | 300 | ... | 1800 | 0 | ... | 0 | 300 | ... | 300 | 600 | ... | 1500 |
| 2#轴转速/<br>$(r \cdot min^{-1})$ | 0 | ... | 0 | 300 | ... | 1800 | 600 | ... | 1800 | 300 | ... | 1800 |

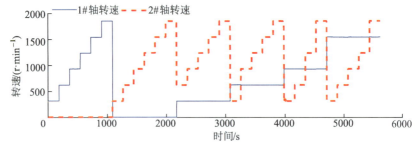

图 7-60    训练数据的转速变化

选择任意实验工况，测试训练工况识别模型，表 7-6 所示为测试数据。图 7-61a 所示为测试数据变化趋势及对应的理论标签，图 7-61b 所示为网络识别输出标签。表中各实验工况下最大识别误差，按照就近原则说明网络能够正确匹配实验工况，且不存在预测错误。

表 7-6    测试数据

| 标签 | 25 | 28 | 30 | 1 | 10 |
|---|---|---|---|---|---|
| 1#轴转速/$(r \cdot min^{-1})$ | 900 | 1500 | 1500 | 300 | 0 |
| 2#轴转速/$(r \cdot min^{-1})$ | 1200 | 300 | 900 | 0 | 1200 |
| 最大预测误差 | 0.1000 | 0.0100 | 0.0400 | 0.0062 | 0.0210 |

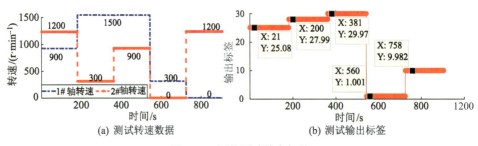

(a) 测试转速数据          (b) 测试输出标签

图 7-61    网络测试输出标签

### 7.6.2.2    全生命周期平台智能运维

全生命周期平台智能运维业务流程如图 7-62 所示。

(a) 业务流程

(b) 可视化—GIS地图

(c) 可视化—工艺流程图

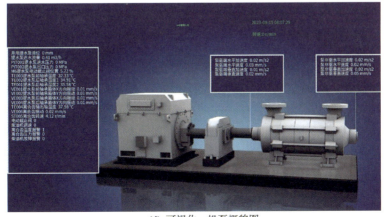

(d) 可视化—机泵概貌图

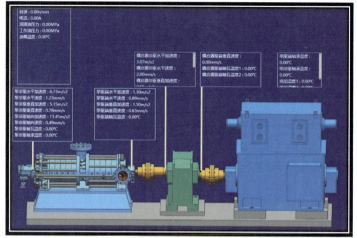

(e) 状态监测—部件界面

(f) 状态监测—整体界面

图 7-62 全生命周期平台智能运维

状态监测图谱包括机组概貌图、趋势分析图、冲击诊断图、转子类故障诊断图、倒谱图、单多值棒图、其他参数趋势图、机泵报警查询图等（图 7-63）。

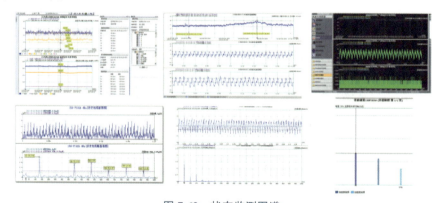

图 7-63 状态监测图谱

报警和预警管理如图 7-64 所示。

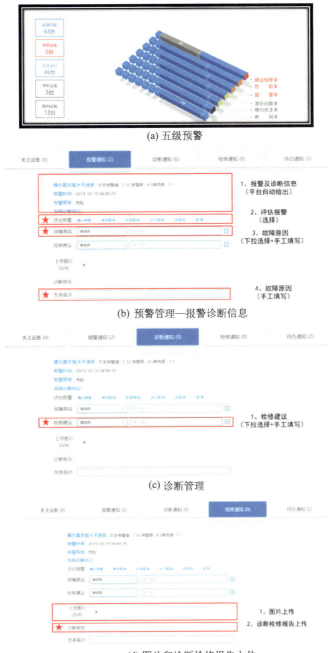

(a) 五级预警

(b) 预警管理—报警诊断信息

(c) 诊断管理

(d) 图片和诊断检修报告上传

(e) 统计分析

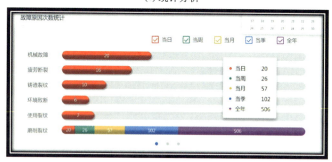

(f) 故障原因统计

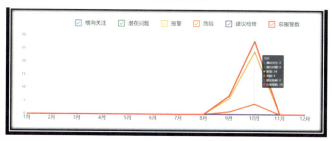

(g) 报警次数统计

(h) 检维修建议统计

图 7-64  报警和预警管理

# 第8章 移动式应急智慧供水系统应用示范

本章介绍移动式应急智慧供水系统在干旱、地质灾害场景下的应用示范工作开展所需的准备和保障工作。

## 8.1 应用示范概述

### 8.1.1 示范目的

开展山区和边远灾区复杂救援环境下移动式智能高压泵送系统应急供水技术的应用示范，通过用户实际操作与使用，考核装备的交通运输适应性、作业性能、维护保养性能、安全防护性能，为其科研绩效评估提供依据。

### 8.1.2 示范对象

示范对象为 1 套移动式智能高压泵送系统。该系统是为满足山区和边远灾区救灾和生活供水保障需求而研制的，也可作为超高层建筑用应急消防车、油气田开采用压裂车、消除放射性和消毒的洗消车等。

移动式智能高压泵送系统样机如图 8-1 所示，包含底盘车和上装设备两部分。底盘车除具有整车移运功能外，还为车身调平液压系统提供动力。上装设备是系统的核心工作部分，主要由柴油机动力系统、离合增速齿轮箱、高压提水泵、吸入排出管、燃油系统、润滑系统、电路系统、仪表及控制系统等组成。尺寸：8.23 m×2.55 m×3.5 m（长×宽×高）；重量：23.5 t。车载提水泵通过智能控制系统调整泵的运行转速，当提水泵运行转速为 1700~3800 r/min 时，可提供流量为 10~70 m³/h、扬程为 120~1800 m 的连续稳定供水。本次干旱场景模拟试验，拟设定泵的运行转速范围为 1650~3000 r/min，供水压力范围为 0.7~11 MPa。

图 8-1    移动式智能高压泵送系统样机

### 8.1.3    引用标准和文件

①《回转动力泵    水力性能验收试验 1 级、2 级和 3 级》（GB/T3216—2016）；

②《军用设备环境试验方法    总则》（GJB 150.1—1986）；

③《公路隧道设计规范    第一册    土建工程》（JTG 3370.1—2018）；

④ 移动式智能高压泵送系统使用维护说明书；

⑤ 移动式智能高压泵送系统试验大纲①（以下简称"试验大纲"）；

⑥ 应用示范试验大纲（移动式智能高压泵送系统)②（以下简称"示范大纲"）。

### 8.1.4    组织实施

示范组织单位负责收集提供示范试验所需的技术文件、组织装备应用示范。

承制单位负责提供试验所需的设施设备、仪器仪表、备品备件、随装工具和试验过程中的技术保障；负责示范试验过程中装备的使用操作、维护保养，提供场地及示范过程中的安全保障。

用户单位负责示范场地场景的模拟搭建，负责按照试验大纲的测试项目全程参与装备的示范试验操作。

见证和评审组由受邀专家组成。负责按照示范大纲的测试项目全程监督装备的示范操作过程，帮助用户单位进行评估。

---

① 参见《山区和边远灾区应急供水与净水一体化装备集成及应用》，李伟等著。
② 参见《山区和边远灾区应急供水与净水一体化装备集成及应用》，李伟等著。

## 8.2　应用示范实施方案

### 8.2.1　示范项目、方法及要求

移动式智能高压泵送系统的示范场景选择在山区和边远灾区自然陆域，用于演练干旱、地震、泥石流等自然灾害场合的应急供水。根据示范要求和用户需求，考虑交通、安全等因素，经与应用示范用户使用单位协商后，选择在山城重庆郊区进行。应用示范项目主要包括交通运输适应性、作业性能、维护保养性能、安全防护性能四个方面（表 8-1）。

表 8-1　应用示范项目

| 序号 | 示范项目 | | 过程简述 | 示范方法 |
|---|---|---|---|---|
| 1 | 交通运输适应性 | 运输 | 完成模拟山区道路的通行，观察车载平台各部件在通行和运输过程中是否安全可靠 | 9.2.1.1 |
| | | 吊装 | 在自带起吊装备的辅助下，完成喂水系统的下放和安装 | |
| 2 | 作业性能 | 装备入场动作 | 平整地面，液压支撑启动 | 9.2.1.2 |
| | | 安装布置 | 布置供水和用水管路 | |
| | | 作业供水 | 启动喂水系统和柴油机动力系统，开始恒压/恒流供水，记录额定供水工况各设备运行参数 | |
| | | 装备停机、出场 | 停止柴油机动力系统—关闭电气系统电源—结束供水—收拾管路等部件—撤场 | |
| 3 | 维护保养性能 | 动力系统维护保养 | 方便、快捷 | 9.2.1.3 |
| | | 随装备附件 | 合理 | |
| | | 维修工具 | 合理 | |
| 4 | 安全防护性能 | 安全警示标识标志 | 明显并符合规定 | 9.2.1.4 |
| | | 装备危险部位 | 采取防护措施 | |
| | | 配备的安全设备 | 设备适当并取用方便 | |

注：示范方法参见《山区和边远灾区应急供水与净水一体化装备集成及应用》，李伟等著。

#### 8.2.1.1 交通运输适应性

（1）示范内容

装备由厂区行驶至应用示范场地，装备及车辆符合车辆道路行驶规定。

（2）示范环境条件及人员

示范场地：厂区、周边社会公路。

人员：驾驶员1人，经专门培训的吊机操作人员2人。

（3）示范方法

通过公路实际运输来检验交通运输适应性。

① 在厂区周边社会公路进行移动式智能高压泵送系统的运输作业，作业区域应具备通道坡度>35%、转弯半径小于8 m的情景，装备通过公路运输转运至示范场地开展应用示范。

② 在厂区进行移动式智能高压泵送系统各部件运输后安装的检验。

③ 在示范场地，根据现场条件采用起吊装车作业完成配套附属装备的布置，供水泵送系统准备展开作业。

④ 在示范场地进行装备的调试工作。

（4）示范记录

道路运输示范过程中的行驶时间、里程、路况、天候等数据及图像视频，运输过程中装备的状态，记录表格见8.4节表8-9。

（5）评定要点

装备在普通山区公路可正常通行，吊装点安全可靠、吊装方式设计合理、运输过程安全、装备展开后无故障可正常作业。

#### 8.2.1.2 作业性能

（1）示范内容

评定装备应急供水性能。移动式智能高压泵送系统应具备以下功能：① 恒压/恒流供水；② 额定运行工况运行时，流量为36 m³/h、扬程为1500 m；③ 出口压力16 MPa下快速接头牢固可靠。

（2）示范环境条件及人员

作业场景：重庆市重庆水泵厂有限责任公司厂区内。

环境条件：作业区域面积可供设备完成前进、后退、转向过程，空间可满足布置储水设备等，车辆布置后，其与四周最近障碍物之间的距离不小于0.8 m，保证车辆操作、检修及事故撤离通道畅通。

示范人员：经专门培训的操作员1人，装备维护保障人员2人。

（3）示范方法

模拟从水井、河流取水后经高压泵送系统进行高落差供水的情景（参见图 1-9）。具体方案如下：① 移动式智能高压泵送系统进入示范场地后，首先进行检查和调试；② 启动液压支撑调平，使车载平台各旋转部件水平运行；③ 布置喂水系统和管路，示范时从试验站水池取水，经车载提水泵升压、供水管道输送后再排入试验站水池；④ 启动泵送系统，进行怠速检查、性能演示、机械性能试验，最后停机撤收。

1）车载提水泵启动怠速检查

启动柴油机，升至怠速（650 r/min）下空载运行，检查运行状态是否正常。主要检查事项如下：

① 机油压力≥350 kPa；

② 柴油机、泵组润滑油管路外观无漏油、漏水、漏气现象；

③ 排烟气颜色正常，呼吸器无异常逸气现象；

④ 无异常声响和剧烈振动现象；

⑤ 机油液位在正常范围。

柴油机怠速时，齿轮箱低速轴上轴头泵运行并泵送润滑油，记录油压并观察泵回油视镜的回油量；观察泵前后轴承回油视镜，应有 1/3 管的回油。

注意：a. 柴油机启动后，应立即复位启动开关，以免飞轮带动启动电机超速运转，导致电机损坏。b. 若三次启动均不能成功，应查明并排除故障后再启动。c. 启动电机时，每次启动的通电时间不得超过 5 s，两次启动应间隔 30 s 以上。

2）车载提水泵供水性能试验

柴油机启动后先空载怠速运行，3~5 min 后柴油机水温达到 40 ℃，通过控制系统合拢齿轮箱离合器驱动多级提水泵运行，再逐步提高柴油机转速至泵转速 3000 r/min，此时车载提水泵小流量时输出最高压力为 11 MPa。

试验过程以车载提水泵管路上设置的流量计、压力变送器等仪表采集泵组供水数据，如需调整泵送流量、扬程参数，可通过程序调整柴油机转速和电动阀开度，使泵运行在指定的流量和扬程点。

本试验过程模拟完成 3 个泵送参数点的试验运行，验证车载提水泵按指定参数运行时的性能。这 3 个测试参数点（1900 r/min 时）如表 8-2 所示。

表 8-2    作业性能测试参数点

| 序号 | 流量/<br>($m^3 \cdot h^{-1}$) | 压力/<br>MPa | 备注 |
|---|---|---|---|
| 1 | 36 | 9 | 提水泵出口的电动阀执行机构精度等级为 2.5 级，阀杆行程误差为 ±1%，调节灵敏度为 0.5%～2%。电动阀存在的偏差导致泵出口流量、压力、扬程测试数据偏差约为±5%。 |
| 2 | 31 | 9 | |
| 3 | 26 | 9 | |

试验过程中应测量并准确记录泵组各设备的密封、泄漏、轴承温升、振动等情况。这些机组机械性能参数，在开泵初始阶段的测量应密集，随着泵运转的稳定，可以增大测量的时间间隔。主要检查事项如下：

① 泵组外观无漏油、漏水、漏气现象；

② 柴油机排烟气颜色正常，呼吸器无异常逸气现象；

③ 无异常声响和剧烈振动现象；

④ 泵组正常运行中各主要设备监控参数（表 8-3 至表 8-5）。

表 8-3    柴油机主要运行参数

| | 水温/℃ | 油温/℃ | 油压/kPa |
|---|---|---|---|
| 正常值 | 70～95 | 70～100 | 350～450 |
| 报警值 | 97 | 108 | 250 |

表 8-4    齿轮箱主要运行参数

| | 油温/℃ | 工作油压/MPa | 润滑油压/kPa |
|---|---|---|---|
| 正常值 | 40～80 | 1.4～1.6 | 100～300 |
| 报警值 | ≥85 | ≤1.1 | ≤50 |

表 8-5    提水泵主要运行参数

| | 轴承温度/℃ | 振动速度/($mm \cdot s^{-1}$) |
|---|---|---|
| 正常值 | 40～80 | 3.0～7.1 |
| 报警值 | ≥90 | 8.5 |

试验过程数据按记录表里的内容记录。

3）车载提水泵机械性能试验

机械性能试验在供水性能试验完成后进行，调整泵转速至 3000 r/min，并调整泵至额定流量 36 $m^3$/h，持续时间不少于 2 h。运转试验时应测量各设备的密封、泄漏、轴承温升、振动等情况。

（4）示范记录

① 装备系统应用示范前准备阶段的相关对比数据；

② 装备作业过程中的图像及视频；

③ 装备实际作业能力数据，主要根据测试记录装备的运行数据（流量、扬程等性能）、状态参数（温度、振动速度等）、管路供水情况（是否漏水）、噪声情况；

④ 装备实际作业过程中的异常情况；

⑤ 应用示范用户单位操作过程中的便利性问题；

⑥ 应用示范过程中专家组的提问和建议。

作业性能记录表见 8.4 节表 8-10。

（5）评定要点

装备是否具备项目实施方案中规定的全部作业性能，是否达到任务书中规定的应用场景作业要求和应用示范用户单位现场实操的体验效果。作业性能示范项目与评价方法见表 8-6。

表 8-6　作业性能示范项目与评价方法

| 序号 | 测试项目 | 测试项 | 评定要点 | 备注 |
|------|----------|--------|----------|------|
| 1 | 装备系统展开时间 | 装备系统从进入示范环境到调试完成的用时计数 | 快速完成 | |
| 2 | 装备与供水管路的快接性 | 系统与外接管路快速接头的可靠性和便捷性 | 快速接头在 16 MPa 压力下不漏水；与外接管路快速接头能快速安装 | |
| 3 | 装备作业性能 | 各运行工况流量、扬程是否达标；是否具备恒压/恒流智慧调节功能；运行平稳性 | 性能参数满足任务书中的要求；运行过程中无故障，可自动运行，实现无人值守 | |
| 4 | 装备回收 | 完成作业后系统各部件的回收过程，检测装备作业后的状态 | 回收便利；装置作业后无损坏、无故障 | |

### 8.2.1.3 维护保养性能

（1）示范内容

检验装备的维护保养性能。

（2）示范环境条件及人员

作业场地：示范场地现场。

人员：经专门培训的人员2人。

（3）示范方法

结合装备作业、维修保养等环节进行示范，检查维护检测项目的可达性、易损件更换及维护保养的方便性，以及备附件及维修工具是否满足现场维护保养需求。

（4）示范记录

在作业性能示范中出现故障时记录故障现象、维护人数、备附件及维护工具使用情况、故障排除时间，记录表见8.4节表8-11。

（5）评定要点

维护保养的方便性和快捷性、随装备附件及维修工具配备的合理性。

### 8.2.1.4 安全防护性能

（1）示范内容

检验装备安全防护的措施、技术手段和技术设备。

（2）示范环境条件及人员

作业场地：应用示范场地。

人员：经专门培训的人员2人。

（3）示范方法

根据装备"移动式智能高压泵送系统使用维护说明书"等技术文件中安全防护相关条款，检查安全警示标识，检查装备危险部位的防护措施和防护技术手段，检查装备专门配备的安全设备。发动机、散热器、油箱等都应该在安全防护罩内。装备应配备灭火器等安全设备。

安全警示标识如下：

① 车身处应该有"禁止停留""当心坠落""当心机械伤人"标识；

② 机身明显处应该有"当心自动启动"标识；

③ 边门处应该有"当心夹手"标识；

④ 电源（蓄电池）处应该有"当心触电""必须戴防护手套""必须戴安全眼镜"标识标志；

⑤ 散热器处应该有"当心伤手"标识；

⑥ 动力单元的发动机、排气管处应该有"当心烫伤"标识；

⑦ 动力单元的油箱处应该有"发动机熄火前不得加注燃油""当心爆炸"标识。

（4）示范记录

记录上述检查结果，记录表格见8.4节表8-12。

（5）评定要点

技术文件中安全防护规定是否完善，安全警示标识是否明显并符合规定，装备危险部位是否采取防护措施，配备的安全设备是否适当，取用是否方便。

## 8.2.2　示范保障

### 8.2.2.1　陪试品

根据各被试品运行需求的外部支持和附属设备，配备成套完备的陪试品，支撑示范进行。陪试品包含控制单元、动力单元、应急电源、管路等，相关陪试管路规格如表8-7所示。

**表 8-7　陪试管路规格**

| 序号 | 接口名称 | 规格 | 数量 | 长度/m | 备注 |
|------|----------|------|------|--------|------|
| 1 | 提水泵车进口 | DN65-PN16 | 1 | 30 | |
| 2 | 提水泵车排污口 | DN40-PN16 | 1 | 30 | |
| 3 | 提水泵车供水出口 | DN50-PN250 | 1 | 100 | |

### 8.2.2.2　随装备件及工具

根据各被试品的设计需求和各自维修保养方案，配备各被试品全套随装备件、被试品专用配套随装工具、一般检修用工具等。

### 8.2.2.3　应用示范保障物资

准备相关医疗物资、手套、应用示范条幅等物资，以及表8-8所示保障消耗物资。

表 8-8　应用示范保障消耗物资

| 序号 | 分类 | 牌号 | 用量 | 使用设备 | 备注 |
|---|---|---|---|---|---|
| 1 | 燃油 | 0#轻柴油 | 约 60 L/h | 柴油机 | 已加注 |
| 2 | 机油 | CH-4 级 20W-50 | 60 L | 柴油机 | 已加注 |
| 3 | 冷却液 | −15 ℃防冻液 | 100 L | 柴油机 | 已加注 |
| 4 | 润滑油 | ISO VG32 | 20 L | 齿轮箱、提水泵 | 已加注 |
| 5 | 润滑脂 | 3#锂基润滑脂 | 1.5 L | 过滤器、电动阀、联轴器 | 已加注 |
| 6 | 液压油 | | | 液压支腿 | 已加注 |
| 7 | 试验用水 | 常温清水 | 10~50 m³/h，0.3 MPa | | 试验站自备 |
| 8 | 电 | | 380 V，1.5 kW | 泵组控制柜 | |

#### 8.2.2.4　人员保障

（1）应用示范评估

由课题组织单位、装备研发单位技术骨干、用户单位技术人员、专家组、第三方见证机构工程师组成评估组，通过参与应用示范及观看视频的方式，评估装备应用示范效果。评估小组根据示范效果，对装备的交通运输适应性、作业性能、维护保养性能、安全防护性能进行综合评价，出具评估报告。

（2）示范人员保障

根据课题应用示范规划及安全实施需求，成立应用示范工作小组。成员构成及分工如下：

① 组织和保障组

负责移动式智能高压泵送系统应用示范过程中的全局规划与资源协调；负责审查应用示范验证现场的安全条件，保证现场人员、样机的安全和示范工作不危害示范现场的自然环境，按实施方案流程及要求开展应用示范；负责协助完成装备的展开作业、撤收作业、检修工作；组织开展应用示范效果的评估。

② 用户组

负责对移动式智能高压泵送系统的现场设备连接、测试状态检查确认；负责移动式智能高压泵送系统应用示范工作过程中的所有操作过程；负责示范现场的示范前勘测记录；负责对样机应用示范情况进行操控作业过程的记录、存储；负责示范全过程的数据信息、图像信息、视频信息的整理存档。

③ 见证组

按示范大纲中的示范项目要求记录相关数据和功能执行情况；监督见证装备应用示范工作严谨有序开展。

④ 专家组

负责审查应用示范场景是否满足任务书要求；监督应用示范过程按照相关规范开展工作；评价应用示范作业是否满足任务书要求并出具见证评审意见。

### 8.2.3　示范安全

① 应用示范前，所有参与人员必须认真学习实施方案；

② 应用示范前，作业人员必须明确安全责任人，并做好互保和联保工作；

③ 应用示范前，对示范现场 20 m 范围进行全面细致的清扫，确保无杂物，拉好警戒线，摆放好安全警示牌；

④ 应用示范前，安排专人对作业环境和设备做认真细致的检查，确认无安全隐患后方可进行应用示范；

⑤ 禁止任何非示范人员在警戒线范围内停留；

⑥ 应用示范前，作业人员必须穿戴好劳动防护用品；

⑦ 应用示范前，必须经安全负责人确认后，方可进行应用示范；

⑧ 吊装时，严格执行起重设备操作规程；

⑨ 作业性能示范时，工作人员保持安全距离；

⑩ 参与人员应遵守所制定的安全管理规定，保证示范安全进行；

⑪ 示范开展现场配备专业医疗急救包，防范示范意外导致的人员伤害。

## 8.3　应用示范过程

### 8.3.1　安全防护性能示范

根据技术文件中安全防护相关条款进行以下三项检查，共用时 20 min。

① 检查安全警示标识准确、全面、牢固，图形清楚，字迹清晰，无毛刺、孔洞等疵病。

② 检查装备危险部位的防护措施和防护技术手段：泵送系统危险部位均采取了完备的防护措施；柴油机驱动机组的旋转件等都在安全防护罩内；喂水系统、吊车、管路等整齐地固定在车厢内。

③ 检查装备专门配备的安全设备，装备应配备干粉灭火器等安全设备。

### 8.3.2　交通运输适应性示范

① 在厂区周边社会公路进行移动式智能高压泵送系统的运输作业，作业区域具备山区道路特征（通道坡度>35%、转弯半径小于 8 m），装备通过公路运输转运至示范场地开展应用示范；

② 移动式智能高压泵送系统在社会公路和崎岖路段运输，行驶距离大于 10 km，最高速度大于 70 km/h，将装备运至应用示范场地，用时 50 min；

③ 装备进入输水示范场地，进行各安装部件的检验，用时 5 min。

### 8.3.3　作业性能示范

在示范场地，根据现场条件，采用起吊装车作业完成喂水系统和供水管路的布置，启动液压支撑调平，使车载平台各旋转部件水平运行，移动式智能高压泵送系统准备展开作业。布置完毕后，操作人员完成以下工作：

① 启动柴油机，升至怠速（650 r/min）下空载运行，检查运行状态是否正常；

② 柴油机启动后先空载怠速运行，3~5 min 后柴油机水温达到 40 ℃，通过控制系统合拢齿轮箱离合器驱动多级提水泵运行，再逐步提高柴油机转速至泵转速 3000 r/min，此时车载提水泵小流量时输出最高压力为 11 MPa；

③ 试验过程中以车载提水泵管路上设置的流量计、压力变送器等仪表采集泵组供水数据，通过程序调整柴油机转速和电动阀开度，使泵运行在指定的流量和扬程点；

④ 在供水性能试验完成后进行机械性能试验，调整泵转速至 3000 r/min，并调整泵至额定流量 36 m³/h，持续时间不少于 2 h。运转试验时测量各设备的密封、泄漏、轴承温升、振动等情况；

⑤ 完成作业后进行停机并检测装备作业后的状态。

### 8.3.4　维护保养性能示范

结合装备作业、维修保养等环节进行示范，检查维护检测项目的可达性、易损件更换及维护保养的方便性，以及随装备附件及维修工具是否满足现场维护保养的基本需求。

最后，进行系统装备撤收上车并返回至日常停车位置，完成所有示范。

## 8.4　应用示范数据记录表

应用示范过程中要保存图片、视频等影像资料，并做好数据记录工作。不同示范项目记录表模板见表 8-9 至表 8-17。

**表 8-9　应用示范记录表（交通运输适应性）**

| 装备名称 | | | 装备出厂编号 | | | | | |
|---|---|---|---|---|---|---|---|---|
| 运输车辆型号 | | | 行驶路段 | | | | | |
| 示范情况记录 | | | | | | | | |
| 序号 | 日期 | 行驶时间 | 里程 | 最高车速 | 路况 | 天候 | 装备状态 | 记录人 |
| 1 | | | | | | | 装备有无永久变形<br>有□　无□<br>装备部件有无松动脱落<br>有□　无□<br>装备连接管路有无渗漏<br>有□　无□<br>装备能可靠运行<br>是□　否□ | |
| 2 | | | | | | | 装备有无永久变形<br>有□　无□<br>装备部件有无松动脱落<br>有□　无□<br>装备连接管路有无渗漏<br>有□　无□<br>装备能可靠运行<br>是□　否□ | |
| 3 | | | | | | | | |
| 备注： | | | | | | | | |

表 8-10 应用示范记录表（作业性能）

| 装备名称 | | | | | 装备出厂编号 | | | | | |
|---|---|---|---|---|---|---|---|---|---|---|
| 示范地点 | | | | | 环境温度 | | | | | |
| 示范情况记录 | | | | | | | | | | |
| 序号 | 日期 | 作业环境 | 作业前检查 | 喂水系统运行数据 | 柴油机运行数据 | 齿轮箱运行数据 | 提水泵运行数据 | 输水管路记录情况 | 车载平台 |
| 1 | | | 正常<br>□<br>不正常<br>□ | 流量： | 转速：<br>温度：<br>振动速度： | 转速：<br>温度：<br>振动速度： | 流量：<br>扬程：<br>振动速度： | 出口压力： | 平稳<br>□<br>不平稳<br>□ |
| 2 | | | | | | | | | |
| 3 | | | | | | | | | |
| 4 | | | | | | | | | |
| 备注： | | | | | | | | | |
| 操作人员： | | | | | | | | | |
| 记录人员： | | | | | | | | | |

表 8-11 应用示范记录表（维护保养性能）

| 装备名称 | | 装备出厂编号 | | | |
|---|---|---|---|---|---|
| 示范地点 | | 环境温度 | | | |
| 示范日期 | | | | | |
| 示范情况记录 | | | | | |
| 序号 | 故障现象 | 维护人数 | 备附件使用 | 维护工具使用 | 故障排除时间 |
| 1 | | | | | |
| 2 | | | | | |
| 3 | | | | | |
| 备注： | | | | | |
| 操作人员： | | | | | |
| 记录人员： | | | | | |

表 8-12　应用示范记录表（安全防护性能）

| 装备名称 | | 装备出厂编号 | |
|---|---|---|---|
| 示范地点 | | 环境温度 | |
| 示范日期 | | | |
| 示范情况记录 | | | |
| 序号 | 检查项目 | | 是否具备 |
| 1 | 技术文件中有安全防护相关条款 | | 有□　无□ |
| 2 | 装备危险部位采取防护措施 | | 是□　否□ |
| 3 | 高温标识 | | 有□　无□ |
| 4 | 防爆标识 | | 有□　无□ |
| 5 | 危险标识 | | 有□　无□ |
| | | | |
| 备注： | | | |
| 操作人员： | | | |
| 记录人员： | | | |

表 8-13　开车前检查表

| 设备 | 提水泵 | 齿轮箱 | 柴油机 | 过滤器 | 控制柜 | 底盘车 | 试验地点 | |
|---|---|---|---|---|---|---|---|---|
| 型号 | ZDS36-150 | HBZ240 | JC15G1 | DLS-65 | PT-G-PLC | CQ3257EL4 | 试验时间 | |
| 指挥员 | | 操作员 | | 记录员 | | 安全员 | | 协作人员 | |
| 序号 | 检查内容 | | | | | 检查记录 | | 备注 |
| 1 | 底盘车挂"P"挡熄火；车厢卷帘门上卷 | | | | | | | |
| 2 | 泵组各设备安装紧固情况 | | | | | | | |
| 3 | 盘车检查泵组旋转无卡阻，联轴器护罩安装到位 | | | | | | | |
| 4 | 设备旋转部位、管路高压接口、高压电缆接口等做好防护 | | | | | | | |
| 5 | 各管路接口连接紧固情况 | | | | | | | |
| 6 | 添加各种油液，并检查液位 | | | | | | | |
| 7 | 泵组各排气点排气充分 | | | | | | | |
| 8 | 燃油为 0#柴油，手动油泵排出燃油管路中的空气 | | | | | | | |
| 9 | 泵组可见的旋转部位无未固定的异物 | | | | | | | |
| 10 | 柴油机增压器部位悬挂警示牌，以免烫伤 | | | | | | | |
| 11 | 车载泵接地线（棒）安装到位，接地电阻不大于 4 Ω | | | | | | | |
| 12 | 接通电源各电气设备，仪表连接和状态均正常 | | | | | | | |
| 13 | 离合齿轮箱离合处于断开状态（电气控制、手动控制） | | | | | | | |
| 14 | 蓄电池容量在 165～200 A·h 之间，检查启动电机、蓄电池连接可靠（1 A·h=3600 C） | | | | | | | |
| 15 | 启动电机负极与蓄电池负极连接可靠 | | | | | | | |
| 16 | 泵出口电动阀关闭，旁通阀打开回水正常，前置供水压力≥0.3 MPa | | | | | | | |
| 17 | 试验场地周围无影响人员紧急撤离的障碍物 | | | | | | | |
| 18 | 试验场地周围作业警戒线布设完毕 | | | | | | | |
| 19 | 试验指挥、操作、记录、安全、协作单位人员到位 | | | | | | | |
| 备注 | | | | | | | | |

表 8-14 柴油机运行数据表

| 设备 | 提水泵 | 齿轮箱 | 柴油机 | 过滤器 | 控制柜 | 底盘车 | 试验地点 | | |
|---|---|---|---|---|---|---|---|---|---|
| 型号 | ZDS36-150 | HBZ240 $i=2.53$ | JC15G1 | DLS-65 | PT-G-PLC | CQ3257EL4 | 试验时间 | | |
| 指挥员 | | 操作员 | | 记录员 | | 安全员 | | 协作人员 | |
| 序号 | 柴油机转速/ (r·min⁻¹) | 时间/ (时:分) | 电池 电压/V | 油压/MPa | 油温/℃ | 水温/℃ | 排温 1/℃ | 排温 2/℃ | 备注 |
| 1 | | | | | | | | | |
| 2 | | | | | | | | | |
| 3 | | | | | | | | | |
| 4 | | | | | | | | | |
| 5 | | | | | | | | | |
| 6 | | | | | | | | | |
| 7 | | | | | | | | | |
| 8 | | | | | | | | | |
| 9 | | | | | | | | | |

备注:严格按启动前检查、停车、紧急停车时的操作规程进行。

表 8-15 齿轮箱运行数据表

| 设备 | 提水泵 | 齿轮箱 | 柴油机 | 过滤器 | 控制柜 | 底盘车 | 试验地点 | |
|---|---|---|---|---|---|---|---|---|
| 型号 | ZDS36-150 | HBZ240 $i=2.53$ | JC15G1 | DLS-65 | PT-G-PLC | CQ3257EL4 | 试验时间 | |
| 指挥员 | | 操作员 | | 记录员 | | 安全员 | | 协作人员 |
| 序号 | 柴油机转速/ (r·min⁻¹) | 时间/ (时:分) | 工作油压/ MPa | 润滑油压/ MPa | 润滑油温/ ℃ | 轴承振动速度/ (mm·s⁻¹) | 轴承温度/ ℃ | 备注 |
| 1 | | | | | | | | |
| 2 | | | | | | | | |
| 3 | | | | | | | | |
| 4 | | | | | | | | |

启动前检查:① 检查输出轴周围是否有杂物。② 确认齿轮箱离合器处于分离状态。③ 连续盘车 2 圈,不得有卡阻。④ 检查机油液位正常。

启动运行:① 待柴油机油压 ≥0.35 MPa、水温 ≥40 ℃后,挂齿轮箱离合器带负载运行,再逐渐升速。② 运行中:油温 ≥85 ℃报警;轴承温度 ≥90 ℃报警;工作油压 ≥1.25 MPa,润滑油压 ≥0.08 MPa。

停车:柴油机怠速(650 r/min)运行 3~5 min 时,脱开齿轮箱离合器。

备注:

### 表 8-16 提水泵运行数据表

| 设备 | 提水泵 | 齿轮箱 | 柴油机 | 过滤器 | 控制柜 | 底盘车 | 试验地点 |
|---|---|---|---|---|---|---|---|
| 型号 | ZDS36-150 | HBZ240 $i=2.53$ | JC15G1 | DLS-65 | PT-G-PLC | CQ3257EL4 | 试验时间 |

| 指挥员 | | 操作员 | | 记录员 | | 安全员 | | 协作人员 | |
|---|---|---|---|---|---|---|---|---|---|
| | | | | | | | | | |

| 序号 | 柴油机转速/(r·min⁻¹) | 时间/(时:分) | 流量/(m³·h⁻¹) | 扬程/m | 进口压力/MPa | 出口压力/MPa | 前轴承/℃ | 后轴承1/℃ | 后轴承2/℃ | 驱动端振动速度/(mm·s⁻¹) X向 | 驱动端振动速度/(mm·s⁻¹) Y向 | 非驱动端振动速度/(mm·s⁻¹) X向 | 非驱动端振动速度/(mm·s⁻¹) Y向 |
|---|---|---|---|---|---|---|---|---|---|---|---|---|---|
| 1 | | | | | | | | | | | | | |
| 2 | | | | | | | | | | | | | |
| 3 | | | | | | | | | | | | | |
| 4 | | | | | | | | | | | | | |
| 5 | | | | | | | | | | | | | |
| 6 | | | | | | | | | | | | | |
| 7 | | | | | | | | | | | | | |
| 8 | | | | | | | | | | | | | |
| 9 | | | | | | | | | | | | | |

启动前检查：① 连续盘车 2 圈，不得有卡阻。② 泵组管路充分排气。③ 启动前出口阀开度设置在 15%。

启动运行：① 振动数据，当振动速度≥8.5 mm/s 时，应降速或调整运行流量远离最大或最小流量。② 轴承温度≥90 ℃报警。

停车：柴油机怠速（650 r/min）运行 3~5 min 时，脱开齿轮箱离合器。

备注：

### 表 8-17 应用示范记录表（喂水系统可靠性）

| 装备名称 | | 装备出厂编号 | |
|---|---|---|---|
| 示范地点 | | 环境温度 | |
| 示范日期 | | | |

| 示范情况记录 | | |
|---|---|---|
| 序号 | 检查项目 | 是否出现相关情况 |
| 1 | 井泵停机 | 是 □　　否 □ |
| 2 | 井泵出水管漏水 | 是 □　　否 □ |
| 3 | 蓄水池出现裂痕、漏水等现象 | 是 □　　否 □ |
| 4 | 蓄水池支撑架断裂 | 是 □　　否 □ |
| 5 | 喂水泵正常运行 | 是 □　　否 □ |
| 6 | 喂水泵与高压泵送系统连接管漏水 | 是 □　　否 □ |

备注：

操作人员：

记录人员：

# 参考文献

[1] 王世昌，杨尚宝. 救灾应急供水技术[J]. 中国建设信息(水工业市场)，2011(02)：68-70.

[2] 尹绚，孙黎黎. 浅谈我国消防救援机器人的研发与应用[J]. 山东化工，2022,51(03)：76-77.

[3] 宛西原，姚吉伦，吴恬，等. 城镇应急供水装备与移动式应急供水车组研究[J]. 水科学与工程技术，2010(05)：43-46.

[4] ANDERSON H H. Submersible pumps and their applications[J]. Engineering,1986.

[5] 施卫东，王洪亮，余学军，等. 深井泵的研究现状与发展趋势[J]. 排灌机械，2009,27(01)：64-68.

[6] 许敏田. 井用潜水电泵发展现状与趋势研究[J]. 科技经济导刊，2015,23(02)：108-109.

[7] 张涛. 浅谈 QJ 系列井用潜水电泵的应用及维修保养[J]. 陕西农业科学，2013,59(06)：222-223.

[8] 陈建华，周晨佳，王雪，等. 基于正交试验的高速井泵优化设计[J]. 排灌机械工程学报，2021,39(05)：457-463.

[9] 魏清顺. 导流器结构参数变化对井用潜水泵性能影响研究[D]. 太原:太原理工大学，2018.

[10] 赵继宝. 国内外水泵技术的研究现状与发展前景[J]. 鸡西大学学报，2008,8(02)：110-111.

[11] 许军，张世富，张起欣. 漂浮式高扬程大流量取水泵机组的国内外现状研究[J]. 中国储运，2012(05)：119-121.

[12] CUI B L, ZHU Z C, ZHANG J C, et al. The flow simulation and experimental study of low-specific-speed high-speed complex centrifugal impellers [J]. Chinese Journal of Chemical Engineering, 2006,14(04)：435-441.

[13] JAFARZADEH B, HAJARI A, ALISHAHI M M,et al. The flow simulation of a low-specific-speed high-speed centrifugal pump[J]. Applied Mathematical Modelling, 2011,35(01): 242-249.

[14] 孔繁余, 张旭锋, 王志强, 等. 低汽蚀余量磁力泵的试验研究[J]. 流体机械, 2009,37(08): 6-10.

[15] 熊坚. 高速泵小流量工况流场特性及监测识别研究[D]. 杭州:浙江理工大学, 2019.

[16] 李强, 李森, 燕浩, 等. 叶片进口边对微型高速离心泵性能的影响[J]. 排灌机械工程学报, 2019,37(07): 587-592.

[17] 史海勇, 彭彦平, 吴迪, 等. 高速分离泵的设计与分析[J]. 轻工科技, 2017,33(12): 41-44.

[18] 朱祖超, 王乐勤, 沈庆根. 低比转速高速复合叶轮离心泵的经验设计[J]. 流体机械, 1996,24(02): 18-22.

[19] 宋学言, 文利, 周伟. 一种新型的潜油电泵-BYQY 特殊型充油式潜油电泵[J]. 机械工程师, 1995(02): 34,22.

[20] 孔繁余, 柏宇星, 冯子政. 高速泵的研究现状[J]. 水泵技术, 2014(04): 1-5.

[21] 徐伟幸, 袁寿其. 低比速离心泵叶轮优化设计进展[J]. 流体机械, 2006,34(02): 39-42.

[22] 陈池, 袁寿其, 金树德. 低比速离心泵研究现状与展望[J]. 流体机械, 1998,26(07): 29-34.

[23] STEPANOFF A J. Turboblowers: theory, design and application of centrifugal and axial flow compressors and fans[M]. Hoboken: John Wiley,1955.

[24] 李意民. 水泵回流理论与研究[J]. 流体机械, 1995,23(09): 29-31.

[25] 李世煌, 许建中. 离心泵蜗壳内流动的高速摄影测试[J]. 北京农业工程大学学报, 1990,10(01): 55-60.

[26] CHU S, DONG R, KATZ J. Relationship between unsteady flow, pressure fluctuations, and noise in a centrifugal pump—part B: Effects of blade-tongue interactions[J]. Journal of Fluids Engineering, 1995,117(01): 30-35.

[27] 倪志伟. 浅析我国消防车发展与现状[J]. 科技与企业, 2013(07): 270,272.

［28］邓波，周龙才，陈坚.移动式泵装置研究及应用综述［J］.中国农村水利水电，2010(08)：157-160.

［29］陈家瑞.汽车构造(上册)［M］.3版.北京：机械工业出版社，2009.

［30］ECHARD B, GAYTON N, BIGNONNET A. A reliability analysis method for fatigue design ［J］. International Journal of Fatigue, 2014, 59: 292-300.

［31］KIM K J, LEE J W. Light-weight design and structure analysis of automotive wheel carrier by using finite element analysis［J］. International Journal of Precision Engineering and Manufacturing, 2022,23(01)：79-85.

［32］BOROWSKI V J, STEURY R L, LUBKIN J L. Finite element dynamic analysis of an automotive frame［C］//SAE Technical Paper.SAE International, 1973.

［33］COSME C, GHASEMI A, GANDEVIA J. Application of computer aided engineering in the design of heavy-duty truck frames［C］//SAE Technical Paper.SAE International, 1999.

［34］FILHO R R P, REZENDE J C C, de FREITAS LEAL M, et al. Automotive frame optimization［C］//SAE Technical Paper.SAE International, 2003.

［35］MANUJLO A, GOTOWCKI P, SIMIŃSKI P, et al. Application of fiber bragg gratings for stress analysis of high mobility vehicle frame ［C］//Photonics Applications In Astronomy, Communications, Industry, and High-Energy Physics Experiments 2018. Wilga(PL), 2018.

［36］谷安涛，常国振.汽车车架设计计算的有限元法［J］.汽车技术，1977(06)：54-78.

［37］唐述斌，谷莉.EQ1090E 汽车后桥壳轻量化的有限元分析［J］.汽车科技，1994(06)：11-15.

［38］王皎，马力，王元良，等.重型特种专用车平衡悬架建模及车架有限元分析［J］.重型汽车，2005(03)：12-13,15.

［39］蒋玮.转向节有限元分析及试验验证［J］.车辆与动力技术，2008(04)：5-8,49.

［40］谢先富，周建超.越野轮胎起重机车架的疲劳计算［J］.建设机械技术与管理，2010,23(05)：88-90.

［41］徐和林，韩致信，崔继强，等.7140 型客车车架随机振动特性及疲劳强度分析［J］.机械设计，2012,29(03)：7-10.

［42］FAN R X, LIU J, WANG T L, et al. Analysis and optimize of the vibration of mini-electrical vehicle frame［C］//Proceeding of the 2012. International conference on Automobile and Traffic Science, Materials, Matuallurgy Engineering. Atlantis Press, 2013.

［43］尹辉俊，王新宇. 基于 ADAMS 刚柔耦合的某乘用车副车架有限元载荷提取［J］.机械设计，2016,33(09)：56-60.

［44］吴凯佳，苏小平. 某工程车辆车架的结构动力学分析与优化［J］. 南京工业大学学报(自然科学版)，2019,41(06)：688-694.

［45］叶向好. 汽车发动机动力总成悬置系统隔振性能的优化设计研究［D］. 杭州：浙江大学，2005.

［46］JOHNSON S R, SUBHEDAR J W. Computer optimization of engine mounting systems［C］. 3rd International Conference On Vehide Structural Mechanics, 1979.

［47］BRETL J. Optimization of engine mounting systems to minimize vehicle vibration［C］//SAE Technical Paper. SAE International, 1993.

［48］LIETTE J, DREYER J T, SINGH R. Critical examination of isolation system design paradigms for a coupled powertrain and frame：partial torque roll axis decoupling methods given practical constraints［J］. Journal of Sound and Vibration, 2014,333(26)：7089-7108.

［49］GHOSH C, PARMAR A, CHATTERJEE J. Challenges of hydraulic engine mount development for NVH refinement［C］// SAE Technical Paper. SAE International, 2018.

［50］徐石安，肖德炳，郑乐宁，等. 发动机悬置的设计及其优化［J］. 汽车工程，1983,5(03)：12-23.

［51］上官文斌，蒋学锋. 发动机悬置系统的优化设计［J］. 汽车工程，1992,14(02)：103-110.

［52］樊兴华，陈金玉，黄席樾. 发动机悬置系统多目标优化设计［J］. 重庆大学学报(自然科学版)，2001,24(02)：41-44.

［53］范让林，吕振华. 汽车动力总成三点式悬置系统的设计方法探讨［J］. 汽车工程，2005,27(03)：304-308.

［54］CHEN S, LEI G, LIU Y. Strength analysis and optimization of a torsion beam rear suspension［J］. Hydromechatronics Engineering, 2013, 41（18）: 45-49.

［55］宋康, 陈潇凯, 林逸. 动力总成悬置系统对汽车动力学性能的影响［J］. 汽车工程, 2016, 38（04）: 488-494.

［56］戴之荷, 金善功, 贺梅棣. 长距离输水工程设计中的几个问题［J］. 中国给水排水, 1985, 1（01）: 29-33.

［57］周超, 唐海华, 李琪, 等. 水利业务数字孪生建模平台技术与应用［J］. 人民长江, 2022, 53（02）: 203-208.

［58］刘强, 丁楠, 汪鹏勃, 等. 基于无线传感网络的油气管道监测技术研究进展［J］. 石油管材与仪器, 2019, 5（04）: 1-8.

［59］王占山, 张化光, 冯健, 等. 长距离流体输送管道泄漏检测与定位技术的现状与展望［J］. 化工自动化及仪表, 2003, 30（05）: 5-10.

［60］CHAUDHRY M H. Applied hydraulic transients［M］. Cham: Springer New York, 2014.

［61］MPESHA W, GASSMAN S L, CHAUDHRY M H. Leak detection in pipes by frequency response method［J］. Journal of Hydraulic Engineering, 2001, 127（02）: 134-147.

［62］VÍTKOVSKÝ J P, SIMPSON A R, LAMBERT M F. Leak detection and calibration of water distribution systems using transients and genetic algorithms［C］//WRPMD'99. Tempe, Arizona, USA. American Society of Civil Engineers, 1999.

［63］KIM S H. Extensive development of leak detection algorithm by impulse response method［J］. Journal of Hydraulic Engineering, 2005, 131（03）: 201-208.

［64］杨开林, 郭新蕾. 管道系统泄漏检测的全频域法［J］. 水利水电科技进展, 2008, 28（03）: 40-44.

［65］GUO X L, YANG K L, GUO Y X. Leak detection in pipelines by exclusively frequency domain method［J］. Science China Technological Sciences, 2012, 55（03）: 743-752.

［66］余广明, RUGBJERG M, KEJ A. 港域波动的数值模型及其与物理模型和现场观测的比较［J］. 水利水运科学研究, 1987（04）: 39-46.

［67］中华人民共和国水利部. 数字孪生流域建设技术大纲（试行）［R］.2022.

［68］边晓南，张雨，张洪亮，等. 基于数字孪生技术的德州市水资源应用前景研究［J］. 水利水电技术（中英文），2022,53（06）：79-90.

［69］叶陈雷，徐宗学. 城市洪涝数字孪生系统构建与应用:以福州市为例［J］. 中国防汛抗旱，2022,32（07）：5-11.

［70］孙光宝，邓颂霖. 基于数字孪生技术的水资源管理系统应用研究［J］. 黄河·黄土·黄种人，2022（15）：62-64.

［71］袁建平，何志霞，袁寿其. 二次加压泵站的运行调节及节能分析［J］. 中国农村水利水电，2008（05）：100-102.

［72］杨晓辉，徐云辉. 二次供水调度系统的设计［C］.中国自动化学会中南六省（区）第25届学术年会,2007.

［73］NAKAHORI I, SAKAGUCHI I, OZAWA J. An optimum operation of pump and reservoir in water supply system［C］∥Optimization Techniques Part 1. Springer Berlin Heidelberg, 1978:478-488.

［74］RAHAL C M, STERLING M, COULBECK B, et al. Parameter tuning for simulation models of water distribution networks［J］. Proceedings of The Institution of Civil Engineers Part Research & Theory, 1980,69（03）：751-762.

［75］JOALLAND G, COHEN G. Optimal control of a water distribution network by two multilevel methods［J］. Automatica, 1980,16（01）：83-88.

［76］KOTOWSKI J, OLESIAK M. G4.3：The optimization of the energy wastes in the complex water-supply system［J］. IFAC Proceedings Volumes, 1980, 13（09）：389-395.

［77］姜乃昌，陈锦章. 水泵及水泵站［M］.北京:中国建筑工业出版社,1980.

［78］陈跃春. 城市配水系统的微机优化调度［J］.中国给水排水,1986,2（03）：12-15.

［79］姜乃昌，韩德宏. 给水泵站的优化调度:变速调节［J］. 中国给水排水,1986,2（01）：18-21.

［80］韩德宏. 配水管网状态估计方法的研究［D］.上海:同济大学,1990.

［81］丛海兵,黄廷林.测压点优化布置及状态估计在西安市给水管网中

的应用[J].西安建筑科技大学学报(自然科学版),2003(01):40-43.

[82]肖笛,赵新华,梁建文.给水管网流量监测点优化布置的研究[J].中国给水排水,2009,25(03):88-91.

[83]王俊岭,孙怀军.给水管网测压点的一种优化布置方法[J].北京建筑工程学院学报,2005,21(04):51-54.

[84]王福军.计算流体动力学分析:CFD 软件原理与应用[M].北京:清华大学出版社,2004.

[85] MENTER F. Zonal two equation $k - \omega$ turbulence models for aerodynamic flows[C]//23rd Fluid Dynamics, Plasmadynamics, and Lasers Conference Orlando,FL,USA.AIAA, 1993.

[86] KOCK F, HERWIG H. Local entropy production in turbulent shear flows: a high-reynolds number model with wall functions[J]. International Journal of Heat and Mass Transfer, 2004, 47(10/11): 2205-2215.

[87] LIU C Q, WANG Y Q, YANG Y, et al. New omega vortex identification method[J]. Science China Physics, Mechanics & Astronomy, 2016, 59 (08): 684711.